军队军士职业技术教育适用

微积分·课程思政新教程

WEIJIFEN KECHENG SIZHENG XIN JIAOCHENG

主　编　王　品　周丽佳　张占美
副主编　杨　浩　杨　曼　周景刚

·南京·

图书在版编目(CIP)数据

微积分 / 王品,周丽佳,张占美主编. -- 南京 :
河海大学出版社, 2022.6
课程思政新教程
ISBN 978-7-5630-7504-1

Ⅰ. ①微… Ⅱ. ①王… ②周… ③张… Ⅲ. ①微积分
—教材 Ⅳ. ①O172

中国版本图书馆 CIP 数据核字(2022)第 057257 号

书　　名　微积分・课程思政新教程
书　　号　ISBN 978-7-5630-7504-1
责任编辑　成　微
特约校对　成　黎
封面设计　徐娟娟
出版发行　河海大学出版社
地　　址　南京市西康路 1 号(邮编:210098)
电　　话　(025)83737852(总编室)
　　　　　(025)83722833(营销部)
经　　销　江苏省新华发行集团有限公司
排　　版　南京布克文化发展有限公司
印　　刷　广东虎彩云印刷有限公司
开　　本　787 毫米×1092 毫米　1/16
印　　张　12.25
字　　数　288 千字
版　　次　2022 年 6 月第 1 版
印　　次　2022 年 6 月第 1 次印刷
定　　价　66.00 元

前　言

本书是专为军队院校军士职业技术教育学员编写的“高等数学”课程教材.以总学时68学时(理论46学时,实践22学时)为依据进行编写,主要内容为一元函数微积分和数学实验,具体包括函数、极限、导数、微分、不定积分、定积分和MATLAB数学实验等.遵循“服务专业、提升能力、培养素养”的理念构建内容体系,具有如下特点:

1. 注重基础性,适应军士学员特点.以满足专业课程学习的“必需、够用”为原则,充分考虑军士生源数学基础实际,以基本概念、基本理论、基本运算、基本应用为主进行编写.

2. 注重应用性,体现军事特色.贯彻“为战教战”的理念,充分挖掘数学知识贴近部队、贴近装备、贴近作战的案例,提高数学知识应用于军事的针对性.

3. 注重实践性,满足能力培养要求.编入的数学实验内容,介绍如何使用MATLAB软件实现高等数学中的一些基本运算,引导学员学会利用计算机解决数学复杂计算,拓展思维,培养动手能力和信息素养能力;编入大量练习内容,增强学员学习的实践性.

4. 注重思想性,落实立德树人要求.按照军队院校教育“十四五”规划要求,教材编写确立“学科德育”的理念,收集整理与数学课程相关联的思政材料,通过精巧设置“课前导读、课后品读”等内容,力求“课程思政”进教材,实现“全程、全员、全方位”育人的要求.

本书注意博采众长,参考了多本同类书籍,吸取了不少精华,在此向这些书籍的作者表示感谢.

由于我们水平有限,书中难免有不足之处,恳请广大读者提出宝贵意见.

编　者

2022年5月

目录 ⟫ CONTENTS

第 1 章 函数 ………… 001

课前导读:函数的由来 ………… 001

1.1 函数的概念 ………… 002

练习与作业 1-1 ………… 008

1.2 基本初等函数 ………… 009

练习与作业 1-2 ………… 015

1.3 初等函数 ………… 017

练习与作业 1-3 ………… 020

课后品读:马克思的数学研究 ………… 021

第 2 章 极限与连续函数 ………… 025

课前导读:中国古代极限思想 ………… 025

2.1 极限的概念 ………… 026

练习与作业 2-1 ………… 033

2.2 极限的运算 ………… 035

练习与作业 2-2 ………… 043

2.3 函数的连续性 ………… 046

练习与作业 2-3 ………… 052

课后品读:《几何原本》与《九章算术》 ………… 053

第 3 章 导数与微分 ………… 056

课前导读:微积分的创立 ………… 056

3.1 导数的概念 ………… 057

练习与作业 3-1 ………… 063

3.2 导数的运算 ………… 064

练习与作业 3-2 ………… 069

3.3 函数的微分 ………… 071

练习与作业 3-3 ………… 075

课后品读:著名数学家风采——外国篇 …… 077

第 4 章　导数的应用 …… 081
课前导读:微积分的完善与发展 …… 081
4.1　微分中值定理 …… 082
练习与作业 4-1 …… 084
4.2　洛必达法则 …… 085
练习与作业 4-2 …… 087
4.3　函数的单调性 …… 088
练习与作业 4-3 …… 090
4.4　曲线的凹凸性 …… 090
练习与作业 4-4 …… 092
4.5　函数的极值 …… 093
练习与作业 4-5 …… 095
4.6　函数的最值 …… 096
练习与作业 4-6 …… 099
课后品读:著名数学家风采——中国篇 …… 101

第 5 章　不定积分 …… 105
课前导读:微积分是如何传入中国的? …… 105
5.1　不定积分的概念 …… 106
练习与作业 5-1 …… 109
5.2　不定积分的计算 …… 111
练习与作业 5-2 …… 116
课后品读:数学与哲学 …… 120

第 6 章　定积分 …… 123
课前导读:微积分的力量 …… 123
6.1　定积分的概念 …… 124
练习与作业 6-1 …… 129
6.2　定积分的计算 …… 132
练习与作业 6-2 …… 138
6.3　定积分的应用 …… 142
练习与作业 6-3 …… 148
课后品读:数学之美 …… 149

第 7 章　数学实验 …… 152
课前导读:不掌握核心技术,迟早会被别人“卡脖子”! …… 152

7.1 认识MATLAB软件 …… 153
上机实验7-1 …… 159
7.2 求极限 …… 159
上机实验7-2 …… 161
7.3 求导数 …… 161
上机实验7-3 …… 163
7.4 求单调区间、极值与最值 …… 163
上机实验7-4 …… 165
7.5 求积分 …… 166
上机实验7-5 …… 168
课后品读:数学建模——解决现实难题的强有力方法 …… 168

附录 微积分常用公式 …… 173

参考文献 …… 178

练习与作业参考答案 …… 179

第1章 >>> 函数

课前导读:函数的由来

恩格斯说:“数学是研究现实世界中的数量关系与空间形式的科学.”函数正是描述客观世界中变量与变量之间依赖关系的一个重要数学概念.

人类认识两个变量之间对应关系的历史可谓悠久.第一个较为明确提出变量概念的人是法国数学家笛卡儿,在其1637年出版的《几何学》中,就涉及了变量问题.笛卡儿注意到当x、y皆为变量时其相互之间的依赖关系,从而引进了函数思想,这是一个伟大创举.马克思曾说,笛卡儿所发明的解析几何是函数概念从萌芽、诞生到发展的过程之中具有重要历史意义的里程碑.

近代自然科学奠基者伽利略和牛顿均注意到函数概念的重要性,并用“生成量”表示,给出了函数的雏形.数学史上第一个使用拉丁文“function”(函数)术语的人是德国数学家莱布尼茨,在其1673年的一篇手稿中,他把函数看作是“诸如曲线上点的横坐标、纵坐标和法线等所有与曲线上点相关的量”.1694年,莱布尼茨的高徒约翰·伯努利进一步发展了函数的概念,并试图将函数写成由一些变量和常量所组成的一个解析式子.数学界公认,对函数发展做出卓越贡献者应是约翰·伯努利的得意门生欧拉,1734年,欧拉用$f\left(\frac{x}{a}+c\right)$表示$\frac{x}{a}+c$的函数,此乃数学史上第一次用$f(x)$来表示函数.其创造灵感源于拉丁语“函数”术语,选取第一个字母,并巧妙地加上了一个括号,在其中填写自变量.

直至1859年,数学术语“function”才被引进中国,如何将其准确翻译成汉语没有先例.清末数学家李善兰和英国传教士伟烈亚力合译英文版《代数学》时,经过反复推敲,首次将“function”译成函数.如该书第七卷写道:“凡式中含天,为天之函数.”其大意为,若一数学式子含有x,则称之为关于x的函数.我国古代数学以四元,即天、地、人、物来表示未知数,李善兰将其分别对应英文字母x、y、z、w.李善兰翻译时选用汉字“函”,可能是因为“函”字具有包含之意.

17世纪上半叶至今,300余年函数概念的演进历程,充分表明了严密化的追求始终促使着数学科学的发展.从笛卡儿、莱布尼茨、欧拉,再到李善兰,他们对数学的发展均做出了重要贡献,函数概念及其表示符号是一代代数学家集体智慧的结晶.

本书介绍的微积分学是以函数为研究的主要对象.本章主要介绍函数的概念、性质以及基本初等函数、初等函数等知识,为后续学习做好铺垫.

1.1 函数的概念

1.1.1 变量与区间

在观察自然现象或科学试验等过程中,经常会碰到两种不同的量:一种量在过程中不发生变化而保持一定的数值,这种量称为常量;另一种量在过程中可以取不同的数值,这种量称为变量.通常用字母 a、b、c 等表示常量,用字母 x、y、z 等表示变量.

变量的取值范围称为变域,如不特殊声明,本书所讨论的变域都是数集,即由实数组成的集合.如,零和正整数统称为自然数,所有自然数组成的集合称为自然数集,记为 **N**;所有正整数组成的集合称为正整数集,记为 $\mathbf{N}^*$;所有整数组成的集合称为整数集,记为 **Z**;所有有理数组成的集合称为有理数集,记为 **Q**;所有实数组成的集合称为实数集,记为 **R**.

表示变域最常用的是区间,其记号表示如下:

开区间: $(a,b)=\{x\,|\,a<x<b\}$;

闭区间: $[a,b]=\{x\,|\,a\leqslant x\leqslant b\}$;

半开区间:$[a,b)=\{x\,|\,a\leqslant x<b\}$,$(a,b]=\{x\,|\,a<x\leqslant b\}$;

无穷区间:$[a,+\infty)=\{x\,|\,x\geqslant a\}$,$(a,+\infty)=\{x\,|\,x>a\}$,

$(-\infty,b]=\{x\,|\,x\leqslant b\}$,$(-\infty,b)=\{x\,|\,x<b\}$.

在数轴上,有限区间用数轴上从点 a 到点 b 的有限线段表示,无穷区间用射线或整个数轴表示.a 和 b 称为区间的端点.开区间不包含端点在内,用空心点表示端点;闭区间包含端点在内,用实心点表示端点.如图 1-1 所示.

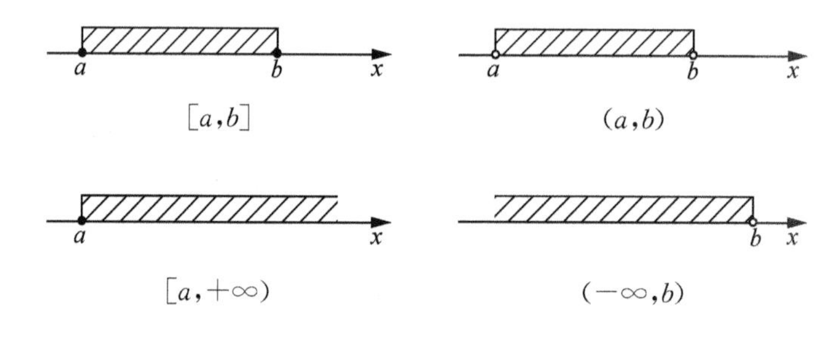

图 1-1

表示变域有时也用邻域来表示.

设 $a,\delta\in\mathbf{R}$ 且 $\delta>0$,称开区间 $(a-\delta,a+\delta)=\{x\,|\,|x-a|<\delta\}$ 为点 a 的 δ **邻域**,记为 $U(a,\delta)$. a 称为邻域的中心,δ 称为邻域的半径.$U(a,\delta)$ 在数轴上表示与点 a 的距离小于 δ 的一切点 x 的集合,如图 1-2 所示.

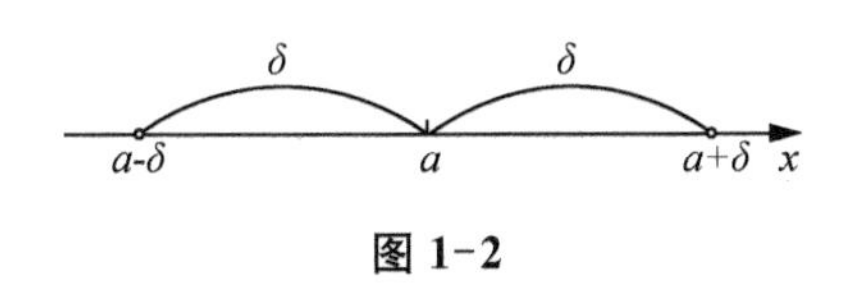

图 1-2

如果去掉邻域的中心,称为点 a 的**去心 δ 邻域**,记作 $\mathring{U}(a,\delta)$,即

$$\mathring{U}(a,\delta)=\{x \mid 0<|x-a|<\delta\}.$$

当不需要指明邻域半径时,可以简单用 $U(a)$ 或 $\mathring{U}(a)$ 表示点 a 的邻域或去心邻域.

1.1.2 函数

在中学我们已学过一些简单的函数,例如正比例函数 $y=2x$,一次函数 $y=3x+1$,二次函数 $y=x^2+3x+2$ 等. 这些函数都有一个共同的特征,即都有两个变量 x 和 y,并且当变量 x 取不同的值时,变量 y 有唯一确定的值与之对应. 下面再考察几个实例.

例 1.1.1 直升机在飞行时所遇空气阻力与飞行速度的平方成正比,则阻力 f 与速度 v 的关系式为 $f=kv^2$,其中 k 为阻力系数,f 与 v 都是变量. 当速度变量 v 在闭区间 $[0,v_0]$(其中 v_0 是最大航速)上取定一个数值时,按照 $f=kv^2$ 的关系,阻力 f 有唯一确定的数值与之对应.

例 1.1.2 表 1-1 列出了某营某年 1 月至 6 月的月份 t 与飞行小时 Q 的对应关系. 从表中我们看出:当月份变量 t 在 1、2、3、4、5、6 中取定一个数值时,飞行小时 Q 有唯一确定的数值与之对应.

表 1-1

月份(t)	1	2	3	4	5	6
飞行小时(Q)	100	105	110	115	111	120

类似这样的实例还有很多,为此我们给出函数的定义.

定义 1.1.1 设有两个变量 x 和 y,D 是一个给定的数集,按照某个确定的对应关系 f,对于 D 中的变量 x 的每一个值,变量 y 都有唯一确定的值和它对应,则称变量 y 是变量 x 的函数,记为

$$y=f(x),\quad x\in D.$$

数集 D 称为函数的定义域,x 称为自变量,y 称为因变量. 与 x_0 对应的 y 的值称为函数值,记为 $f(x_0)$,全体函数值的集合称为函数的值域,记为 R_f.

函数的定义域通常指使得函数表达式有意义的自变量 x 的集合;而对于描述实际问题的函数的定义域是使实际问题有意义的自变量的全体.

函数的值域由函数的定义域和对应关系所确定,所以函数的定义域和对应关系是确定函数的两个要素. 当且仅当两个函数的定义域和对应关系都相同时,两个函数才是同一个函数. 例如 $y=|x|$ 与 $y=\sqrt{x^2}$ 就是同一函数;而 $y=x-3$ 与 $y=\dfrac{x^2-9}{x+3}$ 就不是同一函

数，因为前者的定义域为 $x\in\mathbf{R}$，而后者的定义域为 $\{x|x\in\mathbf{R}$ 且 $x\neq-3\}$.

例 1.1.3 已知函数 $f(x)=x^2+x$，求：

(1) $f(-2),f(0)$； (2) $f(a),f(b^2)$； (3) $f(x+1)$.

解 (1) $f(-2)=(-2)^2+(-2)=2,f(0)=0^2+0=0$.

(2) $f(a)=a^2+a,f(b^2)=(b^2)^2+b^2=b^4+b^2$.

(3) $f(x+1)=(x+1)^2+(x+1)=x^2+2x+1+x+1=x^2+3x+2$.

例 1.1.4 求函数 $f(x)=\sqrt{x+1}+\dfrac{1}{x-2}$ 的定义域.

解 要使 $f(x)=\sqrt{x+1}+\dfrac{1}{x-2}$ 有意义，必须使 $x+1\geqslant0$ 和 $x-2\neq0$ 同时成立，即 $\begin{cases}x\geqslant-1\\x\neq2\end{cases}$，所以 $f(x)$ 的定义域为 $[-1,2)\cup(2,+\infty)$.

例 1.1.5 用列表描点法作出函数 $y=\sqrt{x}$ 的图象.

解 $y=\sqrt{x}$ 的定义域为 $[0,+\infty)$.

在 $[0,+\infty)$ 内，x 以 1 个单位长递增取值，如表 1-2 所列.

表 1-2

x	0	1	2	3	4	5	6	…
$y=\sqrt{x}$	0	1	1.41	1.73	2	2.24	2.45	…

描点作图，如图 1-3 所示.

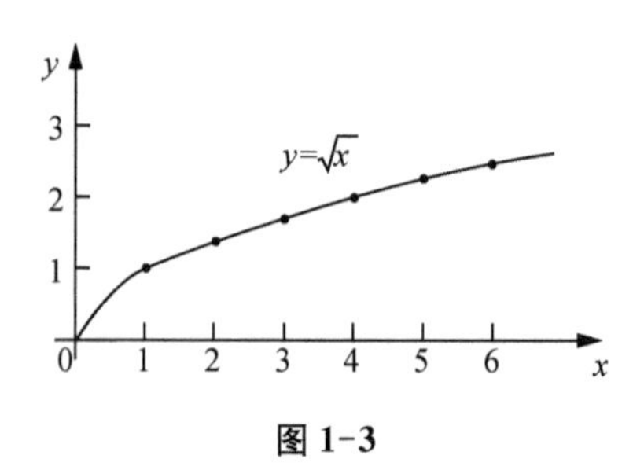

图 1-3

例 1.1.6 作函数 $y=C$（C 为常数，称为**常值函数**）的图象.

解 常值函数 $y=C$ 的意义是无论自变量 x 取何值，它对应的函数值都等于 C，即图象上点的纵坐标都等于 C，因此其图象是一条过点 $(0,C)$ 且平行于 x 轴的直线，如图 1-4.

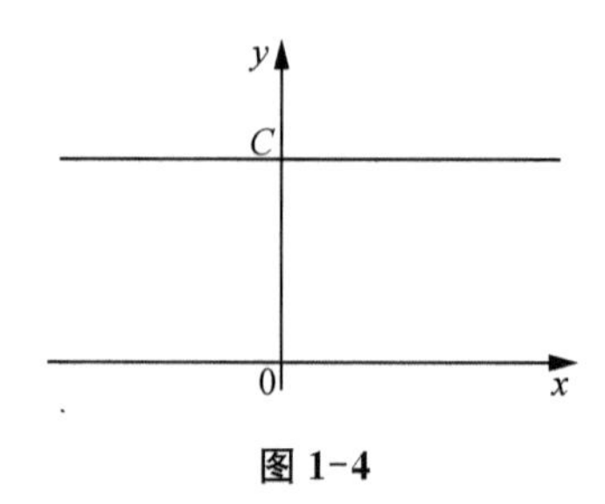

图 1-4

1.1.3 反函数

对于函数 $y=f(x)$，x 为自变量，y 是因变量，D 为定义域，R_f 是值域. 有时我们要讨论与之相反的问题，即求函数的反函数.

定义 1.1.2 设函数 $y=f(x)$，如果对于 y 在 R_f 中的每一个值，都有唯一确定的 $x\in D$ 使 $f(x)=y$ 与之对应，于是就定义了在 R_f 上的一个函数，称为函数 $y=f(x)$ 的反函数，记为 $x=f^{-1}(y)$.

习惯上常用 x 表示自变量，用 y 表示函数，为此，我们把 $x=f^{-1}(y)$ 中字母 x,y 对换，将反函数记为 $y=f^{-1}(x)$，并称 $y=f(x)$ 为直接函数.

根据反函数的定义，若点 (a,b) 在函数 $y=f(x)$ 的图象上，那么点 (b,a) 必在其反函数 $y=f^{-1}(x)$ 的图象上，如图 1-5所示，因为点 (a,b) 和点 (b,a) 关于直线 $y=x$ 对称，所以函数 $y=f(x)$ 的图象与它的反函数 $y=f^{-1}(x)$ 的图象关于直线 $y=x$ 对称.

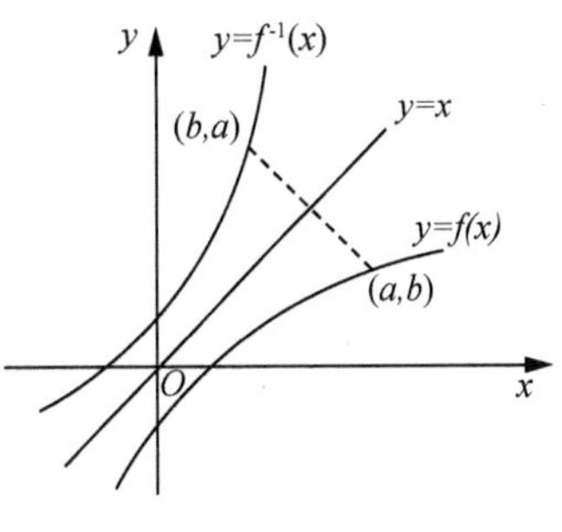

图 1-5

例 1.1.7 求函数 $y=\dfrac{3x-1}{x+2}$ 的反函数，并确定反函数定义域和值域.

解 函数 $y=\dfrac{3x-1}{x+2}$ 的定义域是 $(-\infty,-2)\cup(-2,+\infty)$，从 $y=\dfrac{3x-1}{x+2}$ 中解出 x，得 $x=\dfrac{-1-2y}{y-3}$，交换 x,y 的位置，所以 $y=\dfrac{3x-1}{x+2}$ 的反函数是 $y=\dfrac{-1-2x}{x-3}$. 反函数的定义域为 $(-\infty,3)\cup(3,+\infty)$，值域为 $(-\infty,-2)\cup(-2,+\infty)$.

1.1.4 函数的几种特性

1. 函数的奇偶性

定义 1.1.3 设函数 $y=f(x)$ 的定义域 D 关于原点对称，若对于任意 $-x\in D$，有 $f(-x)=f(x)$，那么称函数 $y=f(x)$ 为偶函数；若对于任意 $-x\in D$，有 $f(-x)=-f(x)$，那么称函数 $y=f(x)$ 为奇函数.

例如，函数 $y=x^2$ 是偶函数，如图 1-6 所示；函数 $y=\dfrac{1}{x}$ 是奇函数，如图 1-7 所示.

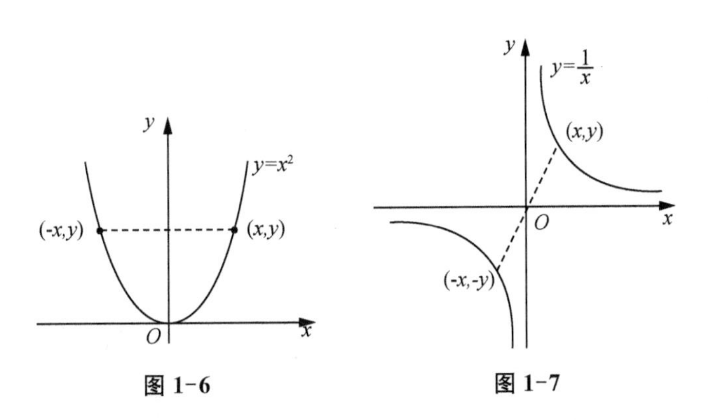

图 1-6 图 1-7

若 $y=f(x)$是偶函数,有 $f(-x)=f(x)$,说明若点(x,y)在 $y=f(x)$的图象上,则点$(-x,y)$也在 $y=f(x)$的图象上,如图 1-6 所示,所以偶函数 $y=f(x)$的图象关于 y 轴对称.

若函数 $y=f(x)$是奇函数,有 $f(-x)=-f(x)$,说明若点(x,y)在 $y=f(x)$的图象上,则点$(-x,-y)$也在 $y=f(x)$的图象上,如图 1-7 所示,所以奇函数 $y=f(x)$的图象关于原点对称.

若函数既不是奇函数,又不是偶函数,我们称它为非奇非偶函数. 由于奇函数或偶函数的定义域关于原点对称,所以,如果函数的定义域不关于原点对称,该函数必为非奇非偶函数.

例 1.1.8 判断下列函数的奇偶性:

(1) $f(x)=x-\dfrac{1}{x}$; (2) $f(x)=3x^2-2x^4$; (3) $f(x)=x^2+x$.

解 (1) 函数 $f(x)$的定义域为 D:$(-\infty,0)\cup(0,+\infty)$,任取$-x\in D$,有

$$f(-x)=(-x)-\frac{1}{-x}=-\left(x-\frac{1}{x}\right)=-f(x),$$

所以,函数 $f(x)=x-\dfrac{1}{x}$是奇函数.

(2) 函数的定义域为 $\mathbf{R}$,因为

$$f(-x)=3(-x)^2-2(-x)^4=3x^2-2x^4=f(x),$$

所以,函数 $f(x)=3x^2-2x^4$ 是偶函数.

(3) 函数的定义域为 $\mathbf{R}$,因为

$$f(-x)=(-x)^2+(-x)=x^2-x,$$

所以 $f(x)=x^2+x$ 为非奇非偶函数.

2. 函数的单调性

定义 1.1.4 若函数 $y=f(x)$在区间(a,b)内有定义,对任意 $x_1,x_2\in(a,b)$,则

(1) 当 $x_1<x_2$ 时,都有 $f(x_1)<f(x_2)$,称函数 $f(x)$在区间(a,b)内是单调递增函数,(a,b)为 $f(x)$的单调增加区间[如图 1-8(a)];

(2) 当 $x_1<x_2$ 时,都有 $f(x_1)>f(x_2)$,称函数 $f(x)$在区间(a,b)内是单调递减函数,(a,b)称为 $f(x)$的单调减少区间[如图 1-8(b)].

函数 $y=f(x)$在某个区间内是单调递增函数或单调递减函数,就说它在该区间内具有单调性,该区间称为函数的单调区间.

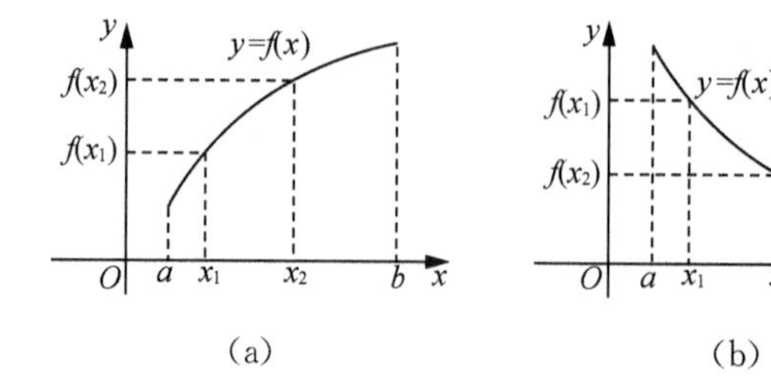

图 1-8

例 1.1.9 证明函数 $f(x)=-x^2$ 在 $(0,+\infty)$ 内是单调递减函数.

证 任取 $x_1,x_2\in(0,+\infty)$，且 $x_1<x_2$，因为

$$f(x_1)-f(x_2)=(-x_1^2)-(-x_2^2)=x_2^2-x_1^2=(x_2+x_1)(x_2-x_1)>0,$$

即
$$f(x_1)>f(x_2),$$

所以 $f(x)=-x^2$ 在 $(0,+\infty)$ 内是单调递减函数.

可以证明，函数的反函数与直接函数具有相同的单调性.

3. 函数的周期性

定义 1.1.5 设函数 $y=f(x)$，定义域为 D，如果存在一个不为零的常数 T，使得对于任意一个 $x\in D$ 都有 $x+T\in D$，且 $f(x+T)=f(x)$，则函数 $y=f(x)$ 称为周期函数，非零常数 T 称为函数的周期. 周期函数在图象上表现为每隔 T 个单位，图象重复出现一次，如图 1-9 所示.

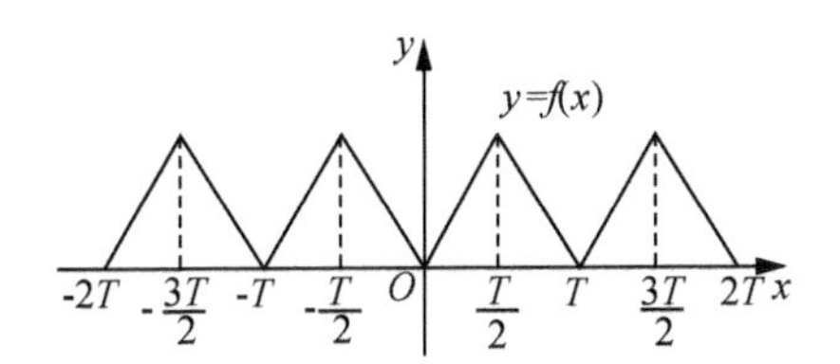

图 1-9

显然，如果函数 $f(x)$ 以 T 为周期，那么 $2T,3T,\cdots$ 都是它的周期. 一般地，如果周期函数的周期存在着一个最小的正数，则把函数的最小正周期称为周期.

4. 函数的有界性

定义 1.1.6 设函数 $y=f(x)$ 在数集 D 内有定义，若存在一个正数 M，对于一切 $x\in D$，恒有 $|f(x)|\leqslant M$ 成立，则称函数 $f(x)$ 在数集 D 内是有界的；如果不存在这样的正数 M，则称函数 $f(x)$ 在数集 D 内是无界的.

因为 $|f(x)|\leqslant M\Leftrightarrow -M\leqslant f(x)\leqslant M$，所以有界函数的图象必介于两条平行于 x 轴的直线 $y=-M$，$y=M$ 之间，如图 1-10 所示.

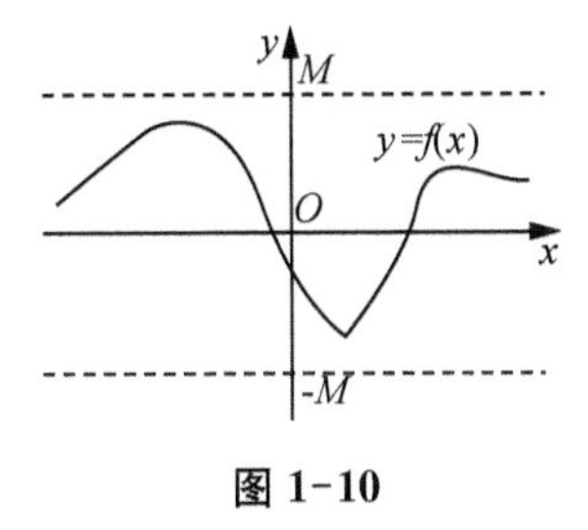

图 1-10

与函数的单调性一样，函数的有界性是与自变量取值范围有关的概念. 如函数 $y=\dfrac{1}{x}$ 在 $(0,1)$ 内是无界的，但在 $[1,+\infty)$ 内是有界的.

练习与作业 1-1

一、填空

1. 不等式组 $\begin{cases}2x-6\geqslant 0\\6-x>0\end{cases}$ 的解集用区间表示为________.

2. 已知 $f(2x)=4x^2+1$,则 $f(2)=$________.

3. 已知 $f(x)=ax+\dfrac{b}{x}$,且 $f(1)=3$,$f(-2)=-3$,则 $a=$________,$b=$________.

4. 已知 $f(x+3)=x^2+6x-2$,则 $f(x)=$________.

5. 已知 $f\left(1+\dfrac{1}{x}\right)=\dfrac{1}{x^2}-\dfrac{2}{x}+1$,则 $f(x)=$________.

6. 函数 $y=\sqrt{x-1}+\dfrac{1}{x+2}$ 的定义域为________.

7. 函数 $y=\dfrac{\sqrt{4-x^2}}{x-1}$ 的定义域为________.

8. 判断函数 $y=x$ 和 $y=(\sqrt{x})^2$ 是否为相同的函数.________.

9. 判断函数 $f(x)=\sqrt{x^2}$ 和 $g(x)=|x|$ 是否为相同的函数.________.

10. 函数 $y=\sqrt{x-2}$ 的反函数为________.

11. 函数 $y=1-\dfrac{1}{x+1}$ 的反函数为________.

12. 函数 $y=\sin x\cos x$ 的最小正周期为________.

二、单选

1. 若 $f\left(\dfrac{1}{x+1}\right)=3x^2+1$,则 $f(1)=$ ( )

A. 1; B. 2; C. 3; D. 4.

2. 若 $f\left(x+\dfrac{1}{x}\right)=x^2+x$,则 $f(2)=$ ( )

A. 1; B. 2; C. 3; D. 4.

3. 已知函数 $f(x)$ 的定义域为 $(0,1)$,则 $f(x+1)$ 的定义域为 ( )

A. $(-1,0)$; B. $(0,1)$; C. $(1,2)$; D. $(2,3)$.

4. 已知函数 $f(x+1)$ 的定义域为 $(-1,1)$,则 $f(x)$ 的定义域为 ( )

A. $(-2,-1)$; B. $(-2,0)$; C. $(0,2)$; D. $(-1,1)$.

5. 函数 $y=(x-1)^2$ 的反函数的定义域为 ( )

A. $(-\infty,0)$; B. $(-\infty,0]$; C. $(0,+\infty)$; D. $[0,+\infty)$.

6. 函数 $y=\sqrt{x-1}$ 的反函数的值域为 ( )

A. $(-\infty,1)$; B. $(-\infty,1]$; C. $(1,+\infty)$; D. $[1,+\infty)$.

7. 已知函数 $f(x)=\sqrt{x+1}$,则 $f(1)+f^{-1}(1)=$ ( )

A. $\sqrt{2}$; B. $\dfrac{1}{2}$; C. 1; D. 0.

8. 若 $f(x)$,$g(x)$ 都是 $\mathbf{R}$ 上的奇函数,则下列说法错误的是 ( )

A. $f(x)-g(x)$ 是 $\mathbf{R}$ 上的奇函数; B. $f(x)\cdot g(x)$ 是 $\mathbf{R}$ 上的偶函数;

C. $f^2(x)-g^2(x)$ 是 $\mathbf{R}$ 上的奇函数; D. $f^2(x)g^2(x)$ 是 $\mathbf{R}$ 上的偶函数.

9. 若 $f(x)$ 是 $\mathbf{R}$ 上的奇函数，则下列函数是奇函数的是　（　）

A. $xf(x)$；　B. $x^2f(x)$；

C. $x^3f(x)$；　D. $f^2(x)$.

10. 若 $f(x)$ 是偶函数，$g(x)$ 是奇函数，则下述说法错误的是　（　）

A. $f[g(x)]$ 是偶函数；　B. $g[f(x)]$ 是偶函数；

C. $f[f(x)]$ 是偶函数；　D. $g[g(x)]$ 是偶函数.

11. 设 $f(x)$ 为 $(-\infty,+\infty)$ 内的任一函数，则 $F(x)=f(x)-f(-x)$ 必为　（　）

A. 偶函数；　B. 奇函数；

C. 非奇非偶函数；　D. 恒等于零的函数.

12. 关于函数 $y=\frac{1}{x^2}$，下列说法正确的是　（　）

A. 是有界函数；　B. 是无界函数；

C. 在 $(0,1)$ 内有界；　D. 在 $(1,+\infty)$ 内有界.

13. 在区间 $(0,+\infty)$ 内，下列函数中是无界函数的为　（　）

A. $y=e^{-x^2}$；　B. $y=\frac{1}{1+x^2}$；

C. $y=\sin x$；　D. $y=x\sin x$.

14. 设 $f(x)$ 是定义在 $\mathbf{R}$ 上的以 2 为周期的函数，当 $x\in[1,3)$ 时，$f(x)=\frac{1}{x}$，则下列选项正确的是　（　）

A. $f(0)$ 无意义；　B. $f(4)=\frac{1}{4}$；

C. $f(5)=\frac{1}{5}$；　D. $f(6)=\frac{1}{2}$.

15. 设 $f(x)$ 是定义在 $\mathbf{R}$ 上的以 2 为周期的函数，当 $x\in[0,2)$ 时，$f(x)=x$，则下列选项错误的是　（　）

A. $f(2.2)=2.2$；　B. $f(3.2)=1.2$；

C. $f(4.2)=0.2$；　D. $f(5.2)=1.2$.

1.2　基本初等函数

常值函数、幂函数、指数函数、对数函数、三角函数和反三角函数统称为**基本初等函数**. 常值函数在前面已经介绍过，下面分别介绍其他的几种基本初等函数.

1.2.1　幂函数

函数 $y=x^\mu$（μ 是常数）称为**幂函数**.

幂函数 $y=x^\mu$ 的图象和性质与指数 μ 的值有着密切关系. 下面我们来观察幂函数 $y=x$，$y=x^2$，$y=x^{\frac{1}{2}}$ 与 $y=x^{-1}$，$y=x^{-2}$，$y=x^{-\frac{1}{2}}$ 的图象（图 1-11）.

由图 1-11 可见，幂函数 $y=x^\mu$ 的图象有下列特性：

(1) 不论 μ 为何值，图象都通过点 $(1,1)$.

(2) 当 μ 为偶数时，它是偶函数，函数的图象关于 y 轴对称；当 μ 为奇数时，它是奇函数，函数的图象关于原点对称.

(3) 当 $\mu>0$ 时,幂函数图象都过(0,0)点,在区间$(0,+\infty)$内单调增加;当 $\mu<0$ 时,幂函数在区间$(0,+\infty)$上单调减少.

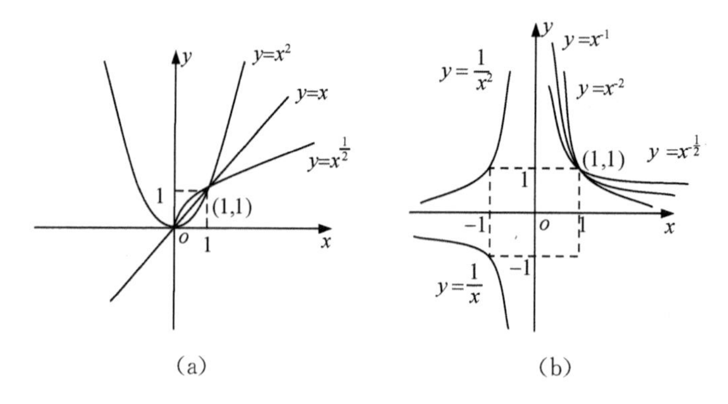

图 1-11

例 1.2.1 比较下列各组数值的大小:

(1) $2^{\frac{3}{2}}$ 与 $3^{\frac{3}{2}}$; (2) $3^{-\frac{4}{3}}$ 与 $5^{-\frac{4}{3}}$.

解 (1) 因为 $u=\dfrac{3}{2}>0$,所以 $y=x^{\frac{3}{2}}$ 在$[0,+\infty)$内是单调增函数,又因为 $2<3$,所以 $2^{\frac{3}{2}}<3^{\frac{3}{2}}$.

(2) 因为 $u=-\dfrac{4}{3}<0$,所以 $y=x^{-\frac{4}{3}}$ 在$(0,+\infty)$内是单调减函数,又因为 $3<5$,所以 $3^{-\frac{4}{3}}>5^{-\frac{4}{3}}$.

1.2.2 指数函数

函数 $y=a^x(a>0,a\neq1)$称为**指数函数**.

由底数 $a>0$ 知,指数函数 $y=a^x$ 的定义域为$(-\infty,+\infty)$.

指数函数的图象和性质随着底数 a 取值的不同而不同.下面在同一直角坐标系中作出函数 $y=2^x$,$y=\left(\dfrac{1}{2}\right)^x$ 和 $y=10^x$ 的图象(图 1-12).

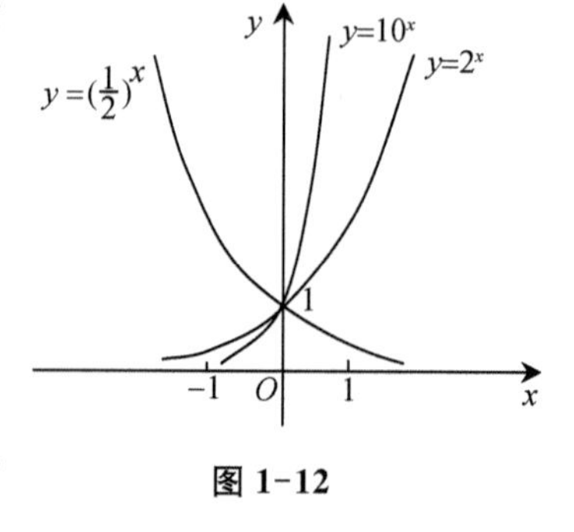

图 1-12

由图 1-12 可见,指数函数 $y=a^x$ 的图象有下列特性:

(1) 图象都在 x 轴的上方(即 $y>0$),且过点(0,1).

(2) 当 $a>1$ 时,函数 $y=a^x$ 单调增加,$x>0$ 时,$y>1$,图象沿 x 轴正向无限向上延伸;$x<0$ 时,$y<1$,图象沿 x 轴负向无限逼近 x 轴. 当 $0<a<1$ 时,函数 $y=a^x$ 单调减小,$x<0$ 时,$y>1$,图象沿 x 轴负向无限向上延伸;$x>0$ 时,$y<1$,图象沿 x 轴正向无限逼近 x 轴.

(3) $y=a^x$ 的图象与 $y=\left(\dfrac{1}{a}\right)^x$ 的图象关于 y 轴对称.

例 1.2.2 比较下列各组数值的大小:

(1) $2.7^{\frac{1}{3}}$ 与 $2.7^{-\frac{1}{2}}$; (2) $0.6^{-1.3}$ 与 1.

解 (1) $2.7^{\frac{1}{3}}$与$2.7^{-\frac{1}{2}}$可看作函数 $y=2.7^x$ 当 x 分别为$\frac{1}{3}$、$-\frac{1}{2}$时的函数值，由于 $a=2.7>1$，因此 $y=2.7^x$ 在 **R** 上是单调增函数，又因为$\frac{1}{3}>-\frac{1}{2}$，所以$2.7^{\frac{1}{3}}>2.7^{-\frac{1}{2}}$.

(2) $0.6^{-1.3}$和 $1(=0.6^0)$可看作函数 $y=0.6^x$ 当 x 分别为-1.3和 0 时的函数值，由于 $a=0.6<1$，因此 $y=0.6^x$ 在 **R** 上是单调减函数，又因为$-1.3<0$，所以$0.6^{-1.3}>1$.

例 1.2.3 求函数 $y=\sqrt{\left(\frac{1}{3}\right)^x-1}$的定义域.

解 要使函数有意义，必有$\left(\frac{1}{3}\right)^x-1\geqslant 0$，即$\left(\frac{1}{3}\right)^x\geqslant 1$，因为 $y=\left(\frac{1}{3}\right)^x$ 在 **R** 上是减函数，要使$\left(\frac{1}{3}\right)^x\geqslant 1$，则有 $x\leqslant 0$，即函数定义域为$(-\infty,0]$.

1.2.3 对数函数

函数 $y=\log_a x\,(a>0,a\neq 1)$称为**对数函数**.

它的定义域是$(0,+\infty)$. 若将 $y=\log_a x$ 写成指数式得 $a^y=x$，再交换 x，y 的位置得 $y=a^x$，可见对数函数 $y=\log_a x$ 与指数函数 $y=a^x$ 互为反函数，而指数函数 $y=a^x$ 的定义域为$(-\infty,+\infty)$，所以对数函数 $y=\log_a x$ 的值域是$(-\infty,+\infty)$.

先看对数函数 $y=\log_2 x$、$y=\lg x$(以 10 为底的对数)和 $y=\log_{\frac{1}{2}} x$ 的图象.

由于对数函数是指数函数的反函数，根据互为反函数的图象关于直线 $y=x$ 对称的关系，作出这些函数的图象(图 1-13).

由图 1-13 可见，对数函数 $y=\log_a x$ 的图象有如下特性：

(1) 图象都在 y 轴右方(即 $x>0$)，且过点$(1,0)$；

(2) 当 $a>1$ 时，函数 $y=\log_a x$ 单调增加，$x>1$ 时，$y>0$，图象沿 y 轴正向无限向上延伸；$x<1$ 时，$y<0$，图象沿 y 轴负向无限逼近 y 轴. 当 $0<a<1$ 时，函数 $y=\log_a x$ 单调减小，$x>1$ 时，$y<0$，图象沿 y 轴负向无限向下延伸；$x<1$ 时，$y>0$，图象沿 y 轴正向无限逼近 y 轴.

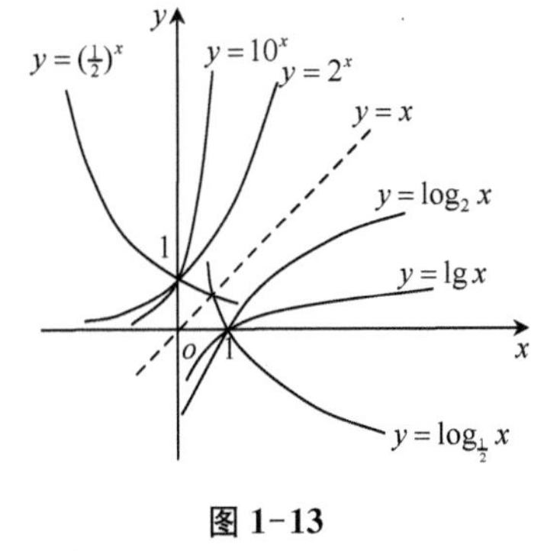

图 1-13

(3) $y=\log_a x$ 的图象与 $y=\log_{\frac{1}{a}} x$ 的图象关于 x 轴对称.

以无理数 e=2.718 28…为底的对数函数 $y=\log_e x$ 通常记为 $y=\ln x$，称为自然对数.

例 1.2.4 求下列函数的定义域：

(1) $y=\log_a(4-x)$； (2) $y=\ln(x^2+2x-3)$.

解 (1) 由 $4-x>0$ 得 $x<4$，所以函数 $y=\log_a(4-x)$的定义域是$(-\infty,4)$.

(2) 由 $x^2+2x-3>0$ 得 $x<-3$ 或 $x>1$，所以函数 $y=\ln(x^2+2x-3)$的定义域是$(-\infty,-3)\cup(1,+\infty)$.

例 1.2.5 比较下列各组数值的大小：

(1) $\lg 5$ 与 $\lg 3$； (2) $\log_{\frac{1}{3}}\frac{1}{4}$与 1.

解 (1) 因为 $y=\lg x$ 在$(0,+\infty)$内是单调增函数,所以 $\lg5>\lg3$.

(2) 因为 $y=\log_{\frac{1}{3}}x$ 在$(0,+\infty)$内是单调减函数,又 $1=\log_{\frac{1}{3}}\frac{1}{3}$,所以$\log_{\frac{1}{3}}\frac{1}{4}>1$.

1.2.4 三角函数

如图 1-14 所示,设 α 是一个任意角,在 α 的终边上任意取一点 $P(x,y)$,它与原点 O 的距离$|OP|=\sqrt{x^2+y^2}=r>0$, 则

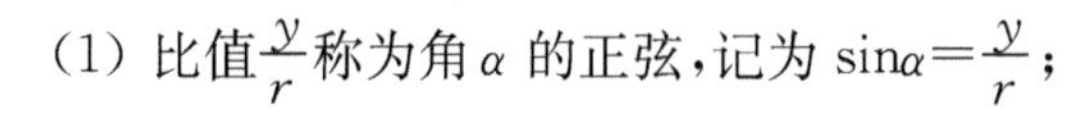

(1) 比值$\frac{y}{r}$称为角 α 的正弦,记为 $\sin\alpha=\frac{y}{r}$;

(2) 比值$\frac{x}{r}$称为角 α 的余弦,记为 $\cos\alpha=\frac{x}{r}$;

(3) 比值$\frac{y}{x}$称为角 α 的正切,记为 $\tan\alpha=\frac{y}{x}$;

(4) 比值$\frac{x}{y}$称为角 α 的余切,记为 $\cot\alpha=\frac{x}{y}$;

(5) 比值$\frac{r}{x}$称为角 α 的正割,记为 $\sec\alpha=\frac{r}{x}$;

(6) 比值$\frac{r}{y}$称为角 α 的余割,记为 $\csc\alpha=\frac{r}{y}$.

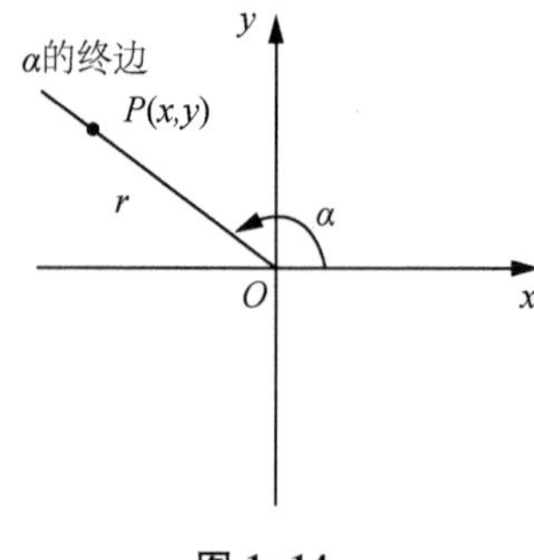

图 1-14

这六个以角为自变量,以比值为函数值的函数分别称为**正弦函数**、**余弦函数**、**正切函数**、**余切函数**、**正割函数**、**余割函数**,统称为**三角函数**.

下面介绍常用三角函数的图象与性质.

正弦函数 $y=\sin x$ 的图象又称为**正弦曲线**,如图 1-15 所示.

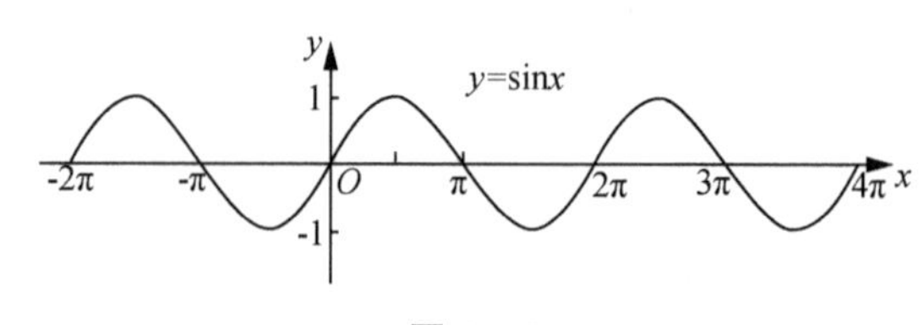

图 1-15

正弦函数 $y=\sin x$ 有如下主要性质:

(1) 定义域:正弦函数的定义域是$(-\infty,+\infty)$.

(2) 值域:正弦函数的值域是$[-1,1]$,即$-1\leqslant\sin x\leqslant1$.

(3) 最大值和最小值:正弦函数在 $x=\frac{\pi}{2}+2k\pi(k\in\mathbf{Z})$处取得最大值 1,在 $x=\frac{3\pi}{2}+2k\pi(k\in\mathbf{Z})$处取得最小值$-1$.

(4) 奇偶性:正弦函数是奇函数,即 $\sin(-x)=-\sin x$,其图象关于原点 O 对称.

(5) 周期性:正弦函数是以 2π 为周期的周期函数,即 $\sin(x+2\pi)=\sin x$. 一般地,函数 $y=A\sin(\omega x+\varphi)$(其中 A,ω,φ 为常数且 $A\neq0,\omega>0,x\in\mathbf{R}$)的周期 $T=\frac{2\pi}{\omega}$.

(6) 单调性:正弦函数在闭区间$\left[-\frac{\pi}{2}+2k\pi,\frac{\pi}{2}+2k\pi\right](k\in\mathbf{Z})$上是单调增函数,函数

值从-1增大到1；在闭区间$\left[\frac{\pi}{2}+2k\pi,\frac{3\pi}{2}+2k\pi\right]$（$k\in\mathbf{Z}$）上是单调减函数，函数值从1减小到$-1$.

例 1.2.6 求下列函数取得最大值、最小值时的自变量x的集合.最大值、最小值是什么？

(1) $y=2\sin x(x\in\mathbf{R})$；　　(2) $y=1-\sin x(x\in\mathbf{R})$.

解 (1) 因为$-1\leqslant\sin x\leqslant 1$，所以$-2\leqslant 2\sin x\leqslant 2$，

当$x=\frac{\pi}{2}+2k\pi(k\in\mathbf{Z})$时，函数取得最大值$y=2$，

当$x=\frac{3\pi}{2}+2k\pi(k\in\mathbf{Z})$时，函数取得最小值$y=-2$.

(2) 因为$-1\leqslant\sin x\leqslant 1$，所以$-1\leqslant-\sin x\leqslant 1$，$0\leqslant 1-\sin x\leqslant 2$，

当$x=\frac{\pi}{2}+2k\pi(k\in\mathbf{Z})$时，函数取得最小值$y=0$，

当$x=\frac{3\pi}{2}+2k\pi(k\in\mathbf{Z})$时，函数取得最大值$y=2$.

余弦函数$y=\cos x$的图象又称为**余弦曲线**，如图1-16所示.

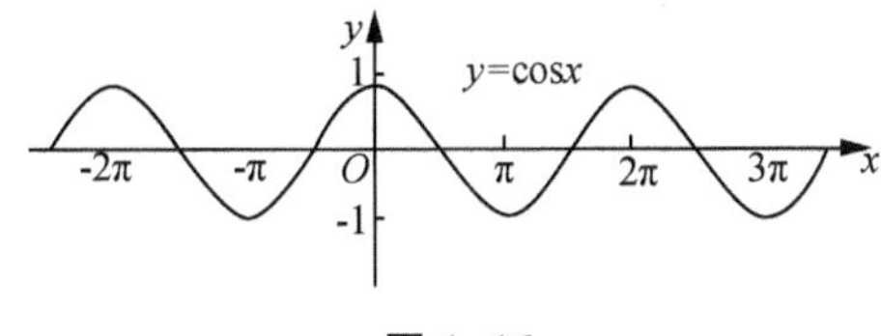

图 1-16

余弦函数$y=\cos x$有如下主要性质：

(1) 定义域：余弦函数的定义域是$(-\infty,+\infty)$.

(2) 值域：余弦函数的值域是$[-1,1]$，即$-1\leqslant\cos x\leqslant 1$.

(3) 最大值和最小值：余弦函数在$x=2k\pi(k\in\mathbf{Z})$处取得最大值1，在$x=(2k+1)\pi$ $(k\in\mathbf{Z})$处取得最小值-1.

(4) 奇偶性：余弦函数是偶函数，即$\cos(-x)=\cos x$，图象关于y轴对称.

(5) 周期性：余弦函数是以2π为周期的周期函数，即$\cos(x+2\pi)=\cos x$.一般地，函数$y=A\cos(\omega x+\varphi)$（其中$A,\omega,\varphi$为常数且$A\neq 0,\omega>0,x\in\mathbf{R}$）的周期$T=\frac{2\pi}{\omega}$.

(6) 单调性：余弦函数在闭区间$[(2k-1)\pi,2k\pi]$（$k\in\mathbf{Z}$）上是单调增函数，函数值从-1增大到1；在闭区间$[2k\pi,(2k+1)\pi]$（$k\in\mathbf{Z}$）上是单调减函数，函数值从1减小到-1.

例 1.2.7 根据余弦函数的单调性，比较$\cos\frac{8\pi}{7}$与$\cos\frac{9\pi}{7}$的大小.

解 因为$y=\cos x$在$[\pi,2\pi]$上是单调增函数，且$\pi<\frac{8\pi}{7}<\frac{9\pi}{7}<2\pi$，所以$\cos\frac{8\pi}{7}<\cos\frac{9\pi}{7}$.

正切函数 $y=\tan x$ 的图象又称为**正切曲线**,如图 1-17 所示.

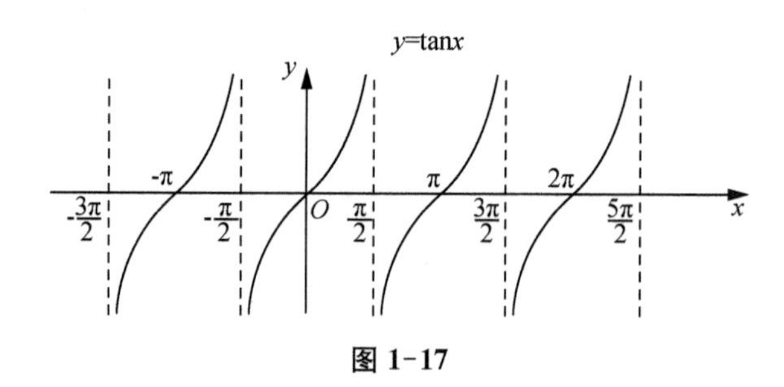

图 1-17

正切函数 $y=\tan x$ 有如下主要性质:

(1) 定义域:正切函数的定义域是$\left\{x \middle| x\in\mathbf{R}\text{ 且 }x\neq k\pi+\frac{\pi}{2},k\in\mathbf{Z}\right\}$.

(2) 值域:正切函数的值域是$(-\infty,+\infty)$.

(3) 奇偶性:正切函数是奇函数,即 $\tan(-x)=-\tan x$,其图象关于原点 O 对称.

(4) 周期性:正切函数是以 π 为周期的周期函数,即 $\tan(x+\pi)=\tan x$.

(5) 单调性:正切函数 $y=\tan x$ 在每一个区间$\left(-\frac{\pi}{2}+k\pi,\frac{\pi}{2}+k\pi\right)$$(k\in\mathbf{Z})$内都是单调增函数.

余切函数 $y=\cot x$ 的图象又称为**余切曲线**,如图 1-18 所示.其相关性质由读者归纳.

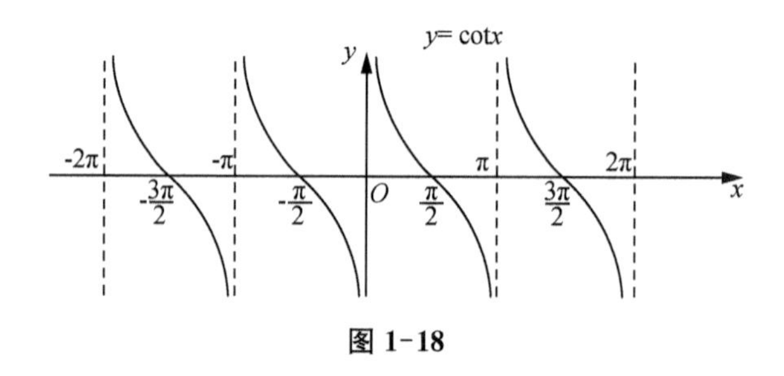

图 1-18

1.2.5 反三角函数

正弦函数 $y=\sin x,x\in\left[-\frac{\pi}{2},\frac{\pi}{2}\right]$的反函数称为**反正弦函数**,记为 $y=\arcsin x$,它的定义域是$[-1,1]$,值域是$\left[-\frac{\pi}{2},\frac{\pi}{2}\right]$.

也就是说,对于每一个属于$[-1,1]$的实数值 x,$\arcsin x$ 就表示属于$\left[-\frac{\pi}{2},\frac{\pi}{2}\right]$的一个确定的角,而这个角的正弦值正好就等于 x,即

$$\sin(\arcsin x)=x.$$

反正弦函数 $y=\arcsin x$ 在区间$[-1,1]$上是单调增函数,且为奇函数,即

$$\arcsin(-x)=-\arcsin x.$$

余弦函数 $y=\cos x, x\in[0,\pi]$的反函数称为**反余弦函数**,记为 $y=\arccos x$,它的定义域是$[-1,1]$,值域是$[0,\pi]$. 对于每一个属于$[-1,1]$的实数值 x,$\arccos x$ 就表示属于$[0,\pi]$的一个确定的角,而这个角的余弦值正好就等于 x,即

$$\cos(\arccos x)=x.$$

反余弦函数 $y=\arccos x$ 在区间$[-1,1]$上是单调减函数,它是非奇非偶函数. 可以证明,当 $x\in[-1,1]$时,有

$$\arccos(-x)=\pi-\arccos x.$$

正切函数 $y=\tan x, x\in\left(-\frac{\pi}{2},\frac{\pi}{2}\right)$的反函数称为**反正切函数**,记为 $y=\arctan x$,它的定义域是$(-\infty,+\infty)$,值域是$\left(-\frac{\pi}{2},\frac{\pi}{2}\right)$. 反正切函数 $y=\arctan x$ 在区间$(-\infty,+\infty)$上是单调增函数,且为奇函数.

余切函数 $y=\cot x, x\in(0,\pi)$的反函数称为**反余切函数**,记为 $y=\operatorname{arccot} x$,它的定义域是$(-\infty,+\infty)$,值域是$(0,\pi)$. 反余切函数 $y=\operatorname{arccot} x$ 在区间$(-\infty,+\infty)$内是单调减函数,它是非奇非偶函数.

例 1.2.8 求下列各式的值:

(1) $\arcsin\frac{\sqrt{2}}{2}$; (2) $\arccos\left(-\frac{\sqrt{2}}{2}\right)$; (3) $\arctan(-\sqrt{3})$;

解 (1) 因为在$\left[-\frac{\pi}{2},\frac{\pi}{2}\right]$上,$\sin\frac{\pi}{4}=\frac{\sqrt{2}}{2}$,所以 $\arcsin\frac{\sqrt{2}}{2}=\frac{\pi}{4}$.

(2) 因为在$[0,\pi]$上,$\cos\frac{3\pi}{4}=-\frac{\sqrt{2}}{2}$,所以 $\arccos\left(-\frac{\sqrt{2}}{2}\right)=\frac{3\pi}{4}$.

(3) 因为在$\left(-\frac{\pi}{2},\frac{\pi}{2}\right)$上,$\tan\left(-\frac{\pi}{3}\right)=-\sqrt{3}$,所以 $\arctan(-\sqrt{3})=-\frac{\pi}{3}$.

练习与作业 1-2

一、填空

1. 比较大小:$3^{-\frac{4}{3}}$ ________ $5^{-\frac{4}{3}}$.
2. 比较大小:$(0.8)^{2.3}$ ________ $(0.8)^{4.5}$.
3. 函数 $y=\frac{\sqrt{2^x-4}}{2-x}$的定义域为________.
4. 比较大小:$\log_2 3$ ________ $\log_3 2$.
5. 化简 $\lg25+\lg2\cdot\lg50+(\lg2)^2=$________.
6. 函数 $y=\frac{\sqrt{2x+x^2}}{\lg(2x-1)}$的定义域为________.
7. 函数 $y=\sqrt{\log_{\frac{1}{2}}(3x-2)}$的定义域为________.

8. 函数 $y=2^{x+1}+1$ 的反函数是________.

9. 函数 $f(x)=\lg\frac{1+x}{1-x}$的奇偶性为________.

10. 函数 $y=2+5\cos\left(\frac{1}{2}x+\frac{\pi}{7}\right)$的最大值为________,最小值为________,周期为________.

11. 函数 $y=\sin x\cos x$ 的最大值为________,最小值为________,周期为________.

12. 函数 $y=\tan\left(4x-\frac{\pi}{3}\right)$的定义域为________.

13. 若 $y=\sin x$ 是减函数,$y=\cos x$ 是增函数,则 x 是第________象限角.

14. $\arctan(-1)=$________.

15. $\sin\left(2\arcsin\frac{3}{5}\right)=$________.

16. $\arccos\frac{1}{2}-\arctan\sqrt{3}=$________.

17. 若 $\sin x=a$,则 $\cos 2x=$________.

18. $\arcsin\left(-\frac{\sqrt{3}}{2}\right)=$________.

19. $\arccos\left(-\frac{1}{2}\right)=$________.

20. 若 $\sin x=\frac{1}{2}$,且 x 是第二象限角,则 $\sin 2x=$________.

二、单选

1. 下列函数中非奇非偶的是 (　　)

A. $y=x^{-\frac{1}{3}}$；　B. $y=x^{\frac{2}{3}}$；　C. $y=x^{\frac{3}{2}}$；　D. $y=x^{-2}$.

2. 设 $f(x)=2^x-2^{-x}$,则 $f(x)$是 (　　)

A. 偶函数；　B. 减函数；　C. 非奇非偶函数；　D. 奇函数.

3. 以下各组函数($a>0,a\neq1$)中表示同一函数的是 (　　)

A. $y=x$ 与 $y=\log_a a^x$；　B. $y=\log_a x^2$ 与 $y=2\log_a x$；

C. $y=a^x$ 与 $y=\log_a x$；　D. $y=\log_a x^n$ 与 $y=n\log_a x$ $n\in\mathbf{N}^+$.

4. 函数 $y=3^{x-1}(x\in\mathbf{R})$的反函数是 (　　)

A. $y=\log_3(x-1)$；　B. $y=\log_3(x+1)$；

C. $y=\log_3 x-1$；　D. $y=\log_3 x+1$.

5. 已知$\log_a\frac{2}{3}<1$,则 a 的范围是 (　　)

A. $a>1$；　B. $a<\frac{2}{3}$；

C. $0<a<\frac{2}{3}$；　D. $0<a<\frac{2}{3}$或 $a>1$.

6. 下列说法错误的是 (　　)

A. 函数 $y=3\sin(2x+1)$的最小值是-3；

B. 函数 $y=1-2\cos(x-1)$的周期是 2π；

C. 函数 $y=\tan(3x-7)$的定义域为 $\mathbf{R}$；

D. 函数 $y=\sin(2x)\tan x$ 是偶函数.

7. 以下函数中是偶函数的为 (　　)

A. $y=x^{-3}$；　B. $y=x^{\frac{1}{2}}$；　C. $y=x^{-1}$；　D. $y=x^{-2}$.

1.3 初等函数

1.3.1 复合函数

在实际问题中,两变量之间往往要通过第三个变量而建立联系,它的数学描述就是复合函数. 例如,函数 $y=u^2$ 和函数 $u=\sin x$ 能产生一个新的函数 $y=\sin^2 x$,函数 $y=\sin^2 x$ 就称为由函数 $y=u^2$ 和函数 $u=\sin x$ 复合而成的复合函数. 一般地,我们给出复合函数的定义:

定义 1.3.1 设函数 $y=f(u)$,$u=g(x)$,当函数 $y=f(u)$的定义域与函数 $u=g(x)$的值域的交集非空时,则称 $y=f[g(x)]$是由函数 $y=f(u)$和 $u=g(x)$复合而成的**复合函数**. 其中 $y=f(u)$称为外层函数,$u=g(x)$称为内层函数,u 称为中间变量.

由定义可知,并不是任意两个函数都能进行复合运算的. 例如,函数 $y=\arcsin u$ 和 $u=2+x^2$,因为 $y=\arcsin u$ 的定义域 $D=[-1,1]$,$u=2+x^2$ 的值域 $R_f=[2,+\infty)$,两者没有公共部分,所以这两个函数不能构成复合函数.

复合函数的概念可以推广到两个以上函数复合的情况. 例如 $y=\lg u$,$u=3+v^2$,$v=\cos x$ 构成的复合函数是 $y=\lg(3+\cos^2 x)$.

例 1.3.1 指出下列函数是由哪些简单函数复合而成的(简单函数是指基本初等函数或由基本初等函数进行四则运算所构成的函数).

(1) $y=\cos x^2$; (2) $y=e^{\sin\frac{1}{x}}$; (3) $y=\sqrt{2+e^x}$; (4) $y=\arctan\dfrac{x^2-1}{x^2+1}$.

解 (1) $y=\cos x^2$ 是由 $y=\cos u$,$u=x^2$ 复合而成的.

(2) $y=e^{\sin\frac{1}{x}}$是由 $y=e^u$,$u=\sin v$,$v=\dfrac{1}{x}$复合而成的.

(3) $y=\sqrt{2+e^x}$是由 $y=\sqrt{u}$,$u=2+e^x$ 复合而成的.

(4) $y=\arctan\dfrac{x^2-1}{x^2+1}$是由 $y=\arctan u$,$u=\dfrac{x^2-1}{x^2+1}$复合而成的.

1.3.2 初等函数

初等函数是高等数学中讨论最多的、应用最广泛的一类函数.

一般地,由基本初等函数经过有限次四则运算和有限次复合运算构成并可以用一个式子表示的函数,称为**初等函数**.

例如 $y=\sqrt{1-x^2}$,$y=e^{\sin\frac{1}{x}}$等都是初等函数.

1.3.3 分段函数

前面我们讨论的函数,在其定义域内,都是只用一个解析式表示的函数. 但在工程技术中经常会出现这样的函数,在其定义域的不同子集上用不同的解析式表示,这样的函数,我们称为**分段函数**. 注意,分段函数是一个函数,不能说成是几个函数.

例如函数 $y=|x|=\begin{cases}x, & x\geqslant 0\\ -x, & x<0\end{cases}$（称为**绝对值函数**），是一个分段函数，它的定义域 $D=(-\infty,+\infty)$，值域 $R_f=[0,+\infty)$，其图象为图 1-19 所示.

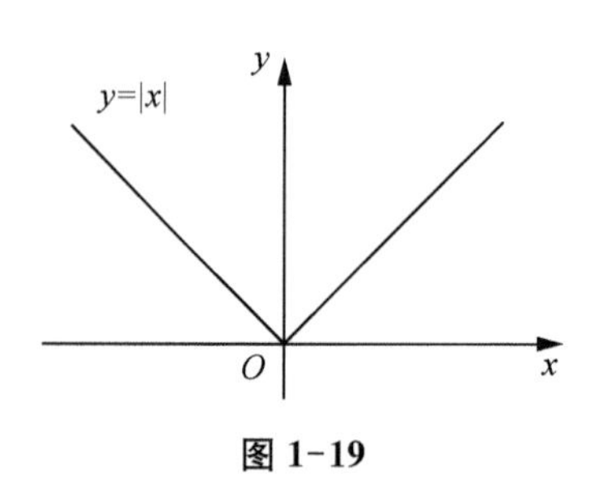

图 1-19

例 1.3.2 设 $f(x)=\begin{cases}x^2, & -2\leqslant x<0\\ 2, & x=0\\ 1+x, & 0<x\leqslant 3\end{cases}$.

(1) 确定函数的定义域，并画出函数图形；

(2) 计算 $f(-1)$，$f(0)$，$f(2)$.

解 (1) 函数定义域 $D=[-2,3]$，图形如图 1-20 所示；

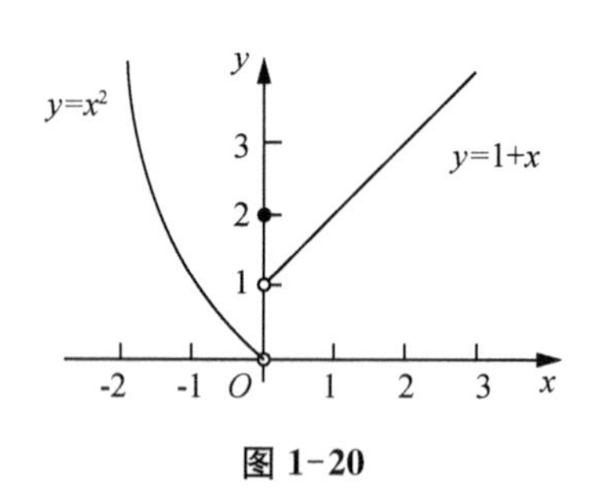

图 1-20

(2) 因为当 $-2\leqslant x<0$ 时，$f(x)=x^2$，所以 $f(-1)=(-1)^2=1$，

同理可得 $f(0)=2$，$f(2)=1+2=3$.

1.3.4 建立函数关系式举例

当我们用数学方法解决实际问题时，首先要把实际问题抽象为数学问题. 而实践中大量的问题是变量之间的关系问题，因此建立变量之间的函数关系式是很重要的. 下面举例说明.

例 1.3.3 设某型直升机飞行前油箱中储油 2 100 L，若该直升机飞行时耗油量为 300 L/h，试建立开始飞行后油箱内的剩余油量 y 与飞行时间 t 的函数关系.

解 由题意得，$y=2\ 100-300t$，直升机飞行的时间从 $t=0$ 时开始，直到油箱中的油全部用完为止，此时 $t=\frac{2\ 100}{300}=7$ h，所以，该函数的定义域为 $[0,7]$. 从而 y 与 t 的函数关系式为

$$y=2\ 100-300t,t\in[0,7].$$

例 1.3.4 某型直升机维护费用逐年增加，每经过一年维护费用增加 10%，设第 x 年该直升机的维护费用为 y 元，试建立函数关系式.

解 设该型直升机第一年的维护费用为 m 元，则第二年的维护费用是 $m\times1.1$ 元，第三年的维护费用是 $m\times1.1^2$ 元. 可见，第 x 年的维护费用为

$$y=m\times1.1^{x-1},x\in\mathbf{Z}^*.$$

例 1.3.5 在某次飞行训练中，飞行员驾驶直升机由悬停状态变为加速飞行，加速度为 5 m/s²，20 s 后开始匀速飞行，试建立飞行距离 s 和时间 t 的函数关系.

解 由物理知识知，前 20 s 为匀加速阶段，位移为 $s=\frac{1}{2}at^2=\frac{5}{2}t^2$，第 20 s 的位移为 $s=\frac{5}{2}\times20^2=1\ 000$ m，且此时速度为 $v=at=5\times20=100$ m/s，并以此速度匀速飞行，其位移公式为 $s=1\ 000+100(t-20)$，综上可得直升机飞行距离 s 和时间 t 的函数关系式为

$$s=\begin{cases}\frac{5}{2}t^2, & 0<t\leqslant20\\ 1\ 000+100(t-20), & t>20\end{cases}.$$

例 1.3.6 设某地有三个军用物资需求处，分别位于矩形 $ABCD$ 的两个顶点 A、B 及 CD 的中点 P 处，如图 1-21 所示，已知 $AB=20$ km，$BC=10$ km，为了方便物资供给，现要在该矩形区域上（含边界），且与 A、B 等距离的一点 O 处建造一个供给站，并修建公路 AO、BO、PO，设公路的总长度为 y(km)，试选择合适的自变量，建立其与 y 的函数关系式.

解 (1) 若设 $PO=x$(km)，则将 y 表示为 x 的函数为

$$y=x+2\sqrt{10^2+(10-x)^2},x\in[0,10].$$

(2) 若设 $\angle BAO=\theta$，则将 y 表示为 θ 的函数为

$$y=\frac{20}{\cos\theta}+10-10\tan\theta,\theta\in[0°,45°].$$

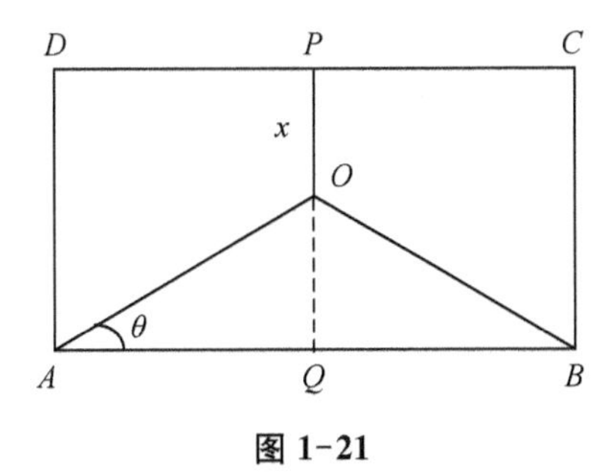

图 1-21

练习与作业 1-3

一、填空

1. 函数 $y=\cos(2x+1)$ 是由______________等简单函数复合而成的.

2. 函数 $y=\sqrt{\ln(1+x^2)}$ 是由______________等简单函数复合而成的.

3. 函数 $y=\cos^2(3x+1)$ 是由______________等简单函数复合而成的.

4. 函数 $y=\mathrm{e}^{\arctan\sqrt{x^2+1}}$ 是由______________等简单函数复合而成的.

5. 函数 $y=2^{\sin^2\frac{1}{x}}$ 是由______________等简单函数复合而成的.

6. 函数 $y=\left(\arctan\dfrac{1-x}{1+x}\right)^2$ 是由______________等简单函数复合而成的.

7. 函数 $y=f\left(\sin\dfrac{x}{1+x^2}\right)$ 是由______________等简单函数复合而成的.

8. 设 $f(x)=\begin{cases}\arcsin x, & -1\leqslant x<0\\ 0, & 0\leqslant x\leqslant 1\end{cases}$,则 $f\left(\dfrac{1}{2}\right)=$________.

9. 设 $f(x)=\begin{cases}\cos x, & x<0\\ \sin x, & x\geqslant 0\end{cases}$,则 $f\left(\dfrac{\pi}{2}\right)=$________.

10. 设 $f(x)=\begin{cases}\mathrm{e}^x, & x\leqslant 0\\ 1+\sin x, & 0<x\leqslant\pi\\ \dfrac{\pi}{x}, & x>\pi\end{cases}$,则 $f(0)=$________,$f\left(\dfrac{\pi}{2}\right)=$________,$f(2\pi)=$________.

11. 将函数 $y=1-|x|$ 用分段函数形式表示:________.

12. 某营按照 3 个步兵连、1 个机炮连和营部序列编成并组织行军,若步兵连行军队伍长 230 m,机炮连为 280 m,营部为 50 m,规定连与连、连与营部间隔均为 x (m),则全营行军队伍的总长度 y 与 x 的函数关系式是______________.

13. 某部遂行机动作战任务,预计可能与敌相遇,我军距离敌军 x(km),敌军于 1 h 前以 25 km/h 的速度向我方运动,上级命我军立即以 20 km/h 的速度向敌方机动,则我军与敌军相遇的预期时间 y 与 x 的函数关系式是______________.

14. 某型直升机首年的维护费用为 a 元,此后每经过一年维护费用增加 10%,设第 x 年该型直升机的维护费用为 y 元,则 y 与 x 的函数关系式是______________.

15. 用铁皮做一个容积为 V 的圆柱形罐头筒,则圆柱形罐头筒的全面积 S 与底半径 r 的函数关系式是______________.

16. 为了加强公民的节水意识,某市制定了如下用水收费标准:每户每月的用水量不超过 10 t 时,水价为每吨 1.2 元;超过 10 t 时,超过的部分按 1.8 元/t 收费. 则水费 y(元)与用水量 x(t)的函数关系式是______________.

二、单选

1. 设 $f(x)=\sin x,\varphi(x)=2x$,则 $f[\varphi(x)]=$ ( )

A. $2\sin x$;　B. $\sin 2x$;　C. $\dfrac{\sin x}{2}$;　D. $\dfrac{\sin x}{2x}$.

2. 设 $f(x)=\mathrm{e}^x,\varphi(x)=\ln x$,则 $f[\varphi(1)]=$ ( )

A. 0;　B. 1;　C. 2;　D. 3.

3. 设 $f(x)=x^2$,$\varphi(x)=2^x$,则 $f[\varphi(x)]=$ ( )

A. $2x^2$; B. x^{2^x}; C. x^{2x}; D. 2^{2x}.

4. 设 $\varphi(x)=3x$,$f[\varphi(x)]=x^3+1$,则 $f(3)=$ ( )

A. 0; B. 1; C. 2; D. 3.

5. 下列说法错误的是 ( )

A. $y=\cos x^2$ 由 $y=\cos u$,$u=x^2$ 等简单函数复合而成;

B. $y=2^{x^2}$ 由 $y=2^u$,$u=x^2$ 等简单函数复合而成;

C. $y=\sqrt{2+x^2}$ 由 $y=\sqrt{u}$,$u=2+x^2$ 等简单函数复合而成;

D. $y=e^{\sin\frac{1}{x}}$ 由 $y=e^u$,$u=\sin\dfrac{1}{x}$ 等简单函数复合而成.

6. 设 $f(x)=\begin{cases}(x+1)^2, & x<0\\ \sqrt{x+2}, & x\geqslant 0\end{cases}$,则 $f(2)-f(-1)=$ ( )

A. 1; B. 2; C. 3; D. 4.

7. 设 $f(x)=\begin{cases}1-2x^2, & x<0\\ x^3, & x\geqslant 0\end{cases}$,则 $[f(2)]^{f(-1)}=$ ( )

A. -8; B. 8; C. $-\dfrac{1}{8}$; D. $\dfrac{1}{8}$.

8. 设 $f(x)=\begin{cases}x^2+4x, & x<0\\ \sqrt{x+3}, & x\geqslant 0\end{cases}$,则以 $f(1)$,$f(-1)$为两根的一元二次方程是 ( )

A. $x^2-6x-1=0$; B. $x^2-6x+1=0$;

C. $x^2-x-6=0$; D. $x^2+x-6=0$.

9. 设 $f(x)=\begin{cases}2x^2, & x<0\\ 5x^3, & x\geqslant 0\end{cases}$,则以 $f(2)$,$f(-2)$为两直角边的直角三角形的面积是 ( )

A. 8; B. 45; C. 90; D. 160.

课后品读:马克思的数学研究

马克思是文理兼通的大师,其涉猎的科学领域较多,且任何研究皆非浅尝辄止.众所周知,他发现了人类社会的发展规律,创立了唯物主义历史观,发现了资本主义生产方式的本质及其运动规律,创立了剩余价值学说.而鲜为人知的是,他对数学及其他自然科学也很有研究.

一、研读数学大师的著述

1818年马克思出生于德国特里尔,父为犹太律师,母为荷兰裔犹太女子.在柏林大学读书期间,马克思已对德国哲学家黑格尔(G. W. F. Hegel,1770—1831)的一些观点非常着迷.后来他到了巴黎,并在那里认识了恩格斯,1845年他被驱逐出法国,移居布鲁塞尔.后又来到英格兰,靠给报纸撰稿和恩格斯的资助艰难度日.

自19世纪40年代起,马克思开始学习数学,从初等数学到高等数学,均写下详细笔记,有读书摘录、文献评述和思考心得等,合起来近千页.最初马克思与友人通信时讨论初等数学问题居多.如他在1864年4月14日致莱昂·菲利普斯的信中写道:"在博物馆,我读到博埃齐《论算术》中关于古罗马人的除法,相比其他著作,该书有着不是太大的计算量，例如在家庭开支商业中，从来不用数字而只用石子和其他类似标记在算盘上进行计算. 在这种算盘上定出几条平行线，同样用几个石子或其他显著标记在第一行表示几个，在第二行表示几十，在第三行表示几百，在第四行表示几千，余者类推. 这种算盘几乎在整个中世纪都曾使用，直到今天中国人还在使用. 至于更大一些的数字计算，则在有这种需要之前，古罗马人就已有乘法表或毕达哥拉斯表. 然而，这种表还很不方便，还很烦琐，因为这种表一部分是用特殊符号、一部分是用希腊字母编制成的. ”这足以说明马克思对数字表示的来龙去脉很清楚.

马克思对初等数学较有研究，从《马克思数学手稿》中一个解不定方程的实例可见一斑：

有 30 个人，其中有男人、女人和小孩，他们在一家饭馆就餐共花费了 50 先令(先令为英国的旧辅币单位)；且知每个男人花 3 先令，每个女人花 2 先令，每个小孩只花 1 先令. 问男人、女人和小孩各有多少？

解答为：设男人、女人、小孩分别为 x, y, z 人，列方程得

$$\begin{cases} x+y+z=30 \\ 3x+2y+z=50 \end{cases},$$

整理得

$$\begin{cases} y=20-2x \\ z-x=10 \\ 0<x\leqslant 10 \end{cases},$$

且 x, y, z 均为正整数，从而得表 1-3.

表 1-3　马克思求解不定方程数值表

x	1	2	3	4	5	6	7	8	9	10
y	18	16	14	12	10	8	6	4	2	0
z	11	12	13	14	15	16	17	18	19	20

因 $x=10$ 时，$y=0$，与题意不符，故前 9 组均为方程的解.

约从 19 世纪 60 年代起，马克思开始学习微积分，研读了牛顿的《自然哲学的数学原理》、欧拉的《无限分析引论》《微分学基础》、穆瓦尼奥的《微分学讲义》、拉克罗阿的《微积分学》、布沙拉的《微积分学与变分学》、赫明的《初等微积分学》、拉格朗日的《解析函数论》、达朗贝尔的《流体论》等在数学史上影响较大的著述. 马克思对莱布尼茨、泰勒、马克劳林、兰登、辛德、泊松和拉普拉斯等数学家的微积分论著也进行了认真研读，写了许多札记. 此外，马克思还查阅了许多数学史方面的著作，如对鲍波的《从最古到最新时代的数学史》从纯数学和应用数学两个方面做了系统摘录. 为便于考察和研究，马克思还编写了文献索引，连自己的藏书和稿本也列入其中. 马克思拥有的微积分文献相当丰富，他在 1863 年 7 月 6 日给恩格斯的信中写道：“有空时我就研究微积分. 另外我有许多这方面的书籍，若你感兴趣，我可以寄给你几本. ”

马克思对微积分的浓厚兴趣深深影响了恩格斯. 约在 1865 年后，他们通信中讨论更

多的是微积分问题. 如在1866年初，马克思致信恩格斯："上次在曼彻斯特时，你曾要我谈谈微分学. 从下例你可完全弄清楚这个问题. 全部微分学本来就是求任意曲线上的任一点切线. 我想用这个例子来给你说明问题的实质. "马克思用求抛物线 $y^2=ax$ 上某一点的切线，对微分学做了详细讲解.

后来恩格斯对微积分也越来越有兴趣了，以至于做梦都在求解微积分题目. 在《反杜林论》《自然辩证法》等哲学著作中，恩格斯大段大段地谈论微积分，精辟分析了高等数学与初等数学的主要区别，对微积分成就给予高度评价："在一切理论成就中，未必再有什么像17世纪下半叶微积分的发明那样被看作人类精神的最高胜利了. "

二、考察数学思想的演变

马克思对数学科学中所蕴含的辩证关系深有研究和体会，他认为在高等数学中找到了最符合逻辑，同时也是形式最简单的辩证运动.

在《马克思数学手稿》中，关于法国数学家布沙拉《微积分初步》中的切线问题，马克思结合图象写道："所有妙处只是通过两个三角形的相似性才显示出来，并辅助三角形的两个边是由 dx 和 dy 构成的，因此它们比点还小，故在这种情况下要敢于把弦同等于弧，或者反过来把弧同等于弦. "这就道出了求曲线上某一点切线的实质，且用辩证法思想给予了形象描述.

马克思认为，导数是由原始函数经变数的运动、变化和发展而产生的. 在《论导数概念》中，他运用"否定之否定"的思想论述了几种具体函数的导数生成过程. 恩格斯对此非常佩服："长期被数学家神秘化了的微分运算，被马克思解释得竟如此清楚. "

《马克思数学手稿》的显著特征，就是注重考察数学思想的历史演变，把分析数学思想的现状同考察它的历史结合起来，从中探求数学思想发展的规律. 为便于从浩瀚的文献资料中概括出微分学思想历史演变的进程和规律，马克思整理了大量专题资料，例如：初等代数微分学的转变是怎样发生的? 牛顿二项式定理在此转变过程中的作用如何有限? 有限多项式如何转化为无穷级数? 表达式 0/0 在代数学与微分学中有何区别? 在代数学中以何种形式且在解决怎样问题时遇到导数的原型? 这些专题资料，对马克思研究微分学的历史演变，完成《论导数概念》《论微分》等论文写作起到了极其重要的作用.

马克思指出，微分学自17世纪后半叶建立，到19世纪初，实际上经历了3个不同的历史发展阶段，即：以牛顿、莱布尼茨为代表的"神秘微分学"，以达朗贝尔、欧拉为代表的"理性微分学"，以拉格朗日为代表的"纯代数微分学".

马克思充分肯定了牛顿和莱布尼茨创立微积分的功绩. 指出他们一开始就把变量的增量 Δx 当作微分 dx，微分是通过形而上学的解释而假定的；导数不是用任何一种数学方法推导出来的，而是通过解释预想出来的. 即在他们那里，导数的算法是基于错误的数学假设，并通过不正确的数学途径得出了正确结果，从而造成了微分学的神秘性.

马克思认为，达朗贝尔对牛顿和莱布尼茨的基本方法做了改正，使得微分 dx 不再是预先假定的，而是作为 Δx 发展的最后或至少是接近末尾的结果；在导数推演过程中，原被牛顿和莱布尼茨"用魔术变掉"的一些项，达朗贝尔则通过正确的数学运算把他们取消了. 故他称赞达朗贝尔在脱下微分学神秘外衣方面取得了很大进步.

马克思还深入讨论了以拉格朗日为代表的"纯代数微分学"："拉格朗日的巨大功绩

不仅在于用纯代数分析方法奠定了泰勒定理和一般微分学基础，尤其在于引进了导数概念，从而给微分学提出了新的理论支撑."同时指出，拉格朗日微分学最一般的概括性定理及泰勒定理作为推演的直接出发点，实际上是在以微分学名字对函数展开式中各项的系数进行命名，故他"除了直接从达朗贝尔方法出发所能得到的东西以外，也没有得到什么".马克思还深刻指出，微分学的代数来源只在微分学发展到一定阶段时才能清楚地暴露出来.这就深刻揭示了微分学思想演变进程的历史必然性.

三、注重数学思想的应用

马克思曾为自己能把高等数学的某些公式应用于经济学研究而高兴.在1846年的一个经济学笔记本中，最后几页全是马克思所做的各种代数运算；其后他的许多笔记本中也都记录有数学公式和图形，还有整页整页的计算草稿；在为撰写《政治经济学批判大纲》准备材料的笔记本中，他画了一些几何图形，记录了有关分数指数和对数的公式.

在1858年1月11日致恩格斯的信中，马克思写道："在制定政治经济学原理时，计算错误极大地阻碍了我的研究进程，失望之余，只好重新把代数知识迅速温习一遍，算术我一向很差，不过间接应用代数方法，我会很快计算出正确结果."

在1868年1月8日给恩格斯的信中，马克思谈及工资问题研究时写道："工资第一次被描写为隐藏在其后面的一种关系不合理的表现形式，这一点通过工资的两种形式即计时工资和计件工资得到了确切说明(在高等数学中常常可找到这样的公式，这对我很有帮助)."在1873年5月31日给恩格斯的信中谈到经济危机研究时，他说："为了分析危机，我不止一次地想计算出这些作为不规则曲线的上升和下降，并曾想用数学公式从中得出危机的主要规律."

在《资本论》中，马克思不仅把数学作为计算工具，而且作为科学的逻辑论证方法.我国拓扑学奠基人江泽涵曾感慨："马克思研究资本主义的方法同我们研究数学的方法是一致的，《资本论》的论证方法同数学一样，都是在严密逻辑基础上一步步进行逻辑推理和展开，其推正无懈可击，令人信服."《资本论》作为研究早期资本主义社会的经典著作，正因为其研究方法之缜密而至今仍得到学界赞赏.

马克思的数学兴趣与其哲学兴趣也是紧密联系的.恩格斯曾说："黑格尔的数学知识极为丰富，甚至其任何学生都没有能力把他遗留下来的大量数学手稿整理出版.据我所知，对数学和哲学了解到足以胜任这一工作的唯一人选，就是马克思."在《马克思数学手稿》中，可以看到他把微积分的历史同德国哲学的历史做了有趣的联系与对比，当他探讨微积分的创始人牛顿、莱布尼茨与他们的后继者的关系时写道："正像这样，费希特继承康德，谢林继承费希特，黑格尔继承谢林."

马克思把研究数学作为丰富辩证法的重要源泉之一.如他在考察了微积分的历史发展以后，曾做出这样一个富有真理性、启示性的哲学概括："新旧事物之间的真实且最简单的联系，总是在新事物自身已取得完善形式后方被发现."

马克思作为思想家，其知识之渊博，其思想之精深，其著作之丰厚，可与历史上任何伟大的思想家相媲美.

（本文摘自《数海拾贝——数学和数学家的故事》）

第2章 >>> 极限与连续函数

课前导读:中国古代极限思想

微积分是近代数学产生的标志之一,它的发明被誉为17世纪自然科学最伟大的发明之一.为此,恩格斯曾给予微积分这样的评价,他说:"在一切理论成就中,未必再有什么像17世纪下半叶微积分的发明那样被看作人类精神的最高胜利了."

极限概念与极限方法是微积分的基础.在中国古代,早在春秋战国时期就有了极限思想的萌芽.著名哲学家庄子(约前369—前286)在《庄子·天下篇》中记载了惠施的一段话"一尺之锤,日取其半,万事不竭."意思是从一尺长的锤上每天截取前一天剩下的一半,如此分下去,随着时间的流逝,锤会越来越短,长度越来越趋近于零,但又永远不会等于零.这恐怕是极限思想最早的萌芽了.美国学者卡尔·B.波耶在他的《微积分概念史》一书中多处指出:在古希腊数学中没有产生极限概念和使用极限的方法,但在古代东方中国,早在春秋战国时期就有了极限思想的萌芽,对宇宙的无限性与连续性已有了相当深的认识.

我国春秋战国时期虽已有了极限思想的萌芽,但从现存史料来看,这种思想主要限于哲学领域,还没有应用到数学上,更谈不上应用极限方法来解决实际问题.直到公元3世纪(263年),我国伟大数学家刘徽(约225—295),继承和发扬了惠施等人的极限思想,第一个创造性地将极限思想应用到数学领域.他在为我国古代最早的一部数学名著《九章算术》中"方田"一章的第三十二题作注时,提出了求圆面积和推算圆周率的科学方法——割圆术,从而应用这种极限方法解决了一些数学疑难问题.所谓割圆术,就是用圆的内接正多边形来计算圆面积或周长的方法.他说:"割之弥细,所失弥少,割之又割,以致不可割,则与圆周合体而无所失矣."他先计算圆内接正六边形的周长和面积,以此作为圆的周长和面积的近似值,然后将边数倍增,依次求得圆内接正十二边形、正二十四边形、正四十八边形……的周长和面积.边数越多,正多边形的周长和面积越接近于圆的周长和面积,也就是正多边形的周长和面积与圆的周长和面积之差就越小,当边数无限倍增下去,正多边形便与圆重合了,误差也就没有了.这是极限思想的一种基本应用,这一思想与近代的极限方法基本一致,但比欧洲早了一千多年.特别是他利用"割圆术"还算出了圆周率$\pi=3.1416$,称为徽率.后来南北朝时期数学家祖冲之(429—500),在刘徽基础上，把圆周率精确到小数点后第7位，即3.141 592 6和3.141 592 7之间，称为祖率，这一计算精度直到近一千年后的15世纪，才被阿拉伯数学家卡西（约1384—1429）打破.

极限是微积分研究的工具. 本章将介绍极限的概念、极限的运算、函数的连续性等内容.

2.1 极限的概念

2.1.1 数列的极限

首先介绍数列的概念.

按照一定规律，以自然数顺序排成的一列数 $a_1, a_2, \cdots, a_n, \cdots$ 称为数列，记为 $\{a_n\}$.

数列里的每一个数称为数列的项，第一个位置上的数 a_1 称为第一项，第二个位置上的数 a_2 称为第二项，依此类推，第 n 个位置上的数称为第 n 项. 如果数列的第 n 项 a_n 可以用一个关于 n 的公式表示，那么 a_n 称为数列的通项，这个公式称为数列的通项公式.

例如，数列

(1) $1, \frac{1}{2}, \frac{1}{3}, \cdots, \frac{1}{n}, \cdots$;

(2) $2, 4, 6, \cdots, 2n, \cdots$;

(3) $-\frac{1}{2}, \frac{1}{4}, -\frac{1}{8}, \cdots, \left(-\frac{1}{2}\right)^n, \cdots$;

(4) $1, 3, 5, \cdots, 99$.

其中数列(1)的通项公式为 $a_n=\frac{1}{n}$；数列(2)的通项公式为 $a_n=2n$；数列(3)的通项公式为 $a_n=\left(-\frac{1}{2}\right)^n$；数列(4)的通项公式为 $a_n=2n-1(1\leqslant n\leqslant 50)$.

数列按照项数是否有限，可分为有限数列和无穷数列. 上述数列中，数列(4)是有限数列，其余都是无穷数列.

若数列对任意正整数 n 有 $a_{n+1}>a_n$，则称数列为单调递增数列，反之为单调递减数列. 如上述数列中，数列(2)、(4)为单调递增数列，数列(1)为单调递减数列.

对于数列 $a_1, a_2, a_3, \cdots, a_n, \cdots$，称 $a_1+a_2+\cdots+a_n$ 为数列的前 n 项和(或部分和)，记作 S_n，即 $S_n=a_1+a_2+\cdots+a_n=\sum\limits_{k=1}^{n} a_k$.

对于数列 $a_1, a_2, a_3, \cdots, a_n, \cdots$，如果从第二项起，每一项减去它的前一项，所得的差都等于某一个常数 d，那么这个数列称为**等差数列**. 常数 d 称为**公差**.

等差数列的通项公式为

$$a_n=a_1+(n-1)d.$$

等差数列前 n 项和公式为

$$S_n=na_1+\frac{n(n-1)}{2}d\left(\text{或 }\frac{n(a_1+a_n)}{2}\right).$$

对于数列 $a_1,a_2,a_3,\cdots,a_n,\cdots$，如果从第二项起，每一项与它前一项的比值都等于某个不等于零的常数 q，那么这个数列称为**等比数列**. 常数 q 称为**公比**.

等比数列通项公式为

$$a_n=a_1q^{n-1}.$$

等比数列前 n 项和公式为

$$S_n=\begin{cases}\dfrac{a_1(1-q^n)}{1-q}, & q\neq 1\\ na_1, & q=1\end{cases}.$$

等差数列和等比数列是两类常见的数列，其通项公式与前 n 项和的公式要熟练掌握.

例 2.1.1 写出下列各数列的通项.

(1) $\frac{1}{2},\frac{2}{3},\frac{3}{4},\frac{4}{5},\cdots$；

(2) $2,4,8,16,\cdots$；

(3) $\frac{1}{2},\frac{1}{4},\frac{1}{8},\frac{1}{16},\cdots$；

(4) $2,\frac{1}{2},\frac{4}{3},\frac{3}{4},\frac{6}{5},\cdots$.

解 (1) $a_n=\frac{n}{n+1}$. (2) $a_n=2^n$. (3) $a_n=\frac{1}{2^n}$. (4) $a_n=\frac{n+(-1)^{n+1}}{n}$.

例 2.1.2 已知数列的通项 $a_n=\frac{1}{n(n+1)}$，求其前 n 项的和 S_n.

解 $a_n=\frac{1}{n(n+1)}=\frac{1}{n}-\frac{1}{n+1}$,

$S_n=a_1+a_2+\cdots+a_n=1-\frac{1}{2}+\frac{1}{2}-\frac{1}{3}+\cdots+\frac{1}{n}-\frac{1}{n+1}=1-\frac{1}{n+1}$.

例 2.1.3 某陆航旅为提高战斗力，决定从年初开始加大飞行训练力度，计划一月份飞行训练 a(h)，此后每个月较前一个月增加 5%的飞行时间，试计算该旅全年的飞行训练小时数 S.

解 由题意知该旅 1 至 12 月的飞行小时数依次为

$$a,a(1+0.05),a(1+0.05)^2,\cdots,a(1+0.05)^{11}.$$

这构成等比数列，首项为 a，公比为 1.05，由等比数列求和公式得该旅全年的飞行训练小时数为

$$S=\frac{a(1-1.05^{12})}{1-1.05}\approx 15.92a(\text{h})$$

下面研究数列的极限：

考察当 n 无限增大时，下面几个数列的变化趋势：

(1) $1,\frac{1}{2},\frac{1}{4},\frac{1}{8},\cdots,\frac{1}{2^{n-1}},\cdots$；

(2) $0,\frac{3}{2},\frac{2}{3},\frac{5}{4},\cdots,\frac{n+(-1)^n}{n}$;

(3) $1,-1,1,-1,\cdots,(-1)^{n+1},\cdots$;

(4) $3,5,7,\cdots,2n+1,\cdots$.

对于数列(1),当 n 无限增大时,$x_n=\frac{1}{2^{n-1}}$无限趋近于常数 0;数列(2),当 n 无限增大时,$x_n=\frac{n+(-1)^n}{n}$无限趋近于常数 1;数列(3),当 n 无限增大时,其奇数项为 1,偶数项为 -1,$x_n=(-1)^{n+1}$不趋向于某一个确定的常数;数列(4),当 n 无限增大时,x_n 也无限增大,并不向任何一个常数无限靠近.

由此可见,当 n 无限增大时,数列的通项的变化趋势有两种:要么无限趋近于某个确定的常数,要么不趋近于任何确定的常数. 由此我们给出数列极限的描述性定义.

定义 2.1.1 对于数列$\{x_n\}$,如果当 n 无限增大时,通项 x_n 无限趋近于某个确定的常数 A,则称常数 A 为数列$\{x_n\}$当 $n\to\infty$时的极限. 或者说,当 $n\to\infty$时,数列$\{x_n\}$收敛于 A,记为

$$\lim_{n\to\infty}x_n=A \text{ 或 } x_n\to A\ (n\to\infty).$$

由定义可知,数列(1)的极限为 0,即 $\lim\limits_{n\to\infty}\frac{1}{2^{n-1}}=0$;数列(2)的极限为 1,即 $\lim\limits_{n\to\infty}\frac{n+(-1)^n}{n}=1$;数列(3)与数列(4)没有极限,我们称数列(3)和(4)是发散的.

例 2.1.4 观察下列数列的变化趋势,写出它们的极限.

(1) $x_n=1+\frac{(-1)^{n+1}}{n}$; (2) $x_n=0.\overbrace{99\cdots9}^{n个}$; (3) $x_n=n^2$;

(4) $x_n=\frac{1}{3^n}$; (5) $x_n=(-1)^n\frac{1}{n}$; (6) $x_n=2+\frac{1}{n^2}$;

(7) $x_n=\frac{n-1}{n+1}$; (8) $x_n=(-1)^n n$; (9) $x_n=\frac{1}{n}+(-1)^n$.

解 观察其通项当 $n\to\infty$时的变化趋势,其极限分别是

(1) $\lim\limits_{n\to\infty}x_n=\lim\limits_{n\to\infty}\left[1+\frac{(-1)^{n+1}}{n}\right]=1$. (2) $\lim\limits_{n\to\infty}x_n=\lim\limits_{n\to\infty}\left(1-\frac{1}{10^n}\right)=1$.

(3) 由于当 $n\to\infty$时,$n^2\to\infty$,所以,数列 $x_n=n^2$ 的极限不存在.

(4) $\lim\limits_{n\to\infty}x_n=\lim\limits_{n\to\infty}\frac{1}{3^n}=0$. (5) $\lim\limits_{n\to\infty}x_n=\lim\limits_{n\to\infty}(-1)^n\frac{1}{n}=0$.

(6) $\lim\limits_{n\to\infty}x_n=\lim\limits_{n\to\infty}\left(2+\frac{1}{n^2}\right)=2$. (7) $\lim\limits_{n\to\infty}x_n=\lim\limits_{n\to\infty}\left(1-\frac{2}{n+1}\right)=1$.

(8) 极限不存在,是发散数列. (9) 极限不存在,是发散数列.

2.1.2 函数的极限

数列$\{x_n\}$可以看作是定义在正整数集上的函数,即 $x_n=f(n)$,$n=1,2,\cdots$. 因此数列$\{x_n\}$的极限可以看作函数 $f(n)$当自变量 n 取自然数且 $n\to\infty$时函数的极限. 下面我们

讨论一般函数 $f(x)$的极限，即讨论在自变量 x 取实数值的某种变化趋势下，相应的函数值 $f(x)$是否无限趋近于某个确定的常数．自变量 x 主要有两种变化趋势，一是 $x\to\infty$（即$|x|\to+\infty$）的情形，二是 x 趋近于某个实数x_0（记为$x\to x_0$）的情形．

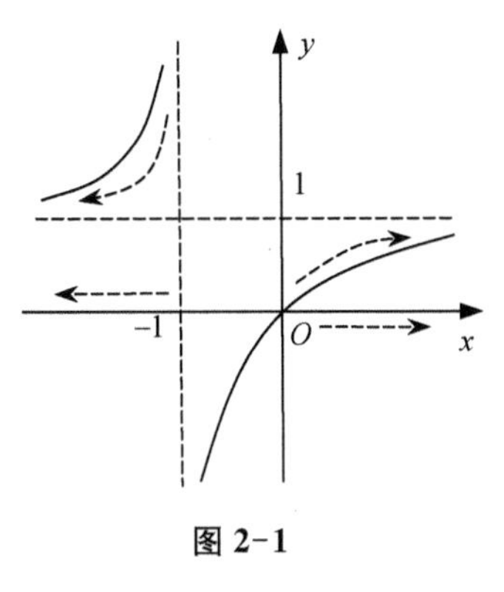

图 2-1

1. 自变量 $x\to\infty$时函数的极限

观察函数 $f(x)=\frac{x}{x+1}$的图象（如图 2-1），当自变量 x 取正值且无限增大（记为 $x\to+\infty$）时，函数 $f(x)=\frac{x}{x+1}$的值无限趋近于常数 1，则称常数 1 为 $f(x)=\frac{x}{x+1}$当 $x\to+\infty$时的极限．

这一事实，与数列的极限非常相似，不同之点仅在于数列的极限中，n 是离散变量，而这里 x 是连续变量，因此，自然地有如下定义．

定义 2.1.2　设函数 $f(x)$在 x 大于某个正数时有定义，当自变量 x 无限增大时，函数 $f(x)$的值无限趋近于某个确定的常数 A，则称常数 A 为函数 $f(x)$当 $x\to+\infty$时的极限，记为

$$\lim_{x\to+\infty} f(x)=A \text{ 或 } f(x)\to A\ (x\to+\infty).$$

同样，从图 2-1 可见，当 x 取负值而绝对值无限增大（记为 $x\to-\infty$）时，函数 $f(x)=\frac{x}{x+1}$的值无限趋近于常数 1，则称常数 1 为 $f(x)=\frac{x}{x+1}$当 $x\to-\infty$时的极限．

于是有如下定义．

定义 2.1.3　设函数 $f(x)$在 x 小于某个负数时有定义，当自变量 x 取负值而绝对值无限增大时，函数 $f(x)$的值无限趋近于某个确定的常数 A，则称常数 A 为函数 $f(x)$当 $x\to-\infty$时的极限，记为

$$\lim_{x\to-\infty} f(x)=A \text{ 或 } f(x)\to A\ (x\to-\infty).$$

综合上述两个定义可得 $x\to\infty$（包括 $x\to+\infty$和 $x\to-\infty$两种情况）时函数极限的定义．

定义 2.1.4　设函数 $f(x)$在$|x|$大于某个正数时有定义，当$|x|\to+\infty$时，函数$f(x)$的值无限趋近于某个确定的常数 A，则称常数 A 为函数 $f(x)$当 $x\to\infty$时的极限，记为

$$\lim_{x\to\infty} f(x)=A \text{ 或 } f(x)\to A\ (x\to\infty).$$

注意，定义 2.1.4 中在自变量的两种变化趋势下，函数值都必须趋近于相同的常数 A，否则$\lim\limits_{x\to\infty} f(x)$不存在．

由此可得如下结论：

定理 2.1.1　当 $x\to\infty$时，函数 $f(x)$的极限为 A 的充要条件是

$$\lim_{x\to+\infty} f(x)=\lim_{x\to-\infty} f(x)=A.$$

例 2.1.5 观察函数 $f(x)=\frac{1}{|x|}$ 的图象，求极限 $\lim\limits_{x\to\infty}\frac{1}{|x|}$.

解 由函数的图象（图 2-2）观察可得

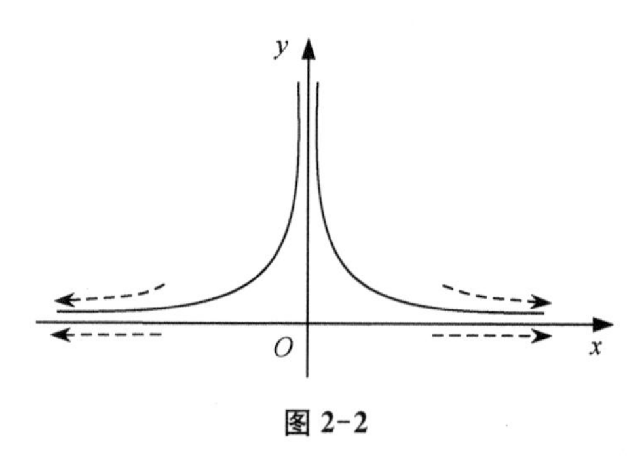

图 2-2

$$\lim_{x\to-\infty}\frac{1}{|x|}=0,\quad \lim_{x\to+\infty}\frac{1}{|x|}=0.$$

根据定理 2.1.1 有

$$\lim_{x\to\infty}\frac{1}{|x|}=0.$$

例 2.1.6 观察函数 $f(x)=\arctan x$ 的图象，求极限 $\lim\limits_{x\to\infty}\arctan x$.

解 由函数的图象（图 2-3）可得

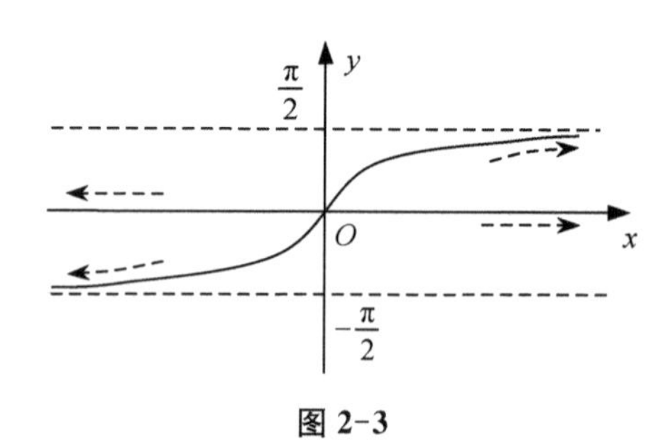

图 2-3

$$\lim_{x\to-\infty}\arctan x=-\frac{\pi}{2},\quad \lim_{x\to+\infty}\arctan x=\frac{\pi}{2}.$$

由定理 2.1.1 知 $\lim\limits_{x\to\infty}\arctan x$ 不存在.

注意，数列极限中“$n\to\infty$”，即指 $n\to+\infty$；而“$x\to\infty$”包括 $x\to+\infty$ 和 $x\to-\infty$ 两种情况.

2. 自变量 $x\to x_0$ 时函数的极限

观察函数 $f(x)=\frac{x^2-1}{x-1}$ 的图象（如图 2-4），可见，当 $x=1$ 时，函数无定义，但当 x 从 1 的左边无限趋近于 1（记为 $x\to1^-$）时，函数 $f(x)=\frac{x^2-1}{x-1}$ 的值无限趋近于常数 2，则称 2 为函数 $f(x)$ 当 $x\to1^-$ 时的极限（称为左极限）.

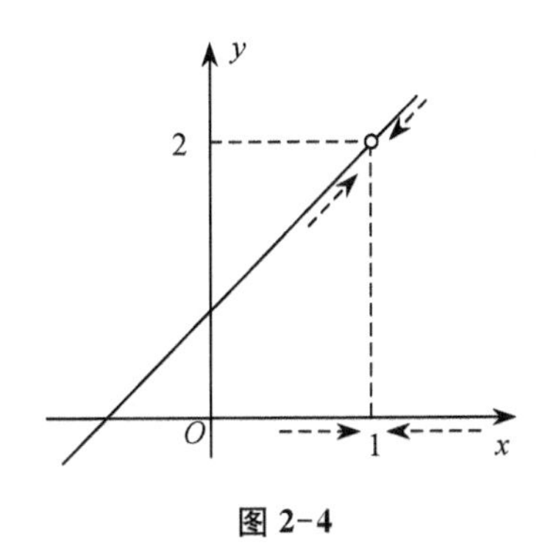

图 2-4

由此给出函数左极限的定义.

定义 2.1.5　设函数 $f(x)$在 $x<x_0$ 的某去心邻域内有定义，当 x 从 x_0 的左边无限趋近于 x_0 时，函数 $f(x)$的值无限趋近于某个确定的常数 A，则称 A 为函数 $f(x)$当 $x\to x_0$ 时的左极限，记为

$$\lim_{x\to x_0^-} f(x)=A \text{ 或 } f(x)\to A\ (x\to x_0^-).$$

同理给出函数右极限的定义.

定义 2.1.6　设函数 $f(x)$在 $x>x_0$ 的某去心邻域内有定义，当 x 从 x_0 的右边无限趋近于 x_0 时，函数 $f(x)$的值无限趋近于某个确定的常数 A，则称 A 为函数 $f(x)$当 $x\to x_0$ 时的右极限，记为

$$\lim_{x\to x_0^+} f(x)=A \text{ 或 } f(x)\to A\ (x\to x_0^+).$$

综合上述两个定义，给出函数极限的定义.

定义 2.1.7　设函数 $f(x)$在 x_0 的某去心邻域内有定义，当 x 从 x_0 的左右两边无限趋近于 x_0 时，函数 $f(x)$的值无限趋近于某个确定的常数 A，则称 A 为函数 $f(x)$当 $x\to x_0$ 时的极限，记为

$$\lim_{x\to x_0} f(x)=A \text{ 或 } f(x)\to A\ (x\to x_0).$$

注意：

(1) 当 $x\to x_0$ 时，函数 $f(x)$的极限是否存在，与 $f(x)$在点 x_0 处有无定义及在点 x_0 处函数值的大小无关.

(2) 当 $x\to x_0$ 时，表示 x 从 x_0 的左右两侧无限趋近 x_0.

(3) 当 $x\to x_0$ 时，若 $f(x)$的绝对值无限增大，则函数 $f(x)$的极限不存在，但我们仍记为$\lim\limits_{x\to x_0} f(x)=\infty$. 这里的极限式仅是为表示方便的一种约定.

由上述定义可得如下定理：

定理 2.1.2　设函数 $f(x)$在 x_0 的某去心邻域内有定义，$\lim\limits_{x\to x_0} f(x)=A$ 的充要条件是

$$\lim_{x\to x_0^-} f(x)=\lim_{x\to x_0^+} f(x)=A.$$

该定理通常用来判断分段函数在分段点处的极限是否存在.

例 2.1.7 判断函数 $f(x)=\begin{cases} x-1, & x<0 \\ 0, & x=0 \\ x+1, & x>0 \end{cases}$,当 $x\to 0$ 时是否有极限.

解 函数图象如图 2-5.观察图象可以看出:

$$\lim_{x\to 0^+} f(x)=\lim_{x\to 0^+}(x+1)=1,$$
$$\lim_{x\to 0^-} f(x)=\lim_{x\to 0^-}(x-1)=-1.$$

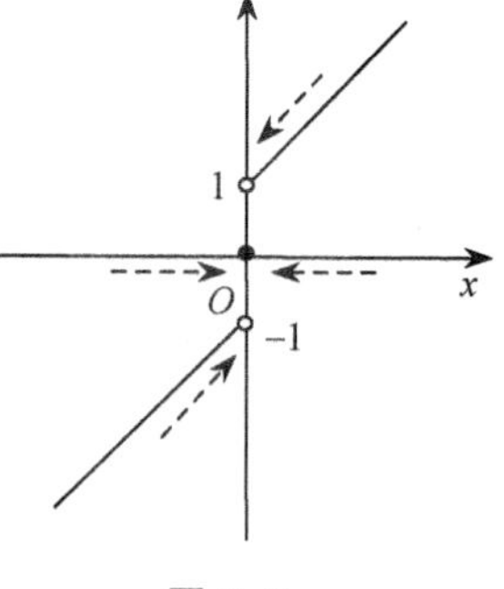

图 2-5

可见,$\lim\limits_{x\to 0^+} f(x)\neq \lim\limits_{x\to 0^-} f(x)$,所以$\lim\limits_{x\to 0} f(x)$不存在.

对于分段函数,在考虑分段点处的极限时,若该点左右两边函数解析式不同,一定要分别求左极限和右极限,然后利用定理 2.1.2 判断极限是否存在.

3. 极限的性质

下面给出 $x\to x_0$ 时,极限的几个常用性质,这些性质同样适用于其他形式的极限,但具体的表述形式略有不同.

定理 2.1.3(唯一性) 若函数$\lim\limits_{x\to x_0} f(x)=A$,则极限 A 唯一.

定理 2.1.4(有界性) 若函数 $f(x)$当 $x\to x_0$ 时极限存在,则 $f(x)$在 x_0 的某去心邻域内有界.

因为 $f(x)$只在 x_0 的某一去心邻域内有界,故也称为函数极限的局部有界性.

定理 2.1.5(保号性) 若$\lim\limits_{x\to x_0} f(x)=A$,且 $A>0$(或 $A<0$),则在 x_0 的某去心邻域内有 $f(x)>0$(或 $f(x)<0$).

推论 若$\lim\limits_{x\to x_0} f(x)=A$,且在 x_0 的某去心邻域内 $f(x)\geqslant 0$(或 $f(x)\leqslant 0$),则 $A\geqslant 0$(或 $A\leqslant 0$).

本定理仅在 x_0 的某个去心邻域内成立,故也称为函数极限的局部保号性.

定理 2.1.6(夹逼定理) 若对于 x_0 的某去心邻域内的一切 x,都有 $h(x)\leqslant f(x)\leqslant g(x)$,且$\lim\limits_{x\to x_0} h(x)=\lim\limits_{x\to x_0} g(x)=A$,则$\lim\limits_{x\to x_0} f(x)=A$.

定理 2.1.7(单调有界定理) 单调递增(递减)有上(下)界的函数必有极限.

2.1.3 无穷小与无穷大

定义 2.1.8 若$\lim\limits_{x\to x_0} f(x)=0$,则称 $f(x)$为 $x\to x_0$ 时的无穷小量,简称无穷小.

例如,由于$\lim\limits_{x\to 1}(x-1)=0$,故 $x-1$ 是 $x\to 1$ 时的无穷小,又如,由于$\lim\limits_{x\to\infty}\dfrac{1}{x}=0$,故$\dfrac{1}{x}$是 $x\to\infty$时的无穷小.

注意:无穷小是极限为零的函数(或变量),不要将它与一个很小的数(如 0.000 1,10^{-10},10^{-100},$10^{-1\,000}$等)相混淆;但零是唯一可以看作无穷小的数,这是因为如果 $f(x)\equiv 0$,则$\lim\limits_{x\to\Delta} f(x)=0$($x\to\Delta$ 表示某个确定的极限过程,下同).

同时,无穷小必须以某一变化过程为前提,如 $f(x)=x-1$,当 $x\to1$ 时是无穷小,而当 $x\to2$ 时,函数的极限不为 0,因而不是无穷小;又如当 $x\to0$ 时,$g(x)=1-\cos x\to0$,故是无穷小,而 $x\to\frac{\pi}{2}$ 时,$g(x)\to1\neq0$,因而不是无穷小.

无穷小有如下性质:

定理 2.1.8　在自变量的同一变化过程中,

(1) 有限个无穷小的代数和仍是无穷小;

(2) 有限个无穷小的乘积仍是无穷小;

(3) 有界函数与无穷小的乘积仍是无穷小.

推论　常数与无穷小的乘积是无穷小.

例 2.1.8　求 $\lim\limits_{x\to+\infty}\frac{\cos x}{1+x}$.

解　当 $x\to+\infty$ 时,$\cos x$ 是有界函数(因为 $|\cos x|\leqslant1$),且 $\lim\limits_{x\to+\infty}\frac{1}{1+x}=0$.

根据有界函数与无穷小的乘积仍是无穷小的性质得

$$\lim_{x\to+\infty}\frac{\cos x}{1+x}=\lim_{x\to+\infty}\frac{1}{1+x}\cos x=0.$$

定义 2.1.9　在自变量 x 的某一变化过程中,如果函数 $f(x)$ 的绝对值无限增大,则称 $f(x)$ 为该变化过程中的无穷大量,简称无穷大.

例如,函数 $f(x)=x^2$,当 $x\to\infty$ 时,$f(x)=x^2\to\infty$,故 $f(x)=x^2$ 是当 $x\to\infty$ 时的无穷大.

注意:无穷大是指绝对值无限增大的函数或变量,不能将其与一个很大的数(如 10^{10},10^{100},$10^{1\,000}$ 等)相混淆.

无穷大与自变量的某一变化过程有关.例如,$f(x)=\frac{1}{x}$,当 $x\to0$ 时为无穷大,但 x 在其他变化过程中就不是无穷大.

无穷大与无穷小有如下关系:

定理 2.1.9　在自变量的同一变化过程中,若 $f(x)$ 为无穷大,则 $\frac{1}{f(x)}$ 为无穷小;反之,若 $f(x)$ 为无穷小,且 $f(x)\neq0$,则 $\frac{1}{f(x)}$ 为无穷大.

例如,由于 $\lim\limits_{x\to\infty}\frac{1}{x+1}=0$,所以 $\lim\limits_{x\to\infty}(x+1)=\infty$,即 $x+1$ 为 $x\to\infty$ 时的无穷大;又如 $\lim\limits_{x\to0}\frac{1}{x^2}=\infty$,故 x^2 为 $x\to0$ 时的无穷小.

练习与作业 2-1

一、填空

1. 数列 1,3,9,27,…的通项公式 $a_n=$________.

2. 数列 $2,\frac{1}{2},\frac{4}{3},\frac{3}{4},\frac{6}{5},\cdots$的通项公式 $a_n=$________.

3. 数列$-\frac{1}{2},\frac{1}{4},-\frac{1}{8},\frac{1}{16},\cdots$前 n 项和 $S_n=$________.

4. 已知数列$\{a_n\}$的前 n 项和 $S_n=n^2-2n$,则它的通项公式 $a_n=$________.

5. 已知数列$\{a_n\}$的通项公式 $a_n=\frac{1}{n(n+1)}$,则其前 n 项和 $S_n=$________.

6. 若直角三角形的三边长成等差数列,且公差为2,则其三边的长分别为________,________,________.

7. 已知等比数列$\{a_n\}$中,$a_6-a_4=216,a_3-a_1=8$,则 $q=$________.

8. 当 $n\to\infty$时,数列$\left\{\frac{n+(-1)^n}{n}\right\}$收敛于________.

9. 当 $n\to\infty$时,数列$\left\{\sin\frac{1}{\sqrt{n}}\right\}$收敛于________.

10. $\lim\limits_{x\to x_0}f(x)=A$ 的充要条件是________________.

11. $\lim\limits_{x\to-\infty}\frac{1}{3^x}=$________.

12. $\lim\limits_{x\to\infty}2^x=$________.

13. $\lim\limits_{x\to\infty}\frac{|x|}{x}=$________.

14. $\lim\limits_{x\to\infty}\frac{1}{e^x}=$________.

15. $\lim\limits_{x\to\infty}\arctan x=$________.

16. 设 $f(x)=\begin{cases}e^{-\frac{1}{x}}+3, & x>0\\ e^x+2, & x\leqslant 0\end{cases}$,则$\lim\limits_{x\to 0}f(x)=$________.

17. $\lim\limits_{x\to\infty}\frac{\sin x}{x}=$________.

二、单选

1. 下列数列中,当 $n\to\infty$时没有极限的是 (　　)

A. $\left\{\frac{1}{3^n}\right\}$;　　B. $\left\{2+\frac{1}{n^2}\right\}$;　　C. $\left\{(-1)^n\frac{1}{n}\right\}$;　　D. $\{(-1)^n n\}$.

2. 下列数列中,当 $n\to\infty$时收敛的是 (　　)

A. $\{\sin n\}$;　　B. $\{\cos n\}$;　　C. $\{e^{\frac{1}{n}}\}$;　　D. $\left\{\cot\frac{1}{n}\right\}$.

3. 下列数列中,当 $n\to\infty$时收敛于 0 的是 (　　)

A. $\left\{\cos\frac{1}{n}\right\}$;　　B. $\left\{\sin\frac{1}{n}\right\}$;　　C. $\{e^{\frac{1}{n}}\}$;　　D. $\left\{\ln\frac{1}{n}\right\}$.

4. 若数列$\{x_n\}$,$\{y_n\}$都发散,则数列$\{x_n+y_n\}$必 (　　)

A. 发散;　　B. 可能收敛也可能发散;

C. 收敛;　　D. 无界.

5. 若数列$\{x_n\}$有界,则数列$\{x_n\}$必 (　　)

A. 收敛;　　B. 可能收敛也可能发散;

C. 发散;　　D. 极限为零.

6. 数列$\{x_n\}$收敛是数列$\{x_n\}$有界的 (　　)

A. 充要条件;　　B. 无关条件;　　C. 充分条件;　　D. 必要条件.

7. 函数 $f(x)$ 在点 $x=x_0$ 处有定义，是当 $x\to x_0$ 时 $f(x)$ 有极限的　(　　)

A. 必要条件；　B. 充分条件；

C. 充分必要条件；　D. 无关条件.

8. 设 $f(x)=\dfrac{x-2}{|x-2|}$，则 $\lim\limits_{x\to 2}f(x)=$　(　　)

A. 0；　B. -1；　C. 1；　D. 不存在.

9. 设 $f(x)=\begin{cases}2x-3, x<0\\3-2x^2, x\geqslant 0\end{cases}$，则 $\lim\limits_{x\to 0^-}f(x)=$　(　　)

A. 3；　B. -3；　C. 0；　D. 2.

10. $\lim\limits_{x\to\infty}e^x=$　(　　)

A. ∞；　B. $-\infty$；　C. 0；　D. 不存在.

11. 下列极限存在的是　(　　)

A. $\lim\limits_{x\to\infty}2^x$；　B. $\lim\limits_{x\to\infty}\dfrac{1}{2^x}$；　C. $\lim\limits_{x\to 0}\dfrac{|x-1|}{x-1}$；　D. $\lim\limits_{x\to 1}\dfrac{|x-1|}{x-1}$.

12. 若 $x\to\infty$ 时，$f(x)$ 是无穷大，则 $x\to\infty$ 时下列选项一定是无穷大的是　(　　)

A. $x+f(x)$；　B. $x-f(x)$；　C. $xf(x)$；　D. $\dfrac{f(x)}{x}$.

13. 下列说法正确的是　(　　)

A. 无穷小的倒数是无穷大；　B. 无穷大的倒数是无穷小；

C. 两个无穷小的商仍是无穷小；　D. 两个无穷大的商仍是无穷大.

2.2 极限的运算

2.2.1 极限的四则运算法则

定理 2.2.1　设 $\lim\limits_{x\to x_0}f(x)=A$，$\lim\limits_{x\to x_0}g(x)=B$，则

(1) $\lim\limits_{x\to x_0}[f(x)\pm g(x)]=\lim\limits_{x\to x_0}f(x)\pm\lim\limits_{x\to x_0}g(x)=A\pm B$；

(2) $\lim\limits_{x\to x_0}[f(x)\cdot g(x)]=\lim\limits_{x\to x_0}f(x)\cdot\lim\limits_{x\to x_0}g(x)=A\cdot B$；

(3) $\lim\limits_{x\to x_0}\dfrac{f(x)}{g(x)}=\dfrac{\lim\limits_{x\to x_0}f(x)}{\lim\limits_{x\to x_0}g(x)}=\dfrac{A}{B}$，$(B\neq 0)$.

定理 2.2.1 中的(1)和(2)可以推广到任意有限个函数的情形. 此外，有如下推论：

推论 1　设 $\lim\limits_{x\to x_0}f(x)=A$，$k$ 为常数，则 $\lim\limits_{x\to x_0}[kf(x)]=k\lim\limits_{x\to x_0}f(x)=kA$.

推论 2　设 $\lim\limits_{x\to x_0}f(x)=A$，$n\in\mathbf{N}^*$，则 $\lim\limits_{x\to x_0}[f(x)]^n=[\lim\limits_{x\to x_0}f(x)]^n=A^n$.

以上结论仅就当 $x\to x_0$ 时加以叙述，对于自变量的其他变化过程同样成立.

例 2.2.1　求 $\lim\limits_{x\to 1}(3x^3-2x+4)$.

解　$\lim\limits_{x\to 1}(3x^3-2x+4)=\lim\limits_{x\to 1}3x^3-\lim\limits_{x\to 1}2x+\lim\limits_{x\to 1}4$

$=3(\lim\limits_{x\to 1}x)^3-2\lim\limits_{x\to 1}x+\lim\limits_{x\to 1}4=3\times 1^3-2\times 1+4=5.$

例 2.2.2 求$\lim\limits_{x\to 2}\dfrac{x^3-1}{x^2-3x+5}$.

解 $\lim\limits_{x\to 2}\dfrac{x^3-1}{x^2-3x+5}=\dfrac{\lim\limits_{x\to 2}(x^3-1)}{\lim\limits_{x\to 2}(x^2-3x+5)}=\dfrac{\lim\limits_{x\to 2}x^3-\lim\limits_{x\to 2}1}{\lim\limits_{x\to 2}x^2-\lim\limits_{x\to 2}3x+\lim\limits_{x\to 2}5}$

$$=\frac{(\lim\limits_{x\to 2}x)^3-\lim\limits_{x\to 2}1}{(\lim\limits_{x\to 2}x)^2-3\lim\limits_{x\to 2}x+\lim\limits_{x\to 2}5}=\frac{2^3-1}{2^2-3\times 2+5}=\frac{7}{3}.$$

分析以上两例的求解结果，我们发现：在例 2.2.1 中，极限$\lim\limits_{x\to 1}(3x^3-2x+4)$的值为 5，实际上就是将 $x=1$ 直接代入函数表达式 $3x^3-2x+4$ 计算后所得的结果；在例 2.2.2 中，极限$\lim\limits_{x\to 2}\dfrac{x^3-1}{x^2-3x+5}$的值为$\dfrac{7}{3}$，实际上就是将 $x=2$ 直接代入函数表达式$\dfrac{x^3-1}{x^2-3x+5}$计算后所得的结果.

其实，这就是求函数极限的一种基本方法，我们称为**直接代入法**，其原理将在函数的连续性一节中给予解释. 一般地，对于初等函数 $f(x)$，若 x_0 是其定义区间内的点，则极限

$$\lim_{x\to x_0}f(x)=f(x_0).$$

利用直接代入法，今后求初等函数的极限就方便多了，只需将极限点代入函数表达式求出的函数值就是所求极限. 如

$$\lim_{x\to 0}\frac{\cos x}{x+1}=\cos 0=1,$$

$$\lim_{x\to 0}\left(1-\frac{2}{x-3}\right)=1-\frac{2}{0-3}=\frac{5}{3}.$$

但当代入后表达式无意义时，直接代入法就失效了，此时需要进行一些变形处理. 下面我们举几个属于这种情形的例子.

例 2.2.3 求$\lim\limits_{x\to 3}\dfrac{x^2-9}{x-3}$.

分析 当 $x\to 3$ 时，分子及分母的极限都为零，该极限称为$\dfrac{0}{0}$型**未定式极限**，这类未定式极限不能使用直接代入法计算. 注意到分子及分母有公因式 $x-3$，当 $x\to 3$ 时 $x\neq 3$，所以 $x-3\neq 0$，因此可约去这个以零为极限的非零公因式，再利用直接代入法计算极限.

解 $\lim\limits_{x\to 3}\dfrac{x^2-9}{x-3}=\lim\limits_{x\to 3}\dfrac{(x-3)(x+3)}{x-3}=\lim\limits_{x\to 3}(x+3)=6.$

例 2.2.4 求$\lim\limits_{x\to 1}\dfrac{x-1}{\sqrt{x}-1}$.

分析 当 $x\to 1$ 时，分子和分母的极限均为 0，注意到分子和分母有公因式$\sqrt{x}-1$，约去这个公因式，即得.

解　$\lim\limits_{x\to1}\dfrac{x-1}{\sqrt{x}-1}=\lim\limits_{x\to1}\dfrac{(\sqrt{x}-1)(\sqrt{x}+1)}{\sqrt{x}-1}=\lim\limits_{x\to1}(\sqrt{x}+1)=2.$

例 2.2.3 和例 2.2.4 给出的这种求极限的方法我们称为**消去零因子法**，即对于某些 $\dfrac{0}{0}$ 型极限，通过对分子或分母分解因式等恒等变形，消去分子、分母中不为零的公因式后再求极限.

例 2.2.4 还可以有另一种解法：先将分母有理化后再求极限得

$$\lim_{x\to1}\frac{x-1}{\sqrt{x}-1}=\lim_{x\to1}\frac{(x-1)(\sqrt{x}+1)}{(\sqrt{x}-1)(\sqrt{x}+1)}=\lim_{x\to1}\frac{(x-1)(\sqrt{x}+1)}{(x-1)}=\lim_{x\to1}(\sqrt{x}+1)=2.$$

这种解法我们称为有理化法，即对于函数表达式中含有根式的极限，通过对分子或分母有理化后再求极限.

下面再看一个有理化法求极限的例子.

例 2.2.5　求 $\lim\limits_{x\to+\infty}(\sqrt{x+1}-\sqrt{x})$.

分析　该极限是含有根式的 $\infty-\infty$ 型未定式极限，先将分子有理化后再计算极限.

解　$$\lim_{x\to+\infty}(\sqrt{x+1}-\sqrt{x})=\lim_{x\to+\infty}\frac{(\sqrt{x+1}-\sqrt{x})(\sqrt{x+1}+\sqrt{x})}{\sqrt{x+1}+\sqrt{x}}$$

$$=\lim_{x\to+\infty}\frac{1}{\sqrt{x+1}+\sqrt{x}}=0.$$

例 2.2.6　求 $\lim\limits_{x\to\infty}\dfrac{3x^3+x^2+2}{7x^3+5x^2-3}$.

分析　当 $x\to\infty$ 时，该极限是 $\dfrac{\infty}{\infty}$ 型未定式极限，用分子、分母中 x 的最高次幂去除分子及分母，再计算.

解　将分子、分母分别除以 x^3 得

$$\lim_{x\to\infty}\frac{3x^3+x^2+2}{7x^3+5x^2-3}=\lim_{x\to\infty}\frac{3+\dfrac{1}{x}+\dfrac{2}{x^3}}{7+\dfrac{5}{x}-\dfrac{3}{x^3}}=\frac{3}{7}.$$

例 2.2.7　求 $\lim\limits_{x\to+\infty}\dfrac{3x^2-2x-1}{2x^3-x^2+5}$.

解　将分子、分母分别除以 x^3 得

$$\lim_{x\to+\infty}\frac{3x^2-2x-1}{2x^3-x^2+5}=\lim_{x\to+\infty}\frac{\dfrac{3}{x}-\dfrac{2}{x^2}-\dfrac{1}{x^3}}{2-\dfrac{1}{x}+\dfrac{5}{x^3}}=0.$$

例 2.2.8　求 $\lim\limits_{x\to-\infty}\dfrac{2x^3-x^2+5}{3x^2-2x-1}$.

解　将分子、分母分别除以 x^3 得

$$\lim_{x\to-\infty}\frac{2x^3-x^2+5}{3x^2-2x-1}=\lim_{x\to-\infty}\frac{2-\frac{1}{x}+\frac{5}{x^3}}{\frac{3}{x}-\frac{2}{x^2}-\frac{1}{x^3}},$$

由于

$$分子\lim_{x\to-\infty}\left(2-\frac{1}{x}+\frac{5}{x^3}\right)=2,\ 分母\lim_{x\to-\infty}\left(\frac{3}{x}-\frac{2}{x^2}-\frac{1}{x^3}\right)=0,$$

所以

$$\lim_{x\to-\infty}\frac{2x^3-x^2+5}{3x^2-2x-1}=\infty.$$

以上三例求极限的方法,称为**无穷小分出法**.一般地,对于$\frac{\infty}{\infty}$型极限,用分子、分母中x的最高阶无穷大(对于多项式而言就是最高次幂)去除分子及分母,进而产生很多无穷小,从而顺利求得极限.

此外,通过上述三例,对于多项式除以多项式的$\frac{\infty}{\infty}$型极限,我们还能总结出如下结论:当$a_0\neq0$,$b_0\neq0$,m和n为非负整数时,有

$$\lim_{x\to\infty}\frac{a_0x^m+a_1x^{m-1}+\cdots+a_m}{b_0x^n+b_1x^{n-1}+\cdots+b_n}=\begin{cases}0, & 当\ n>m\\ \frac{a_0}{b_0}, & 当\ n=m.\\ \infty, & 当\ n<m\end{cases}$$

例 2.2.9 求$\lim\limits_{x\to1}\left(\frac{1}{x-1}-\frac{3}{x^3-1}\right)$.

分析 该极限是$\infty-\infty$型未定式极限,可先通分后再利用消去零因子法求解.

解 $\lim\limits_{x\to1}\left(\frac{1}{x-1}-\frac{3}{x^3-1}\right)=\lim\limits_{x\to1}\frac{x^2+x-2}{x^3-1}=\lim\limits_{x\to1}\frac{(x-1)(x+2)}{(x-1)(x^2+x+1)}$

$$=\lim_{x\to1}\frac{x+2}{x^2+x+1}=1.$$

例 2.2.10 求$\lim\limits_{n\to\infty}\frac{3^n-1}{4^n+1}$.

分析 该极限是$\frac{\infty}{\infty}$型未定式极限,利用无穷小分出法求解.

解 分子分母分别除以4^n得到

$$\lim_{n\to\infty}\frac{3^n-1}{4^n+1}=\lim_{n\to\infty}\frac{\left(\frac{3}{4}\right)^n-\frac{1}{4^n}}{1+\frac{1}{4^n}}=\frac{0}{1}=0.$$

例 2.2.11　求$\lim\limits_{n\to\infty}\left(\frac{1}{n^2}+\frac{2}{n^2}+\cdots+\frac{n}{n^2}\right)$.

分析　当$n\to\infty$时，上式是无限项之和，不能直接应用极限运算法则，可以先将函数求和后，再求极限.

解　$\lim\limits_{n\to\infty}\left(\frac{1}{n^2}+\frac{2}{n^2}+\cdots+\frac{n}{n^2}\right)=\lim\limits_{n\to\infty}\frac{1+2+\cdots+n}{n^2}=\lim\limits_{n\to\infty}\frac{n(n+1)}{2n^2}=\frac{1}{2}$.

2.2.2　两个重要极限

1. 重要极限Ⅰ：$\lim\limits_{x\to 0}\frac{\sin x}{x}=1$

当$x\to 0$时，我们观察$\frac{\sin x}{x}$值变化，由于$\frac{\sin x}{x}$是偶函数，所以，只观察x取正数的情形，见表2-1.

表 2-1

x(弧度)	1	0.1	0.01	0.001	0.000 1
$\frac{\sin x}{x}$	0.841 470 985	0.998 334 166	0.999 983 333	0.999 999 833	0.999 999 998

从表中可看出，当x逐渐接近于0时，$\frac{\sin x}{x}$的值逐渐接近于1，由函数极限的定义，有

$$\lim_{x\to 0}\frac{\sin x}{x}=1.$$

这个极限称为**重要极限Ⅰ**.

重要极限Ⅰ可表示为如下更一般的形式：

$$\lim_{x\to\Delta}\frac{\sin\varphi(x)}{\varphi(x)}=1.$$

其中$\varphi(x)$表示自变量的函数，并且在自变量$x\to\Delta$过程中，$\varphi(x)\to 0$.

例如，当$x\to 1$时，$\varphi(x)=x-1\to 0$，故

$$\lim_{x\to 1}\frac{\sin(x-1)}{x-1}=1.$$

又如，当$x\to\infty$时，$\varphi(x)=\frac{1}{x}\to 0$，故

$$\lim_{x\to\infty}x\sin\frac{1}{x}=\lim_{x\to\infty}\frac{\sin\frac{1}{x}}{\frac{1}{x}}=1.$$

通过上述讨论可知，应用该重要极限求极限时，应先考察函数是否是$\frac{0}{0}$型，能不能变

换成$\frac{\sin\varphi(x)}{\varphi(x)}$形式，且在自变量$x\to\Delta$过程中$\varphi(x)$是否以0为极限，若否，不能应用该重要极限.

例 2.2.12 求下列各极限：

(1) $\lim\limits_{x\to 0}\frac{\tan x}{x}$；　　(2) $\lim\limits_{x\to 0}\frac{\sin 2x}{3x}$；

(3) $\lim\limits_{x\to 0}\frac{1-\cos x}{x^2}$；　　(4) $\lim\limits_{x\to 0}\frac{\arcsin x}{x}$.

解 (1) $\lim\limits_{x\to 0}\frac{\tan x}{x}=\lim\limits_{x\to 0}\frac{\sin x}{x}\cdot\frac{1}{\cos x}=\frac{1}{\cos 0}=1$.

(2) $\lim\limits_{x\to 0}\frac{\sin 2x}{3x}=\lim\limits_{x\to 0}\frac{\sin 2x}{2x}\cdot\frac{2}{3}=\frac{2}{3}$.

(3) $\lim\limits_{x\to 0}\frac{1-\cos x}{x^2}=\lim\limits_{x\to 0}\frac{2\sin^2\frac{x}{2}}{x^2}=\lim\limits_{x\to 0}\frac{1}{2}\left(\frac{\sin\frac{x}{2}}{\frac{x}{2}}\right)^2=\frac{1}{2}$.

(4) 令$\arcsin x=t$，则$x=\sin t$，当$x\to 0$时，$t\to 0$，于是

$$\lim_{x\to 0}\frac{\arcsin x}{x}=\lim_{t\to 0}\frac{t}{\sin t}=1.$$

2. 重要极限Ⅱ：$\lim\limits_{x\to\infty}\left(1+\frac{1}{x}\right)^x=\mathrm{e}$

当$x\to+\infty$和$x\to-\infty$时，观察$\left(1+\frac{1}{x}\right)^x$的值的变化. 见表2-2、表2-3.

表 2-2

$x\to+\infty$	1	10	100	1 000	10 000	100 000
$\left(1+\frac{1}{x}\right)^x$	2	2.50	2.705	2.717	2.718	2.718 27

表 2-3

$x\to-\infty$	−10	−100	−1 000	−10 000	−100 000
$\left(1+\frac{1}{x}\right)^x$	2.88	2.732	2.720	2.718 3	2.718 28

从表中看出，当$x\to+\infty$和$x\to-\infty$时，$\left(1+\frac{1}{x}\right)^x$趋向一个定数，可以证明这个数是一个无理数，记为e=2.718 281 828 45…. 由函数极限的定义，有

$$\lim_{x\to\infty}\left(1+\frac{1}{x}\right)^x=\mathrm{e}.$$

这个极限称为**重要极限Ⅱ**.

若令 $x=\frac{1}{t}$，则得到该重要极限的另一种形式

$$\lim_{t\to 0}(1+t)^{\frac{1}{t}}=\mathrm{e}.$$

注意：重要极限属于 1^{∞} 型的未定式极限也可以表示成如下形式

$$\lim_{x\to\Delta}\left[1+\frac{1}{w(x)}\right]^{w(x)}=\mathrm{e}\ (\text{其中}\lim_{x\to\Delta}w(x)=\infty)$$

或

$$\lim_{x\to\Delta}[1+v(x)]^{\frac{1}{v(x)}}=\mathrm{e}\ (\text{其中}\lim_{x\to\Delta}v(x)=0).$$

例 2.2.13 求下列各极限：

(1) $\lim\limits_{x\to\infty}\left(1-\frac{1}{x}\right)^{x}$；　(2) $\lim\limits_{n\to\infty}\left(1-\frac{1}{n}\right)^{2n}$；　(3) $\lim\limits_{x\to 0}(1-5x)^{\frac{1}{x}}$；

(4) $\lim\limits_{x\to\infty}\left(\frac{x^2+1}{x^2}\right)^{x^2+1}$；　(5) $\lim\limits_{x\to\infty}\left(\frac{2x+9}{2x+5}\right)^{x}$.

解 (1) $\lim\limits_{x\to\infty}\left(1-\frac{1}{x}\right)^{x}=\lim\limits_{x\to\infty}\left[\left(1+\frac{1}{-x}\right)^{-x}\right]^{-1}=\mathrm{e}^{-1}$.

(2) $\lim\limits_{n\to\infty}\left(1-\frac{1}{n}\right)^{2n}=\lim\limits_{n\to\infty}\left[\left(1+\frac{1}{-n}\right)^{-n}\right]^{-2}=\mathrm{e}^{-2}$.

（可见对于数列的极限，同样可以利用重要极限来求解.）

(3) $\lim\limits_{x\to 0}(1-5x)^{\frac{1}{x}}=\lim\limits_{x\to 0}[(1-5x)^{\frac{1}{-5x}}]^{-5}=\mathrm{e}^{-5}$.

(4) $\lim\limits_{x\to\infty}\left(\frac{x^2+1}{x^2}\right)^{x^2+1}=\lim\limits_{x\to\infty}\left(1+\frac{1}{x^2}\right)^{x^2+1}=\lim\limits_{x\to\infty}\left(1+\frac{1}{x^2}\right)^{x^2}\left(1+\frac{1}{x^2}\right)=\mathrm{e}$.

(5) $\lim\limits_{x\to\infty}\left(\frac{2x+9}{2x+5}\right)^{x}=\lim\limits_{x\to\infty}\left[\left(1+\frac{4}{2x+5}\right)^{\frac{2x+5}{4}}\right]^{\frac{4x}{2x+5}}=\mathrm{e}^2$.

$\left(\text{注：最后一步}\lim\limits_{x\to\infty}\left[\left(1+\frac{4}{2x+5}\right)^{\frac{2x+5}{4}}\right]^{\frac{4x}{2x+5}}=\left[\lim\limits_{x\to\infty}\left(1+\frac{4}{2x+5}\right)^{\frac{2x+5}{4}}\right]^{\lim\limits_{x\to\infty}\frac{4x}{2x+5}}=\mathrm{e}^2.\right)$

2.2.3 无穷小的比较

由无穷小的性质知，有限个无穷小的和、差、积仍是无穷小；但是关于两个无穷小的商，却会出现不同的情况. 例如，当 $x\to 0$ 时，$x, x^2, \sin x$ 都是无穷小，而

$$\lim_{x\to 0}\frac{x^2}{x}=0,\quad \lim_{x\to 0}\frac{x^2}{2x^2}=\frac{1}{2},\quad \lim_{x\to 0}\frac{\sin x}{x}=1.$$

两个无穷小之商的极限反映了自变量在同一变化过程中不同的无穷小趋近于 0 的快慢. 上面几个例子说明，在 $x\to 0$ 的过程中，$x^2\to 0$ 比 $x\to 0$ 快些；$x^2\to 0$ 比 $2x^2\to 0$ 快 2 倍；而 $\sin x\to 0$ 与 $x\to 0$ 快慢相当. 因此有必要进一步讨论两个无穷小之商的各种情况.

定义 2.2.1 设α,β是自变量$x\to\Delta$过程中的两个无穷小：

(1) 若$\lim\limits_{x\to\Delta}\dfrac{\beta}{\alpha}=0$，称$\beta$是比$\alpha$高阶的无穷小，记作$\beta=o(\alpha)$；

(2) 若$\lim\limits_{x\to\Delta}\dfrac{\beta}{\alpha}=c\neq0$，$c$为常数，称$\beta$与$\alpha$是同阶无穷小；

(3) 若$\lim\limits_{x\to\Delta}\dfrac{\beta}{\alpha}=1$，称$\beta$与$\alpha$是等价无穷小，记作$\alpha\sim\beta$.

例如，因为$\lim\limits_{x\to0}\dfrac{2x^3}{x^2}=2\lim\limits_{x\to0}x=0$，所以当$x\to0$时，$2x^3$是比$x^2$高阶的无穷小，即$3x^3=o(x^2)$.

因为$\lim\limits_{x\to0}\dfrac{\sin2x}{x}=2\lim\limits_{x\to0}\dfrac{\sin2x}{2x}=2$，所以当$x\to0$时，$\sin2x$和$x$是同阶无穷小.

因为$\lim\limits_{x\to0}\dfrac{\sin x}{x}=1$，所以当$x\to0$时，$\sin x$和$x$是等价无穷小.

关于等价无穷小，有下面的定理.

定理 2.2.2 若在自变量$x\to\Delta$过程中，$\alpha\sim\alpha'$，$\beta\sim\beta'$，且$\lim\limits_{x\to\Delta}\dfrac{\beta'}{\alpha'}$存在，则

$$\lim_{x\to\Delta}\frac{\beta}{\alpha}=\lim_{x\to\Delta}\frac{\beta'}{\alpha'}.$$

证 因为$\alpha\sim\alpha'$，$\beta\sim\beta'$，所以$\lim\limits_{x\to\Delta}\dfrac{\alpha}{\alpha'}=1$，$\lim\limits_{x\to\Delta}\dfrac{\beta}{\beta'}=1$，

从而 $$\lim_{x\to\Delta}\frac{\beta}{\alpha}=\lim_{x\to\Delta}\left(\frac{\beta}{\beta'}\cdot\frac{\beta'}{\alpha'}\cdot\frac{\alpha'}{\alpha}\right)=\lim_{x\to\Delta}\frac{\beta}{\beta'}\cdot\lim_{x\to\Delta}\frac{\beta'}{\alpha'}\cdot\lim_{x\to\Delta}\frac{\alpha'}{\alpha}=\lim_{x\to\Delta}\frac{\beta'}{\alpha'}.$$

定理表明，在求$\dfrac{0}{0}$型极限时，分子、分母均可用适当的等价无穷小来代换，从而简化计算.

常用的等价无穷小有：当$x\to0$时，

$\sin x\sim x$，	$\tan x\sim x$，	$\arcsin x\sim x$，	$\arctan x\sim x$，
$\ln(1+x)\sim x$，	$e^x-1\sim x$，	$1-\cos x\sim\dfrac{x^2}{2}$，	$(1+x)^\alpha-1\sim\alpha x$.

熟记这些常用的等价无穷小，对求极限有极大帮助. 下面通过例题说明.

例 2.2.14 利用等价无穷小代换求下列极限：

(1) $\lim\limits_{x\to0}\dfrac{\tan2x}{\sin5x}$； (2) $\lim\limits_{x\to0}\dfrac{1-\cos x}{x\sin x}$；

(3) $\lim\limits_{x\to0}\dfrac{\sin x}{x^2+3x}$； (4) $\lim\limits_{x\to0}\dfrac{\tan x-\sin x}{x^3}$.

解 (1) 当$x\to0$，$\tan2x\sim2x$，$\sin5x\sim5x$，因此$\lim\limits_{x\to0}\dfrac{\tan2x}{\sin5x}=\lim\limits_{x\to0}\dfrac{2x}{5x}=\dfrac{2}{5}$.

(2) 当 $x\to0$ 时，$1-\cos x\sim\frac{x^2}{2}$，$\sin x\sim x$，所以 $\lim\limits_{x\to0}\frac{1-\cos x}{x\sin x}=\lim\limits_{x\to0}\frac{\frac{x^2}{2}}{x\cdot x}=\frac{1}{2}$.

(3) $\lim\limits_{x\to0}\frac{\sin x}{x^2+3x}=\lim\limits_{x\to0}\frac{x}{x^2+3x}=\lim\limits_{x\to0}\frac{1}{x+3}=\frac{1}{3}$.

(4) $\lim\limits_{x\to0}\frac{\tan x-\sin x}{x^3}=\lim\limits_{x\to0}\frac{\sin x(1-\cos x)}{x^3\cos x}=\lim\limits_{x\to0}\frac{1}{\cos x}\cdot\lim\limits_{x\to0}\frac{x.\frac{x^2}{2}}{x^3}=\frac{1}{2}$.

注意:下面的解法是错误的.

因为当 $x\to0$ 时，$\sin x\sim x$，$\tan x\sim x$，所以

$$\lim_{x\to0}\frac{\tan x-\sin x}{x^3}=\lim_{x\to0}\frac{x-x}{x^3}=0.$$

该解法实际上将无穷小 $\tan x-\sin x$ 和 0 看成是等价的，事实上它是与 $\frac{1}{2}x^3$ 等价的.

因此，在利用等价无穷小代换来计算极限时，只能代换乘积中的无穷小因式，相加(减)的代数式中的无穷小不能随意代换，否则会犯类似的错误.

练习与作业 2-2

第1部分:极限的四则运算

一、填空

1. $\lim\limits_{x\to1}\frac{x^2-2x+5}{2x^3+1}=$________.

2. $\lim\limits_{x\to3}\frac{x-4}{x^2-2x-3}=$________.

3. $\lim\limits_{x\to1}\frac{x^3-1}{x-1}=$________.

4. $\lim\limits_{x\to3}\frac{x^2-x-6}{x^2-4x+3}=$________.

5. $\lim\limits_{x\to3}\frac{\sqrt{x+1}-2}{x-3}=$________.

6. $\lim\limits_{x\to+\infty}(\sqrt{x+1}-\sqrt{x-1})=$________.

7. $\lim\limits_{x\to\infty}\frac{x^2-3x+4}{x+3}=$________.

8. $\lim\limits_{n\to\infty}\frac{4n^3-n+1}{5n^3+2}=$________.

9. $\lim\limits_{n\to\infty}\frac{1+2+3+\cdots+n}{n^2}=$________.

二、单选

1. 极限 $\lim\limits_{x\to0}\frac{x+2}{x^2-2x+1}=$ (　　)

A. -1;　　B. -2;　　C. 1;　　D. 2.

2. 极限 $\lim\limits_{x\to9}\frac{\sqrt{x}-2}{x-4}=$ (　　)

A. -5;　　B. 5;　　C. $\frac{1}{5}$;　　D. $-\frac{1}{5}$.

3. 当正整数 m,n 满足 $m>n$ 时，极限 $\lim\limits_{x\to\infty}\frac{3x^n+3}{2x^m+7}=$ (　　)

A. 0;　　B. ∞;　　C. $\frac{3}{2}$;　　D. $\frac{3}{7}$.

4. 如果极限$\lim\limits_{x\to\infty}\dfrac{13x^n-1}{7x^m-1}=\dfrac{13}{7}$,则正整数 m,n 满足的关系是 (　　)

A. $m>n$;　　B. $m<n$;　　C. $m=n$;　　D. 没有关系.

5. 如果极限$\lim\limits_{x\to\infty}\dfrac{2x^2-x+3}{nx^m+7x-1}=2$,则 m,n 分别等于 (　　)

A. 2,1;　　B. 1,2;　　C. −1,7;　　D. 3,−1.

6. 如果极限$\lim\limits_{x\to1}\dfrac{x-k}{x^2+x-2}=\dfrac{1}{3}$,则 k 等于 (　　)

A. 1;　　B. 2;　　C. 3;　　D. 4.

7. 极限$\lim\limits_{x\to\infty}\dfrac{(2x+1)^3(x-1)^2}{(2x-1)^4(3x+2)}=$ (　　)

A. ∞;　　B. 0;　　C. $\dfrac{1}{6}$;　　D. $\dfrac{1}{3}$.

8. 极限$\lim\limits_{x\to\infty}\dfrac{(5x+1)^{2\,000}(x+9)}{(9x-7)^{1\,000}(x+3)^{1\,000}}=$ (　　)

A. ∞;　　B. 0;　　C. $\dfrac{5}{9}$;　　D. $\dfrac{25}{9}$.

三、计算解答

1. 求极限$\lim\limits_{x\to-2}\dfrac{x^2-3x-10}{x^2-x-6}$.

2. 求极限$\lim\limits_{x\to-2}\dfrac{x^3+8}{x^2-4}$.

3. 求极限$\lim\limits_{x\to1}\dfrac{\sqrt{x+3}-2}{x-1}$.

4. 求极限$\lim\limits_{x\to-1}\left(\dfrac{1}{x+1}-\dfrac{3}{x^3+1}\right)$.

5. 求极限$\lim\limits_{x\to\infty}\dfrac{1+\dfrac{1}{2}+\dfrac{1}{2^2}+\cdots+\dfrac{1}{2^n}}{1+\dfrac{1}{3}+\dfrac{1}{3^2}+\cdots+\dfrac{1}{3^n}}$.

6. 已知 $f(x)=\dfrac{4x^2+3}{x-1}+ax+b$,试就下列三种情况求 a,b 的值.

(1) $\lim\limits_{x\to\infty}f(x)=0$;(2) $\lim\limits_{x\to\infty}f(x)=2$;(3) $\lim\limits_{x\to\infty}f(x)=\infty$.

第 2 部分:两个重要极限

一、填空

1. $\lim\limits_{x\to0}\dfrac{\sin3x}{2x}=$________.

2. $\lim\limits_{x\to0}\dfrac{\sin5x^2}{2x^2}=$________.

3. $\lim\limits_{x\to1}\dfrac{\sin(x-1)}{x^2-1}=$________.

4. $\lim\limits_{x\to\infty}\left(1+\dfrac{2}{x}\right)^x=$________.

5. $\lim\limits_{x\to\infty}\left(1-\dfrac{1}{x}\right)^{2x}=$________.

6. $\lim\limits_{x\to\infty}\left(\dfrac{x+1}{x}\right)^{2x}=$________.

7. 已知$\lim\limits_{x\to0}(1+kx)^{\frac{1}{x}}=e^5$($k$ 为常数),则 $k=$________.

二、单选

1. 下列极限等于 1 的是 (　　)

A. $\lim\limits_{x\to\infty}\dfrac{\sin x}{x}$;　　B. $\lim\limits_{x\to1}\dfrac{\sin x}{x}$;　　C. $\lim\limits_{x\to0}\dfrac{x}{\sin x}$;　　D. $\lim\limits_{x\to0}\dfrac{\sin2x}{x}$.

2. 若极限$\lim\limits_{x\to 0}\frac{\sin 2x}{x}=A$，$\lim\limits_{x\to 0}\frac{\sin x}{3x}=B$，则$A\cdot B=$　（　）

A. $\frac{2}{3}$；　B. 2；　C. 3；　D. 1.

3. $\lim\limits_{x\to 0}\frac{\sin(\pi x)}{3x}=A$，则$\sin A=$　（　）

A. 0；　B. $\frac{1}{2}$；　C. $\frac{\sqrt{2}}{2}$；　D. $\frac{\sqrt{3}}{2}$.

4. 下列极限错误的是　（　）

A. $\lim\limits_{x\to 0}\frac{\sin x}{2x}=\frac{1}{2}$；　B. $\lim\limits_{x\to 1}\frac{\sin x}{x}=\sin 1$；　C. $\lim\limits_{x\to \infty}\frac{\sin x}{x}=0$；　D. $\lim\limits_{x\to \infty}\frac{\sin x}{x}=1$.

5. 已知$\lim\limits_{x\to \infty}\left(1+\frac{1}{2x}\right)^{kx}=e^2$，则$k=$　（　）

A. 1；　B. 2；　C. 3；　D. 4.

6. $\lim\limits_{x\to \infty}\left(1+\frac{1}{3x}\right)^{9x}=A$，则$\ln A=$　（　）

A. 1；　B. 2；　C. 3；　D. 4.

三、计算解答

1. 求极限$\lim\limits_{x\to 3}\frac{\sin(x-3)}{x^2-2x-3}$.

2. 求极限$\lim\limits_{x\to \infty}\left(1-\frac{2}{2x+1}\right)^{2x-1}$.

3. 求极限$\lim\limits_{x\to \infty}\left(\frac{2x-1}{2x+1}\right)^{2x}$.

4. 求极限$\lim\limits_{x\to -2}(x+3)^{\frac{2}{x+2}}$.

5. 求极限$\lim\limits_{x\to 0}(1-\sin x)^{\cot x}$.

第3部分：无穷小的比较

一、填空

1. 当$x\to 0$时，若ax^2与$\tan\frac{x^2}{4}$为等价无穷小，则必有$a=$________.

2. 当$x\to\infty$时，$f(x)$与$\frac{1}{x}$是等价无穷小，则$\lim\limits_{x\to \infty}2xf(x)=$________.

3. $\lim\limits_{x\to 0}\frac{\sin 5x}{\tan 3x}=$________.

4. $\lim\limits_{x\to 0}\frac{\ln(1+3x)}{x}=$________.

5. $\lim\limits_{x\to 0}\frac{e^{2x}-1}{\sin x}=$________.

6. $\lim\limits_{x\to 0}x\cot x=$________.

二、单选

1. 如果$\lim\limits_{x\to \infty}x^2\sin\frac{k}{x^2}=3$，则$k=$　（　）

A. 0；　B. 1；　C. 2；　D. 3.

2. 当 $x\to 0$ 时，与 $\sin x$ 等价的无穷小是 ( )

A. $\arcsin 2x$； B. $\arctan 3x$； C. $\ln(1+x)$； D. $e^{2x}-1$.

3. 当 $x\to 0$ 时，与 x 不等价的无穷小是 ( )

A. $\arcsin x$； B. $1-\cos x$； C. $\ln(1+x)$； D. $e^{x}-1$.

4. 当 $x\to 0$ 时，比 x^2 高阶的无穷小是 ( )

A. x^3+x^2； B. $1-\cos x$； C. $x-\sin x$； D. $\ln(1+x)$.

5. 当 $x\to 0$ 时，与 $\sqrt{1+x}-\sqrt{1-x}$ 等价的无穷小量是 ( )

A. x； B. $2x$； C. x^2； D. $2x^2$.

三、计算解答

1. 求极限 $\lim\limits_{x\to 0}\dfrac{1-\cos x}{x\arcsin x}$.

2. 求极限 $\lim\limits_{x\to 0}\dfrac{\ln(1+2x)}{\sin 3x}$.

3. 求极限 $\lim\limits_{x\to 0}\dfrac{1-\cos x}{(e^{2x}-1)\ln(1-x)}$.

4. 求极限 $\lim\limits_{x\to 0}\dfrac{\tan x-\sin x}{x^3}$.

5. 求极限 $\lim\limits_{x\to 0}\dfrac{e^{\sin x}-1}{2x}$.

6. 求极限 $\lim\limits_{x\to 0}\dfrac{(e^{\sin x}-1)\sin x}{\tan^2 2x}$.

2.3 函数的连续性

连续是函数的重要性态之一，它在几何上表示为一条不间断的曲线. 连续函数是微积分研究的主要函数类.

2.3.1 函数的连续性

自然界有很多现象，如气温的升降、植物的生长、河水的流动等都是连续变化的. 连续的概念就是这些自然现象的数学描述，反映在函数关系上，就是自变量的微小变化引起函数值的微小变化.

设函数 $f(x)$ 在 x_0 的某一邻域内有定义，当自变量 x 在该邻域内由 x_0 变到 $x_0+\Delta x$，Δx 称为自变量 x 在 x_0 处的增量(或改变量)，Δx 可正可负，当 $\Delta x>0$ 时，表示 x 是增加的，当 $\Delta x<0$ 时，表示 x 是减少的. 相应地，函数 y 的值由 $f(x_0)$ 变为 $f(x_0+\Delta x)$，记 $\Delta y=f(x_0+\Delta x)-f(x_0)$，称为函数 $f(x)$ 在 x_0 处的增量(或改变量).

几何上，函数值的增量 Δy 表示当自变量从 x_0 变化到 $x_0+\Delta x$ 时，函数曲线上对应点的纵坐标的增量(如图 2-6 所示).

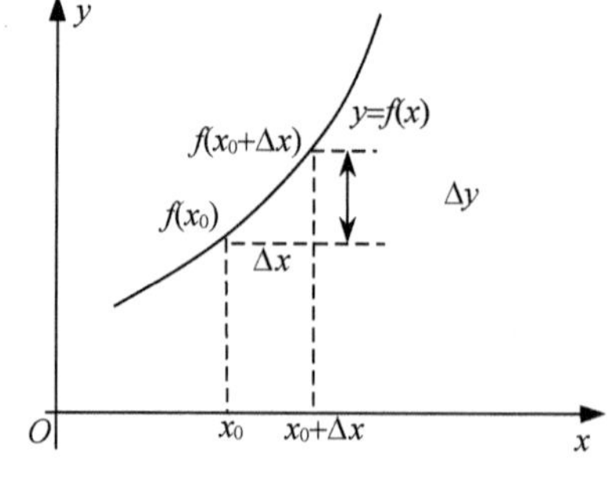

图 2-6

如果函数 $f(x)$ 在 x_0 点连续，则当自变量的增量 Δx 趋于零时，函数的增量 Δy 也趋于零，于是得到函数连续的定义.

定义 2.3.1　设函数 $f(x)$在点 x_0 的某一邻域内有定义,如果

$$\lim_{\Delta x\to 0}\Delta y=\lim_{\Delta x\to 0}[f(x_0+\Delta x)-f(x_0)]=0,$$

则称函数 $y=f(x)$**在点 x_0 处连续**.

在定义 2.3.1 中,令 $x=x_0+\Delta x$,当 $\Delta x\to 0$ 时,则有 $x\to x_0$,于是,可得定义的另一种形式.

定义 2.3.2　设函数 $f(x)$在点 x_0 的某邻域内有定义,如果

$$\lim_{x\to x_0}f(x)=f(x_0),$$

则称函数 $f(x)$在点 x_0 处连续.

简言之,若极限值等于函数值,则函数 $f(x)$在点 x_0 处连续.

观察下列函数图象(图 2-7),判定函数在 $x=1$ 处的连续性.

(1) $f(x)=\begin{cases}2-x, & x\neq 1\\ 2, & x=1\end{cases}$;　　(2) $g(x)=2-x$.

函数 $f(x)$在 $x=1$ 处有定义, $f(1)=2$,$\lim\limits_{x\to 1}f(x)=1$,但是$\lim\limits_{x\to 1}f(x)=1\neq f(1)$,所以,函数 $f(x)$在 $x=1$ 处不连续.

函数 $g(x)$在 $x=1$ 处有定义,且$\lim\limits_{x\to 1}g(x)=1=g(1)$,所以,函数 $g(x)$在 $x=1$ 处连续.

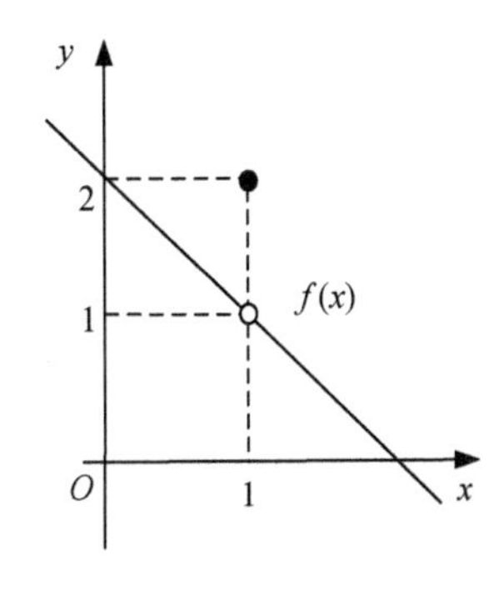

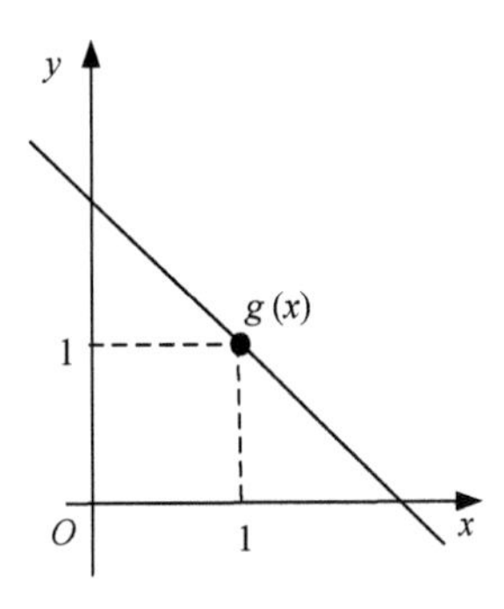

图 2-7

根据左、右极限的概念,可得函数左、右连续的概念.

定义 2.3.3　如果函数 $f(x)$在点 x_0 处的左(右)极限存在且等于该点的函数值,即

$$\lim_{x\to x_0^-}f(x)=f(x_0)\ \left(\lim_{x\to x_0^+}f(x)=f(x_0)\right),$$

称 $f(x)$在点 x_0 处左(右)连续.

由连续和左右连续的定义可得如下定理:

定理 2.3.1　函数 $y=f(x)$在点 x_0 处连续的充分必要条件是函数在点 x_0 处左连续且右连续. 即

$$\lim_{x \to x_0^-} f(x) = \lim_{x \to x_0^+} f(x) = f(x_0).$$

该定理常用于讨论分段函数在分段点处的连续性.

由函数在点 x_0 处连续的定义可知,函数 $f(x)$ 在点 x_0 处连续必须同时满足下列三个条件:

(1) $f(x)$ 在 x_0 的某邻域内有定义;

(2) $\lim\limits_{x \to x_0} f(x)$ 存在;

(3) $\lim\limits_{x \to x_0} f(x) = f(x_0)$.

如果上述条件中任意一个不满足,则函数在 x_0 处不连续.

如果函数 $f(x)$ 在区间 (a,b) 上每一点都连续,则称函数 $f(x)$ 在区间 (a,b) 上连续;如果函数 $f(x)$ 在区间 (a,b) 上连续,且在点 a 处右连续,在点 b 处左连续,则函数 $f(x)$ 在闭区间 $[a,b]$ 上连续.

例 2.3.1 判定函数 $f(x)=\begin{cases} x^2, & x \leqslant 0 \\ x+1, & x>0 \end{cases}$ 在 $x=0$ 处的连续性(图 2-8).

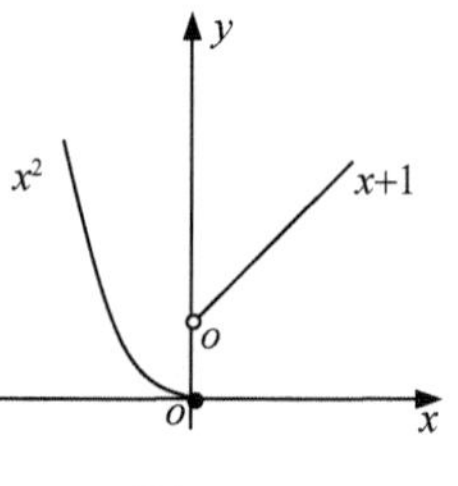

图 2-8

解 因为 $\lim\limits_{x \to 0^-} f(x) = \lim\limits_{x \to 0^-} x^2 = 0 = f(0)$,故函数在 $x=0$ 处左连续;

又 $\lim\limits_{x \to 0^+} f(x) = \lim\limits_{x \to 0^+} (x+1) = 1 \neq f(0)$,故函数在 $x=0$ 处不右连续.

所以,函数在 $x=0$ 处不连续.

例 2.3.2 判定 $f(x)=\begin{cases} -x, & x<0 \\ 0, & x=0 \\ x, & x>0 \end{cases}$ 在 $x=0$ 处的连续性.

解 因为 $\lim\limits_{x \to 0^-} f(x) = \lim\limits_{x \to 0^-} (-x) = 0 = f(0)$,故函数在 $x=0$ 处左连续;

又 $\lim\limits_{x \to 0^+} f(x) = \lim\limits_{x \to 0^+} x = 0 = f(0)$,故函数在 $x=0$ 处右连续.

所以函数在 $x=0$ 处连续.

2.3.2 函数的间断点

客观事物大量地表现为量的连续的变动状态,同时,也经常呈现量的变化的不连续状态,函数的间断性就是对这种现象的描述.

如果函数 $y=f(x)$ 在点 x_0 处不连续,则称 $f(x)$ 在点 x_0 处**间断**,x_0 称为函数的间断点.

可见,函数 $f(x)$ 在点 x_0 处间断有三种情况:

(1) $f(x)$ 在 x_0 处无定义;

(2) $f(x)$ 在 x_0 的某邻域内有定义,但 $\lim\limits_{x \to x_0} f(x)$ 不存在;

(3) $f(x)$ 在 x_0 的某邻域内有定义,且 $\lim\limits_{x \to x_0} f(x)$ 存在,但 $\lim\limits_{x \to x_0} f(x) \neq f(x_0)$.

例 2.3.3　考察函数 $f(x)=\dfrac{x^2+x-2}{x-1}$ 在点 $x=1$ 处的连续性(图 2-9).

解　函数 $f(x)=\dfrac{x^2+x-2}{x-1}$ 在点 $x=1$ 处无定义,因此 $x=1$ 是该函数的间断点.

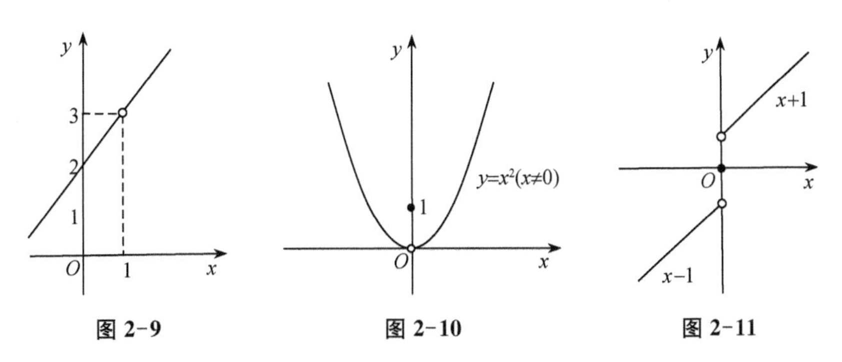

图 2-9　　图 2-10　　图 2-11

例 2.3.4　考察函数 $f(x)=\begin{cases}1, & x=0\\ x^2, & x\neq 0\end{cases}$ 在点 $x=0$ 处的连续性(图 2-10).

解　由于 $\lim\limits_{x\to 0}f(x)=\lim\limits_{x\to 0}x^2=0$,又 $f(0)=1$,有 $\lim\limits_{x\to 0}f(x)\neq f(0)$.

故 $x=0$ 是函数的间断点.

例 2.3.5　考察函数 $f(x)=\begin{cases}x-1, & x<0\\ 0, & x=0\\ x+1, & x>0\end{cases}$ 在点 $x=0$ 处的连续性(图 2-11).

解　由于 $\lim\limits_{x\to 0^-}f(x)=\lim\limits_{x\to 0^-}(x-1)=-1$,且 $\lim\limits_{x\to 0^+}f(x)=\lim\limits_{x\to 0^+}(x+1)=1$,函数 $f(x)$ 在 $x=0$ 处的左、右极限都存在,但不相等,从而极限不存在.

故 $x=0$ 是函数 $f(x)$ 的间断点.

根据函数 $f(x)$ 在间断点处左、右极限的不同情况,间断点可分为两类:

若 x_0 是函数 $f(x)$ 的间断点,并且 $f(x)$ 在点 x_0 处的左、右极限都存在,则称 x_0 为 $f(x)$ 的**第一类间断点**.

第一类间断点又分两种:若函数 $f(x)$ 在点 x_0 处的左、右极限相等,但不等于该点的函数值或函数在该点没有定义,则称点 x_0 为函数的**可去间断点**. 如例 2.3.3 中的点 $x=1$,例 2.3.4 中的点 $x=0$,都是可去间断点. 若左、右极限都存在但不相等,则 x_0 称为函数的**跳跃间断点**. 如例 2.3.5 中的点 $x=0$ 为跳跃间断点.

若 x_0 是函数 $f(x)$ 的间断点,但不是第一类间断点,则称 x_0 为 $f(x)$ 的**第二类间断点**.

第二类间断点又分两种:若 $\lim\limits_{x\to x_0^-}f(x)=\infty$ 或 $\lim\limits_{x\to x_0^+}f(x)=\infty$,则点 x_0 称为函数的**无穷间断点**,如函数 $f(x)=\dfrac{1}{x}$,点 $x=0$ 是无穷间断点;又如函数 $f(x)=\sin\dfrac{1}{x}$ 在点 $x=0$ 附近,函数值在 $+1$ 和 -1 之间振荡,则称点 $x=0$ 为**振荡间断点**.

2.3.3　初等函数的连续性

由极限的四则运算法则及函数连续的定义很容易得到连续函数的四则运算法则.

定理 2.3.2 若函数 $f(x),g(x)$ 在 x 处连续，则 $f(x)\pm g(x)$，$f(x)\cdot g(x)$，$\frac{f(x)}{g(x)}$ $(g(x)\neq 0)$ 也在 x 处连续.

此定理表明，连续函数的和、差、积、商（分母不为零）仍是连续函数.

定理 2.3.3 设函数 $u=\varphi(x)$ 在 x_0 处连续，$y=f(u)$ 在 $u_0(u_0=\varphi(x_0))$ 处连续，则复合函数 $y=f[\varphi(x)]$ 在 x_0 处连续. 即

$$\lim_{x\to x_0} f[\varphi(x)]=f[\varphi(x_0)].$$

该定理表明，连续函数的复合函数也是连续函数.

由连续函数的定义，我们可以证明基本初等函数在其定义域内都是连续的；由定理 2.3.2 和定理 2.3.3 知，连续函数经过四则运算或复合运算以后也是连续函数；再由初等函数的定义，我们可以得出如下重要结论：

定理 2.3.4 一切初等函数在其定义区间内都是连续的.

这里所谓定义区间，就是包含在函数的定义域内的区间.

2.3.4 闭区间上连续函数的性质

闭区间上的连续函数有几个在理论和应用上都很重要的性质. 下面介绍其中的三个性质.

定理 2.3.5（最值定理） 在闭区间 $[a,b]$ 上的连续函数 $f(x)$ 一定有最大值和最小值.

如图 2-12 所示，函数 $f(x)$ 在点 x_0 取得最大值 M，在点 x_1 取得最小值 m.

最值定理给出了函数有最大值及最小值的充分条件. 定理中“闭区间”和“连续”这两个条件缺一不可. 即对于开区间上的连续函数或在闭区间上有间断点的函数，结论不一定成立. 例如函数 $y=-x+1$ 在开区间 $(0,1)$ 内连续，但是它在该区间内既无最大值，也无最小值（图 2-13）.

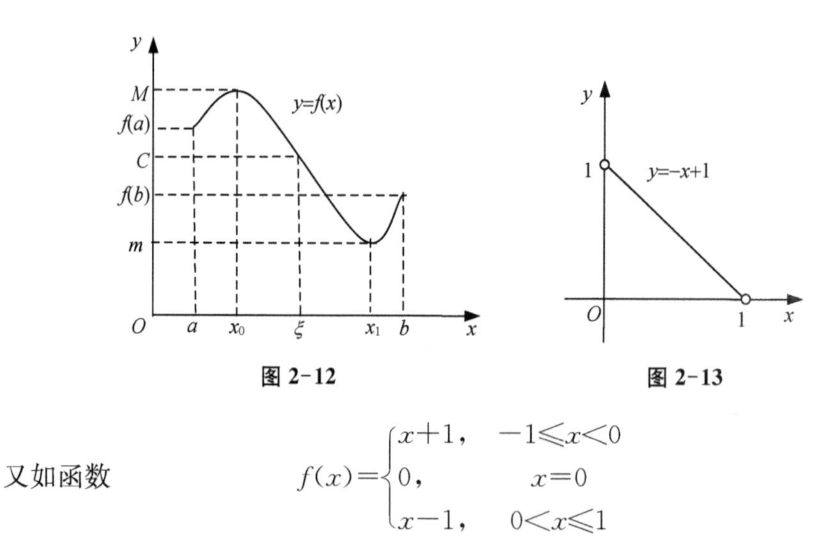

图 2-12　　**图 2-13**

又如函数

$$f(x)=\begin{cases} x+1, & -1\leqslant x<0 \\ 0, & x=0 \\ x-1, & 0<x\leqslant 1 \end{cases}$$

在闭区间 $[-1,1]$ 上有间断点 $x=0$，它在此区间上也没有最大值和最小值，如图

(2-14)所示.

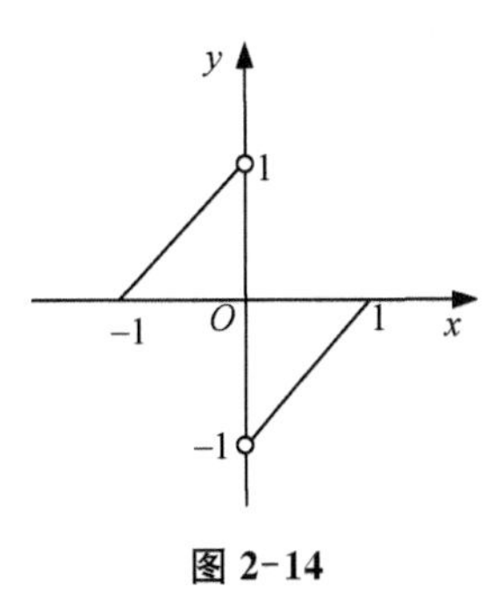

图 2-14

定理 2.3.6(介值定理) 设 $f(x)$ 在闭区间 $[a,b]$ 上连续,且 $f(a)\neq f(b)$,则对介于 $f(a)$,$f(b)$ 之间的任意实数 C,至少存在一点 $\xi\in(a,b)$,使得

$$f(\xi)=C.$$

介值定理的几何意义是:在闭区间 $[a,b]$ 上的连续曲线 $y=f(x)$ 与介于直线 $y=f(a)$ 和 $y=f(b)$ 之间的任意直线 $y=C$ 至少有一个交点(图 2-12).

定理 2.3.7(零值定理) 若函数 $f(x)$ 在闭区间 $[a,b]$ 上连续,且 $f(a)\cdot f(b)<0$,则至少存在一点 $\xi\in(a,b)$,使得

$$f(\xi)=0.$$

零值定理的几何解释是:在 $[a,b]$ 上的连续曲线 $y=f(x)$,若 $f(a)$ 与 $f(b)$ 异号,即在两个端点处,函数值位于 x 轴的两侧,则该曲线与 x 轴至少有一个交点(图 2-15). 所谓交点,即方程 $f(x)=0$ 的根. 于是,若 $f(x)$ 满足定理中的条件,则方程 $f(x)=0$ 在 (a,b) 内至少存在一个实根 ξ,ξ 又称为函数 $f(x)$ 的零点,因此,定理又称为零点定理或根的存在定理.

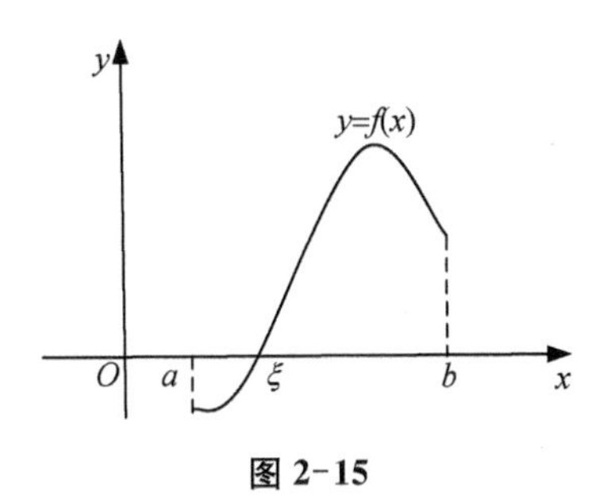

图 2-15

例 2.3.6 证明 $x^3-4x^2+1=0$ 在区间 $(0,1)$ 上至少有一个实根.

证 设 $f(x)=x^3-4x^2+1$,因 $f(x)$ 是初等函数,所以在闭区间 $[0,1]$ 上连续,且 $f(0)=1>0$,$f(1)=-2<0$,由零点定理知,至少存在一点 $\xi\in(0,1)$,使得 $f(\xi)=0$,即方程 $x^3-4x+1=0$ 在 $(0,1)$ 内至少有一个根.

练习与作业 2-3

一、填空

1. 分段函数 $f(x)$ 在分段点 x_0 处连续的充要条件是________.

2. 函数 $f(x)$ 在点 x_0 处连续，则 $\lim\limits_{\Delta x\to 0}[f(x_0+\Delta x)-f(x_0)]=$________.

3. 设 $f(x)=\begin{cases} e^x+1, x<0 \\ x+b, x\geqslant 0 \end{cases}$ 在 $x=0$ 处连续，则 $b=$________.

4. 设函数 $f(x)=\begin{cases} \dfrac{\sin x}{x}, & x<0 \\ a, & x\geqslant 0 \end{cases}$ 在 $x=0$ 处连续，则 $a=$________.

5. 函数 $f(x)=\dfrac{x^2-1}{x-1}$ 的间断点是________.

6. 函数 $f(x)=\tan x, x\in[0,\pi]$ 的间断点是________.

二、单选

1. 函数 $y=f(x)$ 在点 $x=a$ 处连续是 $f(x)$ 在点 $x=a$ 处有极限的 ( )

A. 充要条件； B. 充分条件； C. 必要条件； D. 无关条件.

2. 函数 $f(x)$ 在点 x_0 处有定义，是 $f(x)$ 在点 x_0 处连续的 ( )

A. 必要条件； B. 充分条件； C. 充要条件； D. 无关条件.

3. 要使函数 $f(x)=\dfrac{\sqrt{1-x}-1}{x}$ 在 $x=0$ 处连续，应给 $f(0)$ 补充定义的数值是 ( )

A. $\dfrac{1}{2}$； B. $-\dfrac{1}{2}$； C. 1； D. -1.

4. 下列函数在 $x=0$ 处连续的是 ( )

A. $f(x)=\begin{cases} x\sin\dfrac{1}{x}, & x\neq 0 \\ 0, & x=0 \end{cases}$； B. $f(x)=\begin{cases} x^2, & x\leqslant 0 \\ x+1, & x>0 \end{cases}$；

C. $f(x)=\begin{cases} 1, & x\leqslant 0 \\ x^2, & x>0 \end{cases}$； D. $f(x)=\begin{cases} x-1, & x<0 \\ 0, & x=0 \\ x+1, & x>0 \end{cases}$.

5. 下列函数有第一类间断点的是 ( )

A. $y=\dfrac{x^2+1}{x-3}$； B. $y=e^{\frac{1}{x}}$； C. $y=\dfrac{\sin x}{x}$； D. $y=\ln|x|$.

6. $x=0$ 是函数 $y=\dfrac{\sin x}{x}$ 的 ( )

A. 跳跃间断点； B. 可去间断点； C. 无穷间断点； D. 振荡间断点.

7. 函数 $f(x)=\dfrac{x-4}{x^2-3x-4}$ 间断点的个数是 ( )

A. 0； B. 1； C. 2； D. 3.

8. 如果函数 $y=f(x)$ 在 $[a,b]$ 上有定义，且 $f(a)\cdot f(b)<0$，则在 (a,b) 内 ( )

A. 必存在 ξ，使 $f(\xi)=0$； B. 不存在 ξ，使 $f(\xi)=0$；

C. 必存在 ξ，使 $f(\xi)\leqslant f(x)$； D. 不一定存在 ξ，使 $f(\xi)=0$.

9. 方程 $x^3-4x^2+1=0$ 在区间 $(0,1)$ 内 ( )

A. 至少有一个实根； B. 无实根； C. 有两个实根； D. 无法确定有无实根.

10. 设函数 $f(x)$ 在闭区间 $[a,b]$ 上连续，则下列说法错误的是　　（　　）

A. 函数 $f(x)$ 在 $[a,b]$ 上一定有最值；　　B. 函数 $f(x)$ 在 $[a,b]$ 上一定有界；

C. 函数 $f(x)$ 在 $[a,b]$ 上一定有零点；　　D. 以上说法不全对.

三、计算解答

1. 确定常数 a 的值，使函数 $f(x)=\begin{cases}\dfrac{x^2-1}{x-1}, & x<1\\ ax+3, & x\geqslant 1\end{cases}$ 在 $(-\infty,+\infty)$ 内连续.

2. 若函数 $f(x)=\begin{cases}\dfrac{\sqrt{1-x}-1}{x}, & x<0\\ a, & x=0\\ \dfrac{\sqrt{1+bx}-1}{x}, & x>0\end{cases}$ 在 $(-\infty,+\infty)$ 内连续，求 a,b 的值.

3. 指出函数 $f(x)=\dfrac{e^{2x}-1}{x}$ 的间断点，并判断其类型.

4. 指出函数 $f(x)=e^{\frac{1}{x}}$ 的间断点，并判断其类型.

课后品读：《几何原本》与《九章算术》

数学的源头可追溯到两部经典著作：一是古希腊数学家欧几里得所编撰的《几何原本》，二是中国古代数学家刘徽所注释的《九章算术》. 它们同为世界上最重要的数学著述，对世界数学的发展产生了重大而深远的影响. 前者使逻辑演绎的思想方法风靡全球，后者则以实用的算法享誉世界，二者互相补充，相映生辉.

一、欧几里得与《几何原本》

1. 欧几里得

在 20 世纪以前，欧几里得几乎就是几何学的同义语. 欧几里得活动于公元前 300 年左右，关于其生平现在知之较少. 他早年可能求学雅典学院，深受柏拉图学说的影响，后接受托勒密王邀请到亚历山大城工作. 早期文献记载了其两则轶事.

其一，可能托勒密王已初步感受到几何之美，但又感觉学习过于辛苦，故询问欧几里得是否有学习几何学的捷径. 欧几里得答曰："尊敬的陛下，在几何王国里没有王者之道."意即"求知无坦途". 由此可推测欧几里得是位温良敦厚的教育家，对有志于学习数学之士总是循循善诱，但反对不肯刻苦钻研、投机取巧的作风.

其二，某学生学了第一个几何命题后，就问欧几里得学习几何学有何益处？欧几里得马上说："给他三个钱币，因其想在学习中谋利."也许是受柏拉图的影响，欧几里得淡泊名利，反对狭隘的实用观点. 柏拉图有个偏激观点：将数学知识应用到实际问题中是对数学的一种玷污. 他认为，数学不应该是一种现实的问题，而是一种永远的真理和学问. 在《几何原本》中，所有命题都是演绎推理而来的，没有任何实际应用背景. 然而在现实生活中，欧几里得的许多命题皆可找到其应用.

中世纪的欧洲大学都学习几何学，然而其水平相当低，通过一例可略见一斑.《几何原本》第一卷的命题 5 为：等腰三角形两底角相等，两底角的外角也相等. 现通常是引顶角平分线来证明之，但该书命题 9 才是作角平分线，这里尚不能用，只能用前 4 个命题以及公设、公理来证明，因而其证明显得有些繁杂. 中世纪的大学生感觉一时很难领会，故该命题被戏称为“笨人难过的桥”“驴桥”. 在该命题的证明中，欧几里得应用了演绎推理：所有苹果都是红的，这儿有个苹果，故该苹果一定是红的.

2.《几何原本》的历史贡献

《几何原本》第一卷首先给出了 23 个几何学定义，如点、线、面、直角、垂直、锐角、钝角、平行线等. 前 7 个定义实际上只是几何形象的直观描述，后面的推理完全没有用到. 定义之后是 5 个公设，公设后面还有 5 条公理，以后各卷没有再列其他公理. 公设主要是关于几何的基本规定，而公理是关于量的基本规定，将二者分开始于亚里士多德，现代数学则一律称为公理. 欧几里得利用所给定义、公设和公理，由浅入深地揭示了一系列定理间的逻辑关系. 他用尽可能少的公理推证出几百个几何定理，这无论是在当时还是在现代都是一件了不起的事情！

当然，《几何原本》并非欧几里得个人独撰而成，他是将公元前 7 世纪以后希腊几何积累起来的丰富成果整理在严密的逻辑系统之中. 以前积累的数学知识可比作木石、砖瓦，欧几里得借助于逻辑方法这些砂浆、钢筋将它们组织起来，加以分类、比较，揭示它们彼此间的内在联系，建成了巍峨的几何大厦. 正是欧几里得使几何学成为一门独立的科学，他把逻辑证明系统地引入数学之中，强调逻辑证明是确立数学命题真实性的基本方法. 同时，示范规定了几何证明方法：分析法、综合法及归谬法等.《几何原本》所用公理化逻辑演绎范式几乎决定了其后整个西方数学和科学发展史.

到 19 世纪末，《几何原本》的印刷版本有一千余种，如今，世界主要文种皆有《几何原本》译本. 最早的中文译本于 1607 年由利玛窦和徐光启合译，他们只译出了前 6 卷，1857 年伟烈亚力和李善兰合译出后 9 卷. 作为首先接触《几何原本》逻辑体系的中国学者，徐光启认为：“此书有四不必：不必疑，不必揣，不必试，不必改. 有四不可得：欲脱之不可得，欲驳之不可得，欲减之不可得，欲前后更置之不可得.”他还说：“此书有三至、三能：似至晦，实至明，故能以其明明他物之至晦；似至繁，实至简，故能以其简简他物之至繁；似至难，实至易，故能以其易易他物之至难.”

二、刘徽与《九章算术》

1.《九章算术》的由来

“算术”这一术语在中国古代长期用来表示数学的全部内容. 尽管中国第一部数学著作是《算术书》(成书于公元前 2 世纪初)，但《九章算术》为传世的《算经十书》中最重要的一种，约成书于公元 1 世纪，是古代中国乃至东方第一部自成体系的数学著述.《九章算术》的作者现已无法考证，一般认为是经历代名家的增补修订而逐渐成书，可谓凝聚了我国古代人民的集体智慧. 据刘徽记载，西汉的张苍、耿寿昌等曾对《九章算术》做过增补和整理，那时大体已形成定本，故可推测其成书最迟在东汉前期，即约在公元 1 世纪的下半叶. 现流传的多是三国时期魏元帝景元四年(263 年)刘徽作注的版本，刘徽在序中给出了《九章算术》的由来：

“昔在包牺氏始画八卦，以通神明之德，以类万物之情，作九九之术，以合六爻之变. 暨于黄帝神而化之，引而伸之，于是建历纪，协律吕，用稽道原，然后两仪四象精微之气可得而效焉. 记称隶首做数，其详未之闻也. 按周公制礼而有九数，九数之流，则《九章》

是矣.”

刘徽的大意为：古代先人包牺氏是八卦的创始者，用神秘莫测的变化和类推万物的方法，创造了九九乘法运算，以便来推算六爻的变化评测. 到黄帝时期，经过神化和引申，创造了历法，并结合乐律来考核道的本源，从而验证两仪四象的精妙之气. 据说是隶首最开始运用算数的，但具体情况我们并不知晓. 到了周公制礼之时有了九数，就是《九章算术》，并流传至今.

2.《九章算术》的历史贡献

分数、负数、无理数、比例、方程、面积诸多数学知识皆可在《九章算术》中找到源头.《九章算术》汇集了中国先秦至汉代的数学成就，是中国数学体系确立与数学特点形成的标志. 全书采用问题集形式而分为九章，即方田、粟米、衰分、少广、商功、均输、盈不足、方程、勾股，共收录了 246 道数学问题，大多数问题源于生产实践和现实生活. 其中有 202 道问题由问、答、术三个部分组成.“术”一般放在同类性质题目之后，可谓之解题方法或运算法则，不仅隐含着数量关系式，而且指明了进行各种具体运算的步骤，包含了我国古代数学的思想、方法、算法、法则、定理和公式等. 在没有印度－阿拉伯数字、没有数学符号、没有英文字母的时代，我们的祖先用算筹和方块字就能出色表述复杂的数学问题，这在今天几乎难以想象.

后世数学家多从《九章算术》开始研究数学，在唐宋两朝，《九章算术》皆由国家明令规定为教科书，北宋时期该书还曾由政府刊刻，这是世界上最早的印刷本数学书籍.《九章算术》早在隋唐时期传入朝鲜、日本. 书中不少著名问题曾传入印度、阿拉伯，甚至辗转传入欧洲，其盈不足术传入欧洲后曾长期占支配地位. 现在《九章算术》已被译成英、日、俄、德、法等多种文字.

《九章算术》的许多内容领先于世界：最早系统叙述了分数运算；盈不足算法更是令人称奇的创造；给出了线性方程组的解法；最早提出了负数概念及正负数加减法法则；由开方术轻松给出无理数概念，而不像在西方无理数引发了第一次数学危机等. 而刘徽的注释则使之更上一层楼，其中的割圆术和体积理论皆可看作独立的数学论著.

刘辉的生平、籍贯无可靠的记载. 据当代数学家郭书春考证，刘徽的籍贯是溜乡，属今山东省邹平县. 齐鲁地区自先秦至魏晋是中国文化最发达的地区之一，汉末至晋初，齐鲁地区形成了一个以刘洪、郑玄、徐岳、刘徽为骨干的数学研究中心，刘徽的《九章算术注》集其大成，并把中国数学提高到前所未有的高度.

现代数学可分为两大思想体系，《几何原本》创立的逻辑演绎体系和《九章算术》创立的机械化算法体系，故二者同为世界数学发展之源. 著名数学家吴文俊(1919—2017)说：“从对数学贡献的角度衡量，刘徽应与欧几里得、阿基米德相提并论.”

（本文摘自《数海拾贝——数学和数学家的故事》）

第3章 >>> 导数与微分

课前导读:微积分的创立

微积分的创立是数学发展史上的重要事件.从微积分成为一门学科来说,其创立是在17世纪,但是,微分和积分的思想在古代就已经产生了.公元前3世纪,古希腊的阿基米德在研究解决抛物弓形的面积、球和球冠面积、螺线下面积和旋转双曲体的体积的问题中,就隐含了近代积分学的思想.中国古代的庄周所著的《庄子·天下篇》一书记有"一尺之棰,日取其半,万世不竭".中国魏晋时期的刘徽在他的割圆术中提到"割之弥细,所失弥小,割之又割,以至于不可割,则与圆周合体而无所失矣".这些都是朴素的、典型的极限思想.

到了17世纪,有许多科学问题需要解决,这些问题促使了微积分的产生.归结起来,主要有四类问题:一是求瞬时速度问题,二是求曲线的切线问题,三是求最大值和最小值问题,四是求弧长、面积、体积、重心、引力等问题.

17世纪的许多著名的数学家、天文学家、物理学家都为解决上述问题做了大量的研究工作,如法国的费马、笛卡儿、罗伯瓦、笛沙格,英国的巴罗、瓦里士,德国的开普勒,意大利的卡瓦列利等人都提出许多很有建树的理论,为微积分的创立做出了贡献.

17世纪下半叶,终于由英国大科学家牛顿和德国数学家莱布尼茨总结、发展了前人的工作,他们几乎同时建立了微积分.正如恩格斯指出的:"微积分是由牛顿和莱布尼茨大体上完成的,但不是由他们发明的".

牛顿着重于从运动学来考虑,突出了速度的概念,考虑了速度的变化,建立了微积分的计算方法.莱布尼茨却侧重于几何学,突出了切线的概念,并特别重视运算的符号和规则,至今在用的微分和积分符号,就是莱布尼茨首先提出来的.他们研究得到一般的微分、积分的概念,使微分和积分成为两个新的数学运算.他们还揭示了这两个运算的内在联系,就如同加法与减法一样,是互逆的,由此得到了一系列简单易行的运算法则.从此以后,微积分就成为行之有效的一套数学方法.

微积分学的创立,极大地推动了数学的发展,过去很多初等数学束手无策的问题,运用微积分,往往迎刃而解,显示出微积分学的非凡威力.例如,在天文学,利用微积分学能够精确地计算行星、彗星的运行轨道和它们的位置.哈雷(1656—1742)就通过这种计算,断定在1531年、1607年和1682年出现过的彗星是同一颗彗星，并推断它将于1759年再次出现，这个预见后来被证实.

导数与微分是微积分学中最基本的概念.本章主要讨论导数与微分的概念与计算.

3.1 导数的概念

3.1.1 导数的定义

在自然科学中，有许多研究函数变化率的问题，如密度、比热、电流强度、边际成本等，这就是函数的导数.在数学发展史上，导数的概念便源于牛顿对瞬时速度的研究和莱布尼茨对曲线切线斜率的研究.下面就从这两个经典问题进行讨论.

引例 3.1.1 求变速直线运动的瞬时速度.

设某物体沿直线作变速运动，其位移 s 是时间 t 的函数 $s=s(t)$，求物体运动至某一时刻 t_0 的速度 $v(t_0)$，这个速度通常称为**瞬时速度**.

我们知道，做匀速直线运动的物体其速度按公式 $v=\frac{s}{t}$（速度＝位移÷时间）可求得，它不随时间而变化.现在要求做变速直线运动的物体的瞬时速度，各点的速度是随时间而变化的，因此，不能运用上述公式求 t_0 时刻的速度 $v(t_0)$.但孤立地考虑某一时刻 t_0，又无法求出 $v(t_0)$.于是，我们设法在事物的运动变化和相互联系中，利用矛盾转化的方法来解决这一问题.

考虑从 t_0 到 $t_0+\Delta t$ 这个时间间隔内，物体所经过的路程

$$\Delta s=s(t_0+\Delta t)-s(t_0),$$

做 Δs 与 Δt 的比，

$$\bar{v}=\frac{\Delta s}{\Delta t}=\frac{s(t_0+\Delta t)-s(t_0)}{\Delta t},$$

得物体在 Δt 这段时间内的平均速度.

显然，平均速度 $\bar{v}$ 是随 Δt 而变化的，用 $\bar{v}$ 作为 t_0 时刻的瞬时速度是不够的.但是，当 Δt 很小时，用 $\bar{v}$ 代替 t_0 时刻的瞬时速度，近似程度就会很好.

按照极限的思想，当 $\Delta t\to 0$ 时，平均速度 $\bar{v}$ 的极限就转化为物体在 t_0 时刻的瞬时速度.即

$$v\Big|_{t=t_0}=\lim_{\Delta t\to 0}\bar{v}=\lim_{\Delta t\to 0}\frac{\Delta s}{\Delta t}=\lim_{\Delta t\to 0}\frac{s(t_0+\Delta t)-s(t_0)}{\Delta t}.$$

引例 3.1.2 求平面曲线的切线的斜率.

在初等数学中，将曲线的切线定义为与曲线只有一个交点的直线.定义对圆是正确的，但对一般的曲线来说，是有缺陷的.为此，法国数学家柯西(Cauchy)给出了以下定义：曲线 $y=f(x)$ 上的两点 $M_0(x_0,y_0)$ 和 $M(x,y)$ 的连线 M_0M 是该曲线的一条割线，当点

M 沿曲线无限趋近于点 M_0，割线绕点 M_0 转动，其极限位置 M_0T 就是曲线在点 M_0 处的切线，如图 3-1 所示.

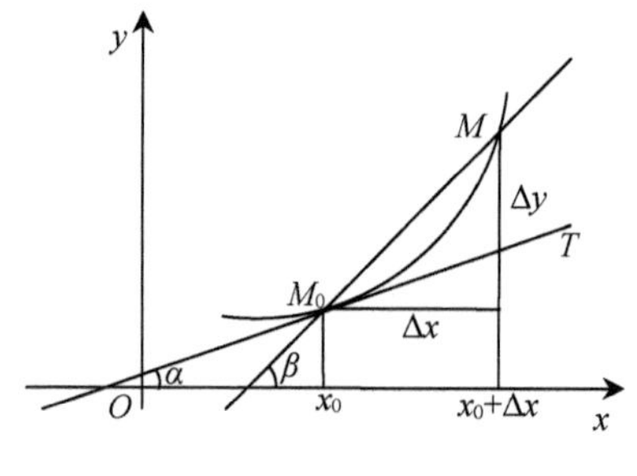

图 3-1

现在我们来求解切线 M_0T 的斜率.

设割线 M_0M 的倾角为 β，切线 M_0T 的倾角为 α. 割线 M_0M 的斜率为

$$\tan\beta=\frac{\Delta y}{\Delta x}=\frac{f(x_0+\Delta x)-f(x_0)}{\Delta x},$$

当点 M 沿曲线无限趋近于 M_0，即 $\Delta x\to 0$ 时，割线的斜率的极限就是切线的斜率. 即

$$\tan\alpha=\lim_{\Delta x\to 0}\tan\beta=\lim_{\Delta x\to 0}\frac{f(x_0+\Delta x)-f(x_0)}{\Delta x}.$$

上面两个引例实际意义不同，但抽象的数量关系是一样的，都归结为计算当自变量的增量趋于零时，函数增量与自变量的增量的比的极限，这种特殊的极限就是函数的导数.

定义 3.1.1 设函数 $y=f(x)$ 在点 x_0 的某个邻域内有定义，当自变量在 x_0 处有改变量 Δx 时，相应地函数有改变量 $\Delta y=f(x_0+\Delta x)-f(x_0)$，如果

$$\lim_{\Delta x\to 0}\frac{\Delta y}{\Delta x}=\lim_{\Delta x\to 0}\frac{f(x_0+\Delta x)-f(x_0)}{\Delta x}$$

存在，则称函数 $f(x)$ 在**点 x_0 处可导**，这个极限值称为函数 $f(x)$ 在**点 x_0 处的导数**，记为

$$f'(x_0),\ y'\big|_{x=x_0},\ \frac{\mathrm{d}y}{\mathrm{d}x}\bigg|_{x=x_0}\text{或}\frac{\mathrm{d}f(x)}{\mathrm{d}x}\bigg|_{x=x_0}.$$

于是有

$$f'(x_0)=\lim_{\Delta x\to 0}\frac{f(x_0+\Delta x)-f(x_0)}{\Delta x}.$$

若将 Δx 改写成 $x-x_0$，因为 $\Delta x\to 0$，即有 $x\to x_0$，因此点 x_0 处导数的定义还可表示为

$$f'(x_0)=\lim_{x\to x_0}\frac{f(x)-f(x_0)}{x-x_0}.$$

我们把 $f'(x_0)$ 也称为在点 x_0 处函数 y 对于自变量 x 的导数.

有了导数的记号，引例 3.1.1 中物体在 t_0 时刻的瞬时速度记为 $v(t_0)=s'(t)$；引例

3.1.2中曲线 $y=f(x)$ 在点 (x_0,y_0) 处的切线的斜率记为 $k=\tan\alpha=f'(x_0)$.

如果 $\lim\limits_{\Delta x\to 0}\dfrac{f(x_0+\Delta x)-f(x_0)}{\Delta x}$ 不存在，称函数 $f(x)$ 在点 x_0 处不可导或导数不存在. 若极限为无穷大时(此时导数不存在)，为了方便，也称函数在 x_0 处的导数为无穷大.

如果函数 $y=f(x)$ 在区间 I 内每一点都可导，则称函数 $y=f(x)$ 在区间 I 内可导. 此时，函数 $f(x)$ 在每一个 $x\in I$ 处都对应着 $f(x)$ 的一个导数值，这样在区间 I 内就构成了一个新的函数，这个函数称为函数 $y=f(x)$ 的**导函数**，记为

$$y',f'(x),\frac{\mathrm{d}y}{\mathrm{d}x}\text{ 或 }\frac{\mathrm{d}f(x)}{\mathrm{d}x}.$$

即

$$f'(x)=\lim_{\Delta x\to 0}\frac{f(x+\Delta x)-f(x)}{\Delta x}.$$

在不致混淆时，也将导函数简称为导数.

显然，函数 $f(x)$ 在点 x_0 处的导数，就是 $f(x)$ 在点 x_0 处的导函数值. 因此，要计算函数在某点的导数，可先求出函数的导函数，然后求出在该点的导函数值.

根据导数的定义，求函数 $y=f(x)$ 的导数的方法如下：

(1) 求增量：给自变量 x 以增量 Δx，求出相应的函数增量

$$\Delta y=f(x+\Delta x)-f(x);$$

(2) 做增量比：作函数增量 Δy 与自变量增量 Δx 的比

$$\frac{\Delta y}{\Delta x}=\frac{f(x+\Delta x)-f(x)}{\Delta x};$$

(3) 取极限：当 $\Delta x\to 0$ 时，求增量比的极限，得

$$y'=\lim_{\Delta x\to 0}\frac{\Delta y}{\Delta x}=\lim_{\Delta x\to 0}\frac{f(x+\Delta x)-f(x)}{\Delta x}.$$

由函数的左、右极限的概念可知，若

$$f'(x_0)=\lim_{\Delta x\to 0}\frac{f(x_0+\Delta x)-f(x_0)}{\Delta x}$$

存在，则其左、右极限

$$\lim_{\Delta x\to 0^-}\frac{f(x_0+\Delta x)-f(x_0)}{\Delta x}\text{ 及 }\lim_{\Delta x\to 0^+}\frac{f(x_0+\Delta x)-f(x_0)}{\Delta x}$$

存在且相等，这两个极限称为函数 $f(x)$ 在点 x_0 处的**左导数**和**右导数**，分别记为 $f'_-(x_0)$ 和 $f'_+(x_0)$.

由此可知，$f'(x_0)$ 存在的充分必要条件是 $f'_-(x_0)$ 和 $f'_+(x_0)$ 存在且相等.

例 3.1.1 设 $f(x)=x^3$,求 $f'(x)$,$f'(-2)$,$f'\left(\frac{1}{2}\right)$.

解 (1) 求增量:设自变量 x 取得增量 Δx,则相应地取得函数增量

$$\Delta y=f(x+\Delta x)-f(x)=(x+\Delta x)^3-x^3=3x^2\Delta x+3x(\Delta x)^2+(\Delta x)^3.$$

(2) 做增量比:

$$\frac{\Delta y}{\Delta x}=\frac{3x^2\Delta x+3x(\Delta x)^2+(\Delta x)^3}{\Delta x}=3x^2+3x(\Delta x)+(\Delta x)^2.$$

(3) 取极限:

$$f'(x)=\lim_{\Delta x\to 0}\frac{\Delta y}{\Delta x}=\lim_{\Delta x\to 0}[3x^2+3x(\Delta x)+(\Delta x)^2]=3x^2,$$

所以

$$f'(x)=(x^3)'=3x^2.$$

于是

$$f'(-2)=3\times(-2)^2=12.$$

$$f'\left(\frac{1}{2}\right)=3\times\left(\frac{1}{2}\right)^2=\frac{3}{4}.$$

例 3.1.2 求函数 $y=f(x)=C$(C 是常数)的导数.

解 $y'=\lim\limits_{\Delta x\to 0}\frac{f(x+\Delta x)-f(x)}{\Delta x}=\lim\limits_{\Delta x\to 0}\frac{C-C}{\Delta x}=0.$

即

$$(C)'=0.$$

这就是说,常数的导数等于零.

例 3.1.3 设 $f(x)=\frac{1}{x}$,$x_0\neq 0$,求 $f'(x_0)$.

解 $f'(x_0)=\lim\limits_{x\to x_0}\frac{f(x)-f(x_0)}{x-x_0}=\lim\limits_{x\to x_0}\frac{\frac{1}{x}-\frac{1}{x_0}}{x-x_0}=\lim\limits_{x\to x_0}\left(-\frac{1}{xx_0}\right)=-\frac{1}{x_0^2}.$

所以

$$f'(x_0)=-\frac{1}{x_0^2}\quad(x_0\neq 0).$$

一般地,对于幂函数 $y=x^\alpha$(α 为实数),有

$$(x^\alpha)'=\alpha x^{\alpha-1}.$$

例 3.1.4 求正弦函数 $y=\sin x$ 的导数.

解 $y'=\lim\limits_{\Delta x\to 0}\frac{f(x+\Delta x)-f(x)}{\Delta x}=\lim\limits_{\Delta x\to 0}\frac{\sin(x+\Delta x)-\sin x}{\Delta x}$

$$=\lim_{\Delta x\to 0}\frac{2\cos\left(x+\frac{\Delta x}{2}\right)\sin\frac{\Delta x}{2}}{\Delta x}=\lim_{\Delta x\to 0}\frac{2\cos\left(x+\frac{\Delta x}{2}\right)\cdot\frac{\Delta x}{2}}{\Delta x}=\cos x.$$

即

$$(\sin x)'=\cos x.$$

用同样的方法可以求得余弦函数的导数

$$(\cos x)'=-\sin x.$$

例 3.1.5 设 $f'(x_0)$存在，计算$\lim\limits_{h\to 0}\dfrac{f(x_0+3h)-f(x_0)}{h}$.

解 $\lim\limits_{h\to 0}\dfrac{f(x_0+3h)-f(x_0)}{h}=3\lim\limits_{h\to 0}\dfrac{f(x_0+3h)-f(x_0)}{3h}$

$$=3\lim_{t\to 0}\frac{f(x_0+t)-f(x_0)}{t}=3f'(x_0).$$

例 3.1.6 假设某直升机从悬停状态开始加速飞行，在前 20 s 内的运动方程为 $s(t)=t^2$(位移单位：m，时间单位：s)，求直升机加速 10 s 后达到的速度.

解 由导数的物理意义可得

$$v(10)=s'(10)=\lim_{\Delta t\to 0}\frac{s(10+\Delta t)-s(10)}{\Delta t}$$

$$=\lim_{\Delta t\to 0}\frac{(10+\Delta t)^2-10^2}{\Delta t}=\lim_{\Delta t\to 0}\frac{20\Delta t+(\Delta t)^2}{\Delta t}=20\ \text{m/s}.$$

3.1.2 导数的几何意义

由引例 3.1.2 可知，**函数 $y=f(x)$在点 x_0 处的导数 $f'(x)$是曲线 $y=f(x)$在点(x_0,y_0)处的切线的斜率**. 这就是导数的几何意义.

所以，求曲线 $y=f(x)$在点 x_0 处的切线，只要先求出函数 $y=f(x)$在点 x_0 处的导数 $f'(x_0)$，然后根据直线的点斜式方程，就可得到切线的方程

$$y-y_0=f'(x_0)(x-x_0).$$

过切点 $M_0(x_0,y_0)$且与切线垂直的直线称为曲线 $y=f(x)$在点 M_0 处的**法线**. 若 $f'(x_0)\neq 0$，则法线方程为

$$y-y_0=-\frac{1}{f'(x_0)}(x-x_0).$$

例 3.1.7 求曲线 $y=x^3$ 在点 $M_0(2,8)$处的切线方程和法线方程.

解 由 $$y'=(x^3)'=3x^2,$$

曲线 $y=x^3$ 在点 $M_0(2,8)$处的切线斜率为

$$y'|_{x=2}=3\times 2^2=12,$$

所以，切线方程为 $$y-8=12(x-2),$$

即 $$12x-y-16=0.$$

法线方程为
$$y-8=-\frac{1}{12}(x-2),$$
即
$$x+12y-98=0.$$

3.1.3 函数可导与连续的关系

设函数 $y=f(x)$ 在点 x_0 处可导，则 $\lim\limits_{\Delta x\to 0}\frac{\Delta y}{\Delta x}=f'(x_0)$，又因为 $\Delta y=\frac{\Delta y}{\Delta x}\cdot\Delta x$，

于是
$$\lim_{\Delta x\to 0}\Delta y=\lim_{\Delta x\to 0}\frac{\Delta y}{\Delta x}\cdot\lim_{\Delta x\to 0}\Delta x=f'(x_0)\cdot 0=0,$$

所以，函数 $y=f(x)$ 在点 x_0 处连续.

因此，如果函数 $y=f(x)$ 在点 $x=x_0$ 处可导，则函数在点 x_0 处连续.

简言之，可导函数必连续. 但必须指出，在某点连续的函数却不一定可导.

例 3.1.8 讨论函数 $y=|x|$ 在点 $x=0$ 处的连续性和可导性.

解 因为 $\lim\limits_{x\to 0}y=\lim\limits_{x\to 0}|x|=0=f(0)$，

所以 $y=|x|$ 在点 $x=0$ 处连续. 但是
$$\frac{\Delta y}{\Delta x}=\frac{|\Delta x|}{\Delta x}=\begin{cases}1, & \Delta x>0\\ -1, & \Delta x<0\end{cases}.$$

故
$$\lim_{\Delta x\to 0^+}\frac{\Delta y}{\Delta x}=\lim_{\Delta x\to 0^+}\frac{|\Delta x|}{\Delta x}=1;\quad \lim_{\Delta x\to 0^-}\frac{\Delta y}{\Delta x}=\lim_{\Delta x\to 0^-}\frac{|\Delta x|}{\Delta x}=-1.$$

所以 $\lim\limits_{\Delta x\to 0}\frac{\Delta y}{\Delta x}$ 不存在，即 $y=|x|$ 在点 $x=0$ 处不可导.

从导数的几何意义可以看出，曲线 $y=|x|$ 在点 $x=0$ 没有切线，如图 3-2 所示.

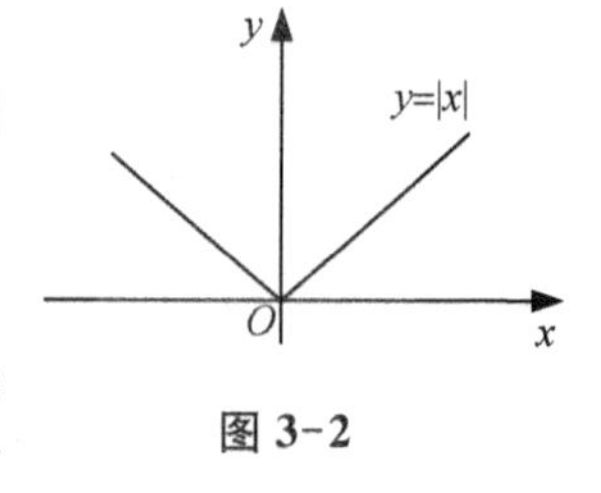

图 3-2

函数 $f(x)$ 在点 x_0 处不可导的几种典型情况如下：

(1) 函数 $f(x)$ 在点 x_0 处不连续. (2) 函数 $f(x)$ 在点 x_0 处连续，而 $f'_-(x_0)\neq f'_+(x_0)$. 从几何上看，函数 $f(x)$ 的图象在对应点处有一个"尖点". (3) 函数 $f(x)$ 在点 x_0 连续，而 $\lim\limits_{\Delta x\to 0}\frac{\Delta y}{\Delta x}=\infty$，几何上表示曲线 $y=f(x)$ 在点 $P(x_0,f(x_0))$ 处有垂直于 x 轴的切线.

3.1.4 高阶导数

函数 $y=f(x)$ 的导数 $f'(x)$ 仍是 x 的函数，如果函数 $f'(x)$ 可导，我们将函数 $y=f(x)$ 的导数 $f'(x)$ 的导数，称为函数 $y=f(x)$ 的**二阶导数**，记为
$$y'',f''(x)\text{或}\frac{d^2y}{dx^2}.$$

相应地，$f'(x)$ 也称为函数 $y=f(x)$ 的**一阶导数**.

类似地，二阶导数 y'' 的导数，称为 $y=f(x)$ 的**三阶导数**……一般地，$f(x)$ 的 $n-1$ 阶导数的导数称为 $f(x)$ 的 n 阶导数，分别记作

$$y''',\ y^{(4)},\ \cdots,\ y^{(n)} \text{或} f'''(x),\ f^{(4)}(x),\ \cdots,\ f^{(n)}(x),$$

也可以记作 $\frac{d^3y}{dx^3},\ \frac{d^4y}{dx^4},\ \cdots,\ \frac{d^ny}{dx^n}$.

二阶及二阶以上的导数统称为**高阶导数**.

练习与作业 3-1

一、填空

1. 若函数 $f(x)$ 在点 $x=1$ 处可导，则其导数定义式为 $f'(1)=$________.

2. 设物体在 t 时刻的位移函数为 $s(t)$，则该物体在 t_0 时刻的速度 $v(t_0)=$________.

3. 设物体在 t 时刻的速度函数为 $v(t)$，则该物体在 t_0 时刻的加速度 $a(t_0)=$________.

4. 设 $f(x)$ 在点 $x=2$ 处可导，且 $f'(2)=5$，则 $\lim\limits_{\Delta x\to 0}\frac{f(2-2\Delta x)-f(2)}{\Delta x}=$________.

5. 设 $f(x)$ 在点 x_0 处可导，且 $f'(x_0)=1$，则 $\lim\limits_{h\to 0}\frac{f(x_0+3h)-f(x_0)}{h}=$________.

6. 设 $f(x)$ 在点 $x=0$ 处可导，且 $f(0)=0$，$f'(0)=2$，则 $\lim\limits_{x\to 0}\frac{f(x)}{x}=$________.

7. 已知 $y=\sin\frac{\pi}{3}$，则 $y'=$________.

8. 已知 $y=x^3$，则 $y'|_{x=2}=$________.

9. 已知 $f(x)=x\sqrt{x}$，则 $f'(1)=$________.

10. 已知 $f(x)=\cos x$，则 $f'\left(\frac{\pi}{3}\right)=$________.

11. 若函数 $f(x)=\begin{cases} e^x, & x<0 \\ a-bx, & x\geqslant 0 \end{cases}$ 在点 $x=0$ 处可导，则 $a=$________，$b=$________.

12. 函数 $y=f(x)$ 的二阶导数可以表示为________或________或________等形式.

13. 曲线 $y=x^3$ 上点 $(1,1)$ 处的切线方程是________.

14. 曲线 $y=\frac{1}{x^2}$ 上点 $(1,1)$ 处的法线方程是________.

15. 曲线 $y=\sqrt{x}$ 上点________处的切线平行于直线 $y=2x+3$.

二、单选

1. 函数 $f(x)$ 在 $x=x_0$ 处的左导数及右导数存在且相等是 $f(x)$ 在 $x=x_0$ 处可导的　（　　）

A. 必要条件；　　B. 充分条件；

C. 充要条件；　　D. 无关条件.

2. 函数 $f(x)$ 在 $x=x_0$ 处有极限是 $f(x)$ 在 $x=x_0$ 处可导的　（　　）

A. 必要条件；　　B. 充分条件；

C. 充要条件；　　D. 无关条件.

3. 函数 $f(x)$ 在 $x=x_0$ 处连续是 $f(x)$ 在 $x=x_0$ 处可导的　（　　）

A. 必要条件；　B. 充分条件；　C. 充要条件；　D. 无关条件.

4. 若 $f(x)$在 $x=x_0$ 处可导,下列选项不是 $f(x)$在 $x=x_0$ 处导数的是 ( )

A. $\lim\limits_{h\to0}\dfrac{f(x_0+h)-f(x_0)}{h}$; B. $\lim\limits_{\Delta x\to0}\dfrac{f(x_0+\Delta x)-f(x_0)}{\Delta x}$;

C. $\lim\limits_{x\to x_0}\dfrac{f(x)-f(x_0)}{x-x_0}$; D. $\lim\limits_{\Delta x\to0}\dfrac{f(x_0)-f(x_0+\Delta x)}{\Delta x}$.

5. 若函数 $f(x)$对任意 x 满足 $\lim\limits_{\Delta x\to0}\dfrac{f(x+\Delta x)-f(x)}{\Delta x}=2x-1$,则有 ( )

A. $f'(0)=3$; B. $f'(1)=3$; C. $f'(2)=3$; D. $f'(3)=3$.

6. 设某物体的速度函数 $v(t)=t^3$(位移:m,时间:s),则该物体在 $t=2$ s时的加速度为 ( )

A. 2 m/s^2; B. 3 m/s^2; C. 6 m/s^2; D. 12 m/s^2.

7. 下列函数中,在 $x=0$ 处不可导的是 ( )

A. $y=\sin x$; B. $y=\cos x$; C. $y=\ln2$; D. $y=|x|$.

8. 下列计算正确的是 ( )

A. $\left(\sin\dfrac{\pi}{2}\right)'=1$; B. $\left(\cos\dfrac{\pi}{6}\right)'=-\dfrac{1}{2}$;

C. $(\sin x)'=\cos x$; D. $(\cos x)'=\sin x$.

9. 设函数 $f(x)=|x+1|$,则 $f'(-1)=$ ( )

A. 1; B. -1; C. 0; D. 不存在.

10. 下列说法错误的是 ( )

A. 若函数 $f(x)$在点 x_0 处可导,则函数在点 x_0 处连续;

B. 若函数 $f(x)$在点 x_0 处可导,则函数在点 x_0 处极限存在;

C. 若函数 $f(x)$在点 x_0 处连续,则函数在点 x_0 处可导;

D. 以上说法不全对.

11. 设 $y=x^3$,则 $y'''=$ ( )

A. $3x^2$; B. $6x$; C. 6; D. 0.

12. 曲线 $y=x^5$ 上点(1,1)处切线的斜率是 ( )

A. $k=5$; B. $k=\dfrac{1}{5}$; C. $k=-5$; D. $k=-\dfrac{1}{5}$.

13. 下列曲线在点(1,1)处的法线垂直于直线 $y=3x+10$ 的是 ( )

A. $y=\dfrac{1}{\sqrt{x}}$; B. $y=\dfrac{1}{\sqrt[3]{x}}$; C. $y=x^2$; D. $y=x^3$.

三、计算解答

1. 已知 $f(x)=x^2+x$,利用导数定义求 $f'(2)$.

2. 已知 $f(x)=e^{5x}$,利用导数定义求 $f'(0)$.

3. 已知 $f(x)=\dfrac{1}{x^2}$,利用导数定义求 $f'(x)$,并求 $f'(1)$.

3.2 导数的运算

上一节根据导数的定义求出了几个简单函数的导数,但对于比较复杂的函数,直接用定义求导数往往比较困难.本节将给出函数的求导法则,从而简化导数的计算.

3.2.1 函数的和、差、积、商的求导法则

定理 3.2.1 如果函数 $u=u(x)$和 $v=v(x)$都在点 x 处可导,则它们的和、差、积、商

(分母 $v\neq 0$)在点 x 处都可导,且

(1) $(u\pm v)'=u'\pm v'$;

(2) $(uv)'=u'v+uv'$;

(3) $\left(\dfrac{u}{v}\right)'=\dfrac{u'v-uv'}{v^2}\ (v\neq 0)$;

(4) $(Cu)'=Cu'$(其中 C 为任意常数).

下面仅证乘积的求导法则.其他法则类似可证.

证 因为 $u(x+\Delta x)=\Delta u+u(x)$, $v(x+\Delta x)=\Delta v+v(x)$,

令 $y=u(x)v(x)$,则

$$\begin{aligned}\Delta y&=u(x+\Delta x)v(x+\Delta x)-u(x)v(x)\\&=[\Delta u+u(x)][\Delta v+v(x)]-u(x)v(x)\\&=v(x)\Delta u+u(x)\Delta v+\Delta u\Delta v,\end{aligned}$$

所以

$$\begin{aligned}y'&=\lim_{\Delta x\to 0}\frac{\Delta y}{\Delta x}=\lim_{\Delta x\to 0}\left[v(x)\frac{\Delta u}{\Delta x}+u(x)\frac{\Delta v}{\Delta x}+\frac{\Delta u}{\Delta x}\Delta v\right]\\&=v(x)\lim_{\Delta x\to 0}\frac{\Delta u}{\Delta x}+u(x)\lim_{\Delta x\to 0}\frac{\Delta v}{\Delta x}+\Delta v\lim_{\Delta x\to 0}\frac{\Delta u}{\Delta x}.\end{aligned}$$

又因 $u(x)$ 和 $v(x)$ 都在点 x 处可导,故 $\Delta x\to 0$ 时,$\Delta u\to 0$,$\Delta v\to 0$,所以

$$(u(x)v(x))'=u'(x)v(x)+u(x)v'(x).$$

函数的代数和与乘积的求导法则可推广到有限个可导函数的情况,

$$(u+v-w)'=u'+v'-w',$$

$$(uvw)'=u'vw+uv'w+uvw'.$$

例 3.2.1 求下列函数的导数:

(1) $y=2x^3-3x^2+4$; (2) $y=x^2-\sqrt{x}+\sqrt{2}$; (3) $y=x^2\sin x$.

解 (1) $y'=(2x^3-3x^2+4)'=(2x^3)'-(3x^2)'+(4)'$

$$=2(x^3)'-3(x^2)'=6x^2-6x=6(x^2-x).$$

(2) $y'=(x^2-\sqrt{x}+\sqrt{2})'=(x^2)'-(x^{\frac{1}{2}})'+(\sqrt{2})'=2x-\dfrac{1}{2\sqrt{x}}$.

(3) $y'=(x^2\sin x)'=(x^2)'\sin x+x^2(\sin x)'=2x\sin x+x^2\cos x$.

例 3.2.2 设函数 $f(x)=(1+x^2)\left(3-\dfrac{1}{x^3}\right)$,求 $f'(1)$ 和 $f'(-1)$.

解 $$f'(x)=(1+x^2)'(3-x^{-3})+(1+x^2)(3-x^{-3})'$$

$$=2x(3-x^{-3})+(1+x^2)(3x^{-4})=6x+\frac{1}{x^2}+\frac{3}{x^4},$$

所以
$$f'(1)=10,\quad f'(-1)=-2.$$

例 3.2.3 求下列函数的导数：

(1) $y=\frac{2-3x}{2+x}$；　　(2) $y=\frac{1}{x^2+1}$.

解 (1) $y=\frac{2-3x}{2+x}=\frac{(2-3x)'(2+x)-(2-3x)(2+x)'}{(2+x)^2}$

$$=\frac{-3(2+x)-(2-3x)}{(2+x)^2}=-\frac{8}{(2+x)^2}.$$

(2) $y'=\left(\frac{1}{x^2+1}\right)'=-\frac{(x^2+1)'}{(x^2+1)^2}=-\frac{2x}{(x^2+1)^2}.$

例 3.2.4 求正切函数 $y=\tan x$ 的导数.

解 由 $\tan x=\frac{\sin x}{\cos x}$得

$$(\tan x)'=\left(\frac{\sin x}{\cos x}\right)'=\frac{(\sin x)'\cos x-(\cos)'\sin x}{\cos^2 x}$$

$$=\frac{\cos^2 x+\sin^2 x}{\cos^2 x}=\frac{1}{\cos^2 x}=\sec^2 x.$$

即
$$(\tan x)'=\sec^2 x\ .$$

用类似的方法可得余切函数 $y=\cot x$ 的导数

$$(\cot x)'=-\csc^2 x.$$

3.2.2 基本初等函数的导数公式

下面列出基本初等函数的导数公式,有些已证明过,其余的可类似证明.

(1) $(C)'=0$(C 为常数)；	(2) $(x^\alpha)'=\alpha x^{\alpha-1}$；
(3) $(a^x)'=a^x\cdot\ln a(a>0,a\neq1)$；	(4) $(\mathrm{e}^x)'=\mathrm{e}^x$；
(5) $(\log_a x)'=\frac{1}{x\ln a}(a>0,a\neq1)$；	(6) $(\ln x)'=\frac{1}{x}$；
(7) $(\sin x)'=\cos x$；	(8) $(\cos x)'=-\sin x$；
(9) $(\tan x)'=\sec^2 x$；	(10) $(\cot x)'=-\csc^2 x$；
(11) $(\sec x)'=\sec x\cdot\tan x$；	(12) $(\csc x)'=-\csc x\cdot\cot x$；
(13) $(\arcsin x)'=\frac{1}{\sqrt{1-x^2}}$；	(14) $(\arccos x)'=-\frac{1}{\sqrt{1-x^2}}$；
(15) $(\arctan x)'=\frac{1}{1+x^2}$；	(16) $(\mathrm{arccot} x)'=-\frac{1}{1+x^2}$.

这些公式是导数计算的基础,要熟记.

例 3.2.5 设 $y=2^x\arcsin x$,求 y'.

解 $y'=(2^x)'\arcsin x+2^x(\arcsin x)'=2^x\ln 2\cdot\arcsin x+\dfrac{2^x}{\sqrt{1-x^2}}$

$$=2^x\left(\ln 2\cdot\arcsin x+\frac{1}{\sqrt{1-x^2}}\right).$$

例 3.2.6 设 $y=x^2\ln x\cos x$,求 y'.

解 $y'=(x^2)'\ln x\cos x+x^2(\ln x)'\cos x+x^2\ln x(\cos x)'$

$$=2x\ln x\cos x+x\cos x-x^2\ln x\sin x.$$

例 3.2.7 求下列函数的二阶导数.

(1) $y=x^3+3x^2+1$; (2) $y=x\ln x$.

解 根据高阶导数的定义,求高阶导数只需逐阶求导即可.

(1) $y'=3x^2+6x$, $y''=6x+6$.

(2) $y'=(x\ln x)'=\ln x+x\cdot\dfrac{1}{x}=1+\ln x$, $y''=(1+\ln x)'=\dfrac{1}{x}$.

3.2.3 复合函数的求导法则

我们先看由 $(\sin x)'=\cos x$ 能得出 $(\sin 2x)'=\cos 2x$ 吗? 答案是不能. 其原因是函数 $\sin 2x$ 是由 $y=\sin u$ 和 $u=2x$ 复合而成的函数,不能直接使用基本初等函数的导数公式. 所以,我们要给出复合函数的求导法则.

定理 3.2.2 若 $u=\varphi(x)$ 在点 x 处可导,而 $y=f(u)$ 在对应的点 $u=\varphi(x)$ 处可导,那么复合函数 $y=f[\varphi(x)]$ 在点 x 处可导,且

$$(f[\varphi(x)])'=f'(u)\cdot\varphi'(x),$$

$$\text{或}\quad \frac{\mathrm{d}y}{\mathrm{d}x}=\frac{\mathrm{d}y}{\mathrm{d}u}\cdot\frac{\mathrm{d}u}{\mathrm{d}x},\text{或 } y'_x=y'_u\cdot u'_x.$$

证明略.

简言之,复合函数对自变量的导数等于函数对中间变量的导数与中间变量对自变量的导数之积.

有了复合函数的求导法则,则 $y=\sin 2x$ 的导数为

$$y'_x=(\sin u)'_u(2x)'_x=2\cos u=2\cos 2x.$$

例 3.2.8 求函数 $y=(1-x^2)^{\frac{1}{2}}$ 的导数.

解 函数 y 可分解为 $y=u^{\frac{1}{2}}$, $u=1-x^2$.

因为 $$y'_u=\frac{1}{2\sqrt{u}},\quad u'_x=-2x,$$

根据复合函数求导法则，得

$$y'_x=y'_u\cdot u'_x=\frac{1}{2\sqrt{u}}\cdot(-2x)=-\frac{x}{\sqrt{1-x^2}}.$$

注意:复合函数求导,最后要把中间变量换回原来的自变量.

例 3.2.9 求函数 $y=\sin(3x^2)$的导数.

解 函数 y 可分解为 $\quad y=\sin u,\quad u=3x^2$,

于是得

$$y'=y'_u\cdot u'_x=(\sin u)'\cdot(3x^2)'=\cos u\cdot 6x=6x\cos(3x^2).$$

运用复合函数求导法则的关键在于把复合函数正确地分解为几个简单函数. 对复合函数求导法则熟练以后,就不用再把中间变量 u 写出来,只要把它记住就可以了.

例 3.2.10 $y=\tan(x^2)$,求$\frac{\mathrm{d}y}{\mathrm{d}x}$.

解
$$\frac{\mathrm{d}y}{\mathrm{d}x}=[\tan(x^2)]'=\sec^2(x^2)(x^2)'=2x\sec^2(x^2).$$

例 3.2.11 $y=\tan^2(2x)$,求 y'.

解
$$\begin{aligned}y'&=[\tan^2(2x)]'=2\tan(2x)[\tan(2x)]'\\&=2\tan(2x)\sec^2(2x)(2x)'=4\tan(2x)\sec^2(2x).\end{aligned}$$

有时求导需要综合运用各种求导法则.

例 3.2.12 求下列函数的导数.

(1) $y=(5x^2-4)\sqrt{1+3x^2}$; (2) $y=\frac{1}{2}\arctan\frac{2x}{1-x^2}$;

(3) $y=\frac{1}{x-\sqrt{x^2-1}}$; (4) $y=\ln\sqrt{x^2+\sin^2 x}$.

解 (1)
$$\begin{aligned}y'&=(5x^2-4)'(1+3x^2)^{\frac{1}{2}}+(5x^2-4)[(1+3x^2)^{\frac{1}{2}}]'\\&=10x(1+3x^2)^{\frac{1}{2}}+(5x^2-4)\cdot\frac{1}{2}(1+3x^2)^{-\frac{1}{2}}(1+3x^2)'\\&=10x\sqrt{1+3x^2}+\frac{3x(5x^2-4)}{\sqrt{1+3x^2}}=\frac{45x^3-2x}{\sqrt{1+3x^2}}.\end{aligned}$$

(2)
$$\begin{aligned}y'&=\frac{1}{2}\frac{1}{1+\left(\frac{2x}{1-x^2}\right)^2}\left(\frac{2x}{1-x^2}\right)'\\&=\frac{(1-x^2)^2}{2[(1-x^2)^2+(2x)^2]}\frac{2(1-x^2)-2x(-2x)}{(1-x^2)^2}\\&=\frac{1+x^2}{(1-x^2)^2+4x^2}=\frac{1}{1+x^2}.\end{aligned}$$

(3) 先将分母有理化

$$y=\frac{1}{x-\sqrt{x^2-1}}=\frac{x+\sqrt{x^2-1}}{(x-\sqrt{x^2-1})(x+\sqrt{x^2-1})}=x+\sqrt{x^2-1},$$

于是得

$$y'=(x+\sqrt{x^2-1})'=1+[(x^2-1)^{\frac{1}{2}}]'$$
$$=1+\frac{1}{2}(x^2-1)^{-\frac{1}{2}}\cdot 2x=1+\frac{x}{\sqrt{x^2-1}}.$$

(4) 先利用对数性质对函数进行化简

$$y=\ln\sqrt{x^2+\sin^2 x}=\frac{1}{2}\ln(x^2+\sin^2 x),$$

于是得

$$y'=\frac{1}{2}\frac{1}{x^2+\sin^2 x}(x^2+\sin^2 x)'$$
$$=\frac{1}{2}\frac{1}{x^2+\sin^2 x}[2x+2\sin x(\sin x)']=\frac{x+\sin x\cos x}{x^2+\sin^2 x}.$$

练习与作业3-2

第1部分:四则运算求导数

一、填空

1. 若 $y=x^2\sin x$,则 $y'=$________.

2. 若 $y=\frac{\cos x}{x}$,则 $y'=$________.

3. 若 $y=5x^3+\frac{1}{x^3}+2$,则 $y'=$________.

4. 若 $y=\sqrt{x}+\frac{1}{\sqrt{x}}+\pi$,则 $y'=$________.

5. 若 $y=\cos\frac{\pi}{6}+a^x+e^x$,则 $y'=$________.

6. 若 $y=2\tan x+\sec x-1$,则 $y'=$________.

7. 若 $f(x)=\sin x\cos x$,则 $f'\left(\frac{\pi}{6}\right)=$________.

8. 若 $f(x)=\begin{cases}x^2+4x, & x>1\\ 5+x, & x\leqslant 1\end{cases}$,则 $f'(2)=$________.

二、单选

1. 下列关于求导法则的运算错误的是 ( )

A. $\left(\frac{\ln x}{3x}\right)'=\frac{(\ln x)'}{(3x)'}$;

B. $(x^2-x^3+x^4)'=(x^2)'-(x^3)'+(x^4)'$;

C. $(2\cos x)'=2(\cos x)'$;

D. $(\sqrt{x}\sin x)'=(\sqrt{x})'\sin x+\sqrt{x}(\sin x)'$.

2. 下列导数公式错误的是 ( )

A. $(x^n)'=nx^{n-1}$;　　B. $(\sin x)'=\cos x$;

C. $(\cos x)'=\sin x$;　　D. $(e^x)'=e^x$.

3. 下列导数公式正确的是 ( )

A. $(\arcsin x)'=\frac{1}{1-x^2}$;　　B. $(\arccos x)'=-\frac{1}{1-x^2}$;

C. $(\arctan x)'=\frac{1}{1+x^2}$;　　D. $(\operatorname{arccot} x)'=-\frac{1}{\sqrt{1+x^2}}$.

4. 下列导数公式正确的是 ( )

A. $(\tan x)'=\sec x$;　　B. $(\cot x)'=-\csc x$;

C. $(\sec x)'=\tan x$;　　D. $(\csc x)'=-\csc x\cdot\cot x$.

5. 下列导数公式错误的是 ( )

A. $(\log_a x)'=\frac{1}{x}$;　　B. $(\ln x)'=\frac{1}{x}$;

C. $(\sec x)'=\sec\cdot\tan x$;　　D. $(\csc x)'=-\csc x\cdot\cot x$.

三、计算解答

1. 求函数 $y=\frac{1}{\sqrt{x}}-\sqrt{x}+\frac{1}{x}+\sin\frac{\pi}{7}$ 的导数.

2. 求函数 $y=\frac{x^4+\sqrt{x}+2}{x^3}$ 的导数.

3. 设函数 $f(x)=x(x-1)(x-2)$,求 $f'(1)$.

4. 求函数 $y=2\sqrt{x}-x^3$ 的图象在 $x=1$ 处的切线方程.

5. 求曲线 $y=xe^x$ 在点$(1,e)$处的法线方程.

6. 求函数 $y=x\cos x\ln x$ 的导数.

7. 已知函数 $f(x)=\frac{x^2-1}{x^2+1}$,求 $f'(1)$.

8. 已知函数 $f(x)=x\arctan x$,求 $f''(x)$.

第2部分:复合函数求导数

一、填空

1. 若 $y=\sin 2x$,则 $y'=$________.

2. 若 $y=\sin x^5$,则 $y'=$________.

3. 若 $y=\tan\left(\frac{x}{2}+1\right)$,则 $y'=$________.

4. 若 $y=(100x+1)^5$,则 $y'=$________.

5. 若 $y=\sqrt{1+5x^2}$,则 $y'=$________.

6. 若 $y=e^{\sin x}$,则 $y'=$________.

7. 若 $y=\ln\tan x$,则 $y'=$________.

8. 若 $y=\arcsin 2x$,则 $y'=$________.

9. 若 $y=\arctan 3x$,则 $y'=$________.

10. 若 $y=\csc^2 x$,则 $y'=$________.

二、单选

1. 下列求导数运算正确的是 ( )

A. $(\sin 2x)'=\cos 2x$; B. $(\ln 3x)'=\frac{1}{x}$;

C. $(\cos 5x)'=-\sin 5x$; D. $(e^{2x})'=e^{2x}$.

2. 设函数 $\varphi(x)$ 可导,则 $[\varphi^3(x)]'=$ ( )

A. $3\varphi'(x)$; B. $3\varphi^2(x)$; C. $[\varphi'(x)]^3$; D. $3\varphi^2(x)\varphi'(x)$.

3. 设函数 $\varphi(x)$ 可导,则 $[\varphi(2x)]'=$ ( )

A. $\varphi'(2x)$; B. $2\varphi'(2x)$; C. $2\varphi'(x)$; D. $2x\varphi'(x)$.

4. 设函数 $\varphi(x)$ 可导,则 $[e^{\varphi(x)}]'=$ ( )

A. $e^{\varphi(x)}$; B. $e^{\varphi(x)}\cdot\varphi(x)$; C. $e^{\varphi(x)}\cdot\varphi'(x)$; D. $e^x\cdot\varphi'(x)$.

5. 设函数 $\varphi(x)$ 可导,则 $[\sin\varphi(x)]'=$ ( )

A. $\cos\varphi(x)$; B. $\cos\varphi(x)\cdot\varphi(x)$;

C. $\cos x\cdot\varphi'(x)$; D. $\cos\varphi(x)\cdot\varphi'(x)$.

6. 设函数 $\varphi(x)$ 可导,则 $[\ln\varphi(x)]'=$ ( )

A. $\frac{1}{\varphi(x)}$; B. $\frac{1}{\varphi'(x)}$; C. $\frac{\varphi'(x)}{\varphi(x)}$; D. $\frac{\varphi(x)}{\varphi'(x)}$.

7. 设函数 $f(x)$、$\varphi(x)$ 可导,则 $\{f[\varphi(x)]\}'=$ ( )

A. $f'[\varphi(x)]\varphi'(x)$; B. $f'(x)\varphi'(x)$;

C. $f'[\varphi(x)]\varphi(x)$; D. $f[\varphi(x)]\varphi'(x)$.

三、计算解答

1. 求函数 $y=\cos\ln(2x)$ 的导数.
2. 求函数 $y=\ln(x+\sin 2x)$ 的导数.
3. 求函数 $y=e^{\sin^2 x}$ 的导数.
4. 求函数 $y=\ln(x+\sqrt{x^2+1})$ 的导数.
5. 求函数 $y=\tan^2(x^2)$ 的导数.
6. 求函数 $y=e^x\sqrt{1-e^{2x}}+\arcsin e^x$ 的导数.
7. 求函数 $y=e^{3x}+\ln 2x$ 的二阶导数.

3.3 函数的微分

工程技术中,常遇到与导数密切相关的另一类问题,这就是当变量有一个微小的增量时,要计算相应的函数的增量.这类问题往往是比较困难的,因为一般来说函数的增量 $\Delta y=f(x+\Delta x)-f(x)$ 是关于 Δx 的复杂关系式,所以要寻找一种便于计算函数增量的近似公式,使得计算既简便,误差又符合要求.为研究这类问题,下面引出微分学中另一个基本概念——函数的微分.

3.3.1 微分的概念

先看一个例子.

例 3.3.1 设有一块边长为 x_0 的正方形铁皮,受热膨胀后边长伸长 Δx,问其面积增加了多少?

解 正方形铁皮的面积 S 与边长 x 的函数关系为 $S=x^2$. 由图 3-3 可以看出,受热后,当边长由 x_0 伸长到 $x_0+\Delta x$ 时,面积 S 相应的增量为

$$\Delta S=(x_0+\Delta x)^2-x_0^2=2x_0\Delta x+(\Delta x)^2.$$

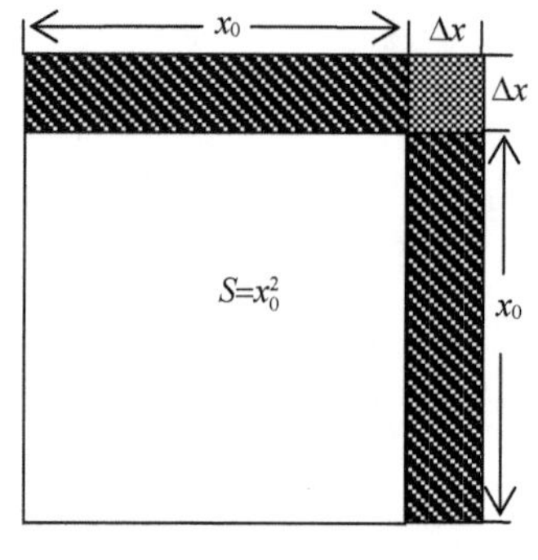

图 3-3

ΔS 由两部分构成,第一部分为 $2x_0\Delta x$,是 Δx 的线性函数,是当 $\Delta x\to 0$ 时与 Δx 同阶的无穷小;第二部分为 $(\Delta x)^2$,是当 $\Delta x\to 0$ 时比 Δx 高阶的无穷小. 这表明,当 $|\Delta x|$ 很小时,第二部分的绝对值要比第一部分的绝对值小得多,可以忽略不计,而只用一个简单的函数,即 Δx 的线性函数作为 ΔS 的近似值,即

$$\Delta S\approx 2x_0\Delta x.$$

显然,$2x_0\Delta x$ 是容易计算的,它是边长 x_0 有增量 Δx 时,面积的增量 ΔS 的主要部分(也称线性主部).

由此引入函数微分的概念.

定义 3.3.1 如果函数 $y=f(x)$ 在点 x_0 的某邻域内有定义,若函数 $f(x)$ 在点 x_0 处的增量 Δy 可表示为

$$\Delta y=f(x_0+\Delta x)-f(x_0)=A\Delta x+o(\Delta x),$$

其中 A 是不依赖 Δx 的常数,则称函数 $y=f(x)$ 在点 x_0 处可微,$A\Delta x$ 称为函数在点 x_0 处的微分,记为

$$\mathrm{d}y\big|_{x=x_0}=A\Delta x.$$

可以证明,函数 $f(x)$ 在点 x_0 处可微与可导是等价的,且 $A=f'(x_0)$. 因而 $f(x)$ 在点 x_0 处的微分可写成

$$\mathrm{d}y\big|_{x=x_0}=f'(x_0)\Delta x.$$

通常把自变量的增量 Δx 记为 $\mathrm{d}x$,称为自变量的微分,于是函数 $f(x)$ 在点 x_0 处的微分又可写成

$$\mathrm{d}y\big|_{x=x_0}=f'(x_0)\mathrm{d}x.$$

如果函数 $f(x)$ 在区间 (a,b) 内每一点都可微,则称该函数在 (a,b) 内可微,或称函数 $f(x)$ 是在 (a,b) 内的可微函数. 此时,函数 $f(x)$ 在 (a,b) 内任意一点 x 处的微分记为 $\mathrm{d}y$,即

$$\mathrm{d}y=f'(x)\mathrm{d}x.$$

上式两端同除以自变量的微分 $\mathrm{d}x$,得

$$\frac{\mathrm{d}y}{\mathrm{d}x}=f'(x).$$

这就是说，函数 $f(x)$的导数等于函数的微分与自变量的微分的商，因此导数也称为微商.

例 3.3.2 函数 $y=x^3$，当 $x=1$，$\Delta x=0.01$ 时，求 Δy 和 $\mathrm{d}y$.

解 函数在 $x=1$ 处的增量

$$\Delta y=f(1+0.01)-f(1)=(1+0.01)^3-1^3=0.030\ 301$$

函数在 $x=1$ 处的微分

$$\mathrm{d}y\Big|_{\substack{x=1\\ \Delta x=0.01}}=(x^3)'\Delta x\Big|_{\substack{x=1\\ \Delta x=0.01}}=3x^2\Delta x\Big|_{\substack{x=1\\ \Delta x=0.01}}=0.03.$$

可以看出，以 $\mathrm{d}y$ 代替 Δy 近似值程度很好，而 $\mathrm{d}y$ 比 Δy 更容易计算.

例 3.3.3 求函数 $y=\sin x+\mathrm{e}^x$ 的微分 $\mathrm{d}y$.

解 $\mathrm{d}y=(\sin x+\mathrm{e}^x)'\mathrm{d}x=(\cos x+\mathrm{e}^x)\mathrm{d}x$.

例 3.3.4 要在半径 $r=1$ cm 的某金属球面上镀一层厚度为 0.01 cm 的铜，估计需用铜多少克？(铜的密度 $\rho=8.9\ \mathrm{g/cm^3}$)

解 先用微分求镀层的体积的近似值，再乘以密度，便得需用铜的质量.

球的体积 $V=f(r)=\frac{4}{3}\pi r^3$. 由题意可知，$r=1$，$\Delta r=0.01$. 于是

$$\Delta V\approx \mathrm{d}V=\left(\frac{4}{3}\pi r^3\right)'\Delta r\Bigg|_{\substack{r=1\\ \Delta r=0.01}}=4\pi r^2\Delta r\Bigg|_{\substack{r=1\\ \Delta r=0.01}}\approx 0.13(\mathrm{cm^3}),$$

故镀层需用铜的质量约为

$$G\approx 0.13\times 8.9=1.16(\mathrm{g}).$$

3.3.2 微分的几何意义

如图 3-4 所示，设函数曲线 $y=f(x)$，过其上一点 $M(x,y)$的切线为 MT，它的倾角为 φ. 当自变量 x 有增量 $\Delta x=NN'$时，相应地，函数 y 的增量 $\Delta y=QM'$. 同时切线的纵坐标也得到对应的增量 QP. 从直角三角形 MQP 中可知，

$$QP=MQ\cdot\tan\varphi=f'(x)\Delta x=\mathrm{d}y.$$

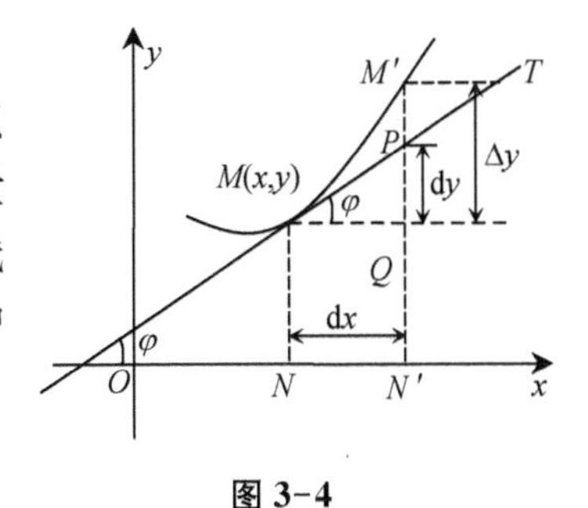

图 3-4

由此可知，函数 $f(x)$在点 x 的微分 $\mathrm{d}y$ 的几何意义是曲线在点 $M(x,y)$处的切线的纵坐标对应于 Δx 的增量.

用 $\mathrm{d}y$ 近似代替 Δy，就是在点 $M(x,y)$附近用切线段 MP 近似代替曲线段 MM'，即在点 $M(x,y)$附近用线性函数代替函数 $y=f(x)$，这就是常用的局部线性化数学思想，请读者深刻领悟.

3.3.3 微分公式与微分法则

由导数与微分的关系，可得出下面的微分公式与微分法则.

1. 基本初等函数的微分公式

(1) $d(C)=0$(C为常数)；	(2) $d(x^{\alpha})=\alpha x^{\alpha-1}dx$；
(3) $d(a^x)=a^x\ln a dx$；	(4) $d(e^x)=e^x dx$；
(5) $d(\log_a x)=\frac{1}{x\ln a}dx$；	(6) $d(\ln x)=\frac{1}{x}dx$；
(7) $d(\sin x)=\cos x dx$；	(8) $d(\cos x)=-\sin x dx$；
(9) $d(\tan x)=\sec^2 x dx$；	(10) $d(\cot x)=-\csc^2 x dx$；
(11) $d(\sec x)=\sec x\tan x dx$；	(12) $d(\csc x)=-\csc x\cot x dx$；
(13) $d(\arcsin x)=\frac{1}{\sqrt{1-x^2}}dx$；	(14) $d(\arccos x)=-\frac{1}{\sqrt{1-x^2}}dx$；
(15) $d(\arctan x)=\frac{1}{1+x^2}dx$；	(16) $d(\text{arccot}\, x)=-\frac{1}{1+x^2}dx$.

2. 四则运算的微分法则

设函数u和v都是x的可微函数，则

(1) $d(u\pm v)=du\pm dv$；　　(2) $d(uv)=udv+vdu$；

(3) $d(Cu)=Cdu$(C为常数)；　　(4) $d\left(\frac{u}{v}\right)=\frac{vdu-udv}{v^2}(v\neq 0)$.

3. 复合函数的微分法则

设函数$y=f[\varphi(x)]$由$y=f(u)$，$u=\varphi(x)$复合而成，则$y=f[\varphi(x)]$的微分为

$$dy=\{f[\varphi(x)]\}'dx=f'(u)\cdot\varphi'(x)dx.$$

而$du=\varphi'(x)dx$，于是

$$dy=f'(u)du.$$

上式表明，不论u是自变量还是中间变量，函数$y=f(u)$的微分总保持同一形式，这种性质称为一阶微分形式不变性.

例 3.3.5 求$d(2x^4-3x^2+2)$.

解 $d(2x^4-3x^2+2)=2d(x^4)-3d(x^2)=(8x^3-6x)dx$.

例 3.3.6 设$y=\sqrt[3]{\sin^2 x}$，求dy.

解 $dy=d(\sqrt[3]{\sin^2 x})=d(\sin^{\frac{2}{3}}x)=\frac{2}{3}\sin^{-\frac{1}{3}}x d(\sin x)=\frac{2\cos x}{3\sqrt[3]{\sin x}}dx$.

例 3.3.7 设$y=\frac{e^{2x}}{x}$，求dy.

解 $dy=\frac{xd(e^{2x})-e^{2x}dx}{x^2}=\frac{xe^{2x}d(2x)-e^{2x}dx}{x^2}=\frac{e^{2x}(2x-1)}{x^2}dx$.

例 3.3.8 设$y=\arcsin(3t-4t^3)$，求dy.

解 $dy=\frac{1}{\sqrt{1-(3t-4t^3)^2}}d(3t-4t^3)=\frac{d(3t)-d(4t^3)}{\sqrt{1-t^2(3-4t^2)^2}}=\frac{3-12t^2}{\sqrt{1-t^2(3-4t^2)^2}}dt$.

例 3.3.9 将适当的函数填入下列括号内,使等式成立:

(1) d($\quad$)$=x^2\mathrm{d}x$; (2) d($\quad$)$=a^x\mathrm{d}x$;

(3) d($\quad$)$=\arcsin x\cdot\dfrac{1}{\sqrt{1-x^2}}\mathrm{d}x$.

解 (1) 由 $\mathrm{d}(x^3)=3x^2\mathrm{d}x$,故 $x^2\mathrm{d}x=\dfrac{1}{3}\mathrm{d}(x^3)=\mathrm{d}\left(\dfrac{x^3}{3}\right)$,

所以
$$\mathrm{d}\left(\frac{x^3}{3}\right)=x^2\mathrm{d}x.$$

一般地,有
$$\mathrm{d}\left(\frac{x^3}{3}+C\right)=x^2\mathrm{d}x(C\text{ 为任意常数}).$$

(2) 由 $\mathrm{d}(a^x)=a^x\ln a\mathrm{d}x$,故 $a^x\mathrm{d}x=\dfrac{1}{\ln a}\mathrm{d}(a^x)=\mathrm{d}\left(\dfrac{a^x}{\ln a}\right)$,

所以,有
$$\mathrm{d}\left(\frac{a^x}{\ln a}+C\right)=a^x\mathrm{d}x(C\text{ 为任意常数}).$$

(3) 由 $\mathrm{d}[(\arcsin x)^2]=2\arcsin x\cdot\dfrac{1}{\sqrt{1-x^2}}\mathrm{d}x$,

故
$$\arcsin x\cdot\frac{1}{\sqrt{1-x^2}}\mathrm{d}x=\frac{1}{2}\mathrm{d}[(\arcsin x)^2]=\mathrm{d}\left[\frac{(\arcsin x)^2}{2}\right],$$

所以,有
$$\mathrm{d}\left[\frac{(\arcsin x)^2}{2}+C\right]=\arcsin x\cdot\frac{1}{\sqrt{1-x^2}}\mathrm{d}x(C\text{ 为任意常数}).$$

练习与作业 3-3

一、填空

1. 函数 $y=x^2$ 在 $x=2,\Delta x=0.01$ 时的微分为________.
2. 函数 $y=\sin x$ 在 $x=0,\Delta x=0.01$ 时的微分为________.
3. 若 $y=\sqrt{1-3x^2}$,则 $\mathrm{d}y=$________.
4. 若 $y=\dfrac{1}{x}+2\sqrt{x}$,则 $\mathrm{d}y=$________.
5. 若 $y=\dfrac{x}{1-x^2}$,则 $\mathrm{d}y=$________.
6. 若 $y=\mathrm{e}^{2x+1}$,则 $\mathrm{d}y=$________.
7. 若 $y=\arctan(2x)$,则 $\mathrm{d}y=$________.
8. 若 $y=\ln(1+x^3)$,则 $\mathrm{d}y=$________.
9. 若 $y=\sin(2x+3)$,则 $\mathrm{d}y=$________.
10. 若 $y=\sec(2x+1)$,则 $\mathrm{d}y=$________.
11. 若 $y=\arcsin\sqrt{x}$,则 $\mathrm{d}y=$________.
12. 若 $y=\arctan 3x$,则 $\mathrm{d}y=$________.

二、单选

1. 函数 $f(x)$ 在点 x_0 可导是在该点可微的 ( )

A. 必要条件； B. 充分条件； C. 充要条件； D. 无关条件.

2. 若 $y=f(x)$ 可微，则 dy ( )

A. 与 Δx 无关；

B. 为 Δx 的线性函数；

C. 当 $\Delta x\to 0$ 时是 Δx 的高阶无穷小；

D. 当 $\Delta x\to 0$ 时是 Δx 的等价无穷小.

3. 设 $f(x)$ 是可微函数，则当 $\Delta x\to 0$ 时，在点 x 处 $\Delta y-dy$ 与 Δx 比较是 ( )

A. 同阶无穷小；

B. 等价无穷小；

C. 高阶无穷小；

D. 无法比较.

4. 若函数 $y=f(x)$ 在点 x_0 处可微，则下列结论不正确的是 ( )

A. $y=f(x)$ 在点 x_0 处连续；

B. $y=f(x)$ 在点 x_0 处可导；

C. $y=f(x)$ 在点 x_0 处无定义；

D. 极限 $\lim\limits_{x\to x_0}f(x)$ 存在.

5. 下列微分公式正确的是 ( )

A. $d(x^{a})=ax^{a-1}$；

B. $d(e^{x})=e^{x}$；

C. $d(\sin x)=\cos x$；

D. $d(\cos x)=-\sin x dx$.

6. 下列微分公式错误的是 ( )

A. $d(\tan x)=\sec^{2}x dx$；

B. $d(e^{x})=e^{x}dx$；

C. $d(\arcsin x)=\dfrac{1}{\sqrt{1-x^{2}}}dx$；

D. $d(\text{arccot} x)=-\dfrac{1}{\sqrt{1-x^{2}}}dx$.

7. 设函数 u,v 都是可导函数，则下列微分法则错误的是 ( )

A. $d(u+v)=du+dv$；

B. $d(cu)=cdu$，c 为任意常数；

C. $d(uv)=dudv$；

D. $d\left(\dfrac{u}{v}\right)=\dfrac{vdu-udv}{v^{2}}$，$v\neq 0$.

8. 若函数 $y=(2x+1)^{2}$，则 $dy=(\quad)d(2x+1)$. ( )

A. $2(2x+1)$； B. $2(2x+1)dx$； C. $4(2x+1)$； D. $4(2x+1)dx$.

9. 若函数 $y=\ln(1-x)$，则 $dy=(\quad)d(1-x)$. ( )

A. $\dfrac{1}{1-x}$； B. $\dfrac{1}{1-x}dx$； C. $-\dfrac{1}{1-x}$； D. $-\dfrac{1}{1-x}dx$.

10. 下列表达式不正确的是 ( )

A. $d(3x^{4}-2x^{2}+1)=d(3x^{4})-d(2x^{2})$；

B. $d(xe^{x})=xd(e^{x})+e^{x}dx$；

C. $d\left(\dfrac{\sin x}{x}\right)=\dfrac{xd(\sin x)-\sin x dx}{x^{2}}$；

D. $d(\sin x\cos x)=d(\sin x)d(\cos x)$.

三、计算解答

1. 求函数 $y=e^{\tan 5x}$ 的微分.

2. 求函数 $y=e^{ax+bx^{2}}$ 的微分.

3. 求函数 $y=\dfrac{e^{2x}}{x}$ 的微分.

4. 求函数 $y=x^{2}+\sin(5x)$ 的微分.

5. 求函数 $y=\ln(x^{2}+1)+\cos(x^{2})$ 的微分.

6. 求函数 $y=e^{2x}+\ln(3x)+\cos(4x)$ 的微分.

7. 求函数 $y=x^{2}\sin(4x)$ 的微分.

课后品读:著名数学家风采——外国篇

一、数学之神——阿基米德(世界最伟大的三位数学家之一)

阿基米德(Archimedes,公元前287—公元前212)生于西西里岛的叙拉古,是古希腊数学家、力学家,是欧几里得的门生,是世界伟大的数学家之一,终生致力于科学研究和实际应用.阿基米德的成就是多方面的.

他运用"穷竭法"解决了几何图形的面积、体积、曲线长等大量计算问题,其方法是微积分的先导.他用圆的外切与内接正多边形的周长逼近圆周的办法,证明了圆的面积是该圆周长与半径乘积的一半,并证明了$3\frac{10}{71}<\pi<3\frac{1}{7}$;用"穷竭法"证明了球面面积是其大圆面积的4倍;球的体积是外切圆柱体积的$\frac{2}{3}$,球面面积是外切圆柱表面积的$\frac{2}{3}$,这些统称为阿基米德$\frac{2}{3}$定理.

他在力学上的成就在当时达到了登峰造极的地步.阿基米德曾自豪地说:"给我一个支点和杠杆,我就能够挪动地球!"他的许多趣闻轶事已家喻户晓.比如,叙拉古王打造了一艘富丽堂皇的巨型三桅游船,但过于庞大,无法下水.阿基米德利用滑轮组,把庞然大物拉下了大海.又如皇冠掺假案.国王请阿基米德判断皇冠是否掺了假,他久思不得其解.一日,阿基米德去洗澡,水被他的身体排出盆外,顿时他感到一身变轻,从中悟出浮力的存在,他欣喜若狂,赤身冲出澡堂,高呼"我找到答案了",并推断出物体在水中减轻的重量等于该物体排开水的重量,即著名的阿基米德浮力定律.

阿基米德还是一位运用科学知识抗击外敌入侵的爱国主义者.在第二次布匿战争时期,为了抵御罗马帝国的入侵,阿基米德制造了一批特殊机械,能向敌人投射滚滚巨石;设计了一种起重机,能把敌舰掀翻;架设了大型抛物面铜镜,用日光焚烧罗马战船.敌军统帅马赛拉斯 (Marcellus)惊呼"我们在同数学家打仗,他比神话中的百手巨人还厉害!"敌人屡战屡败之后,采用了外围内间的策略.三年之后,终因粮绝,叙拉古陷落了.一天,阿基米德正蹲在沙盘边研究几何,两个罗马士兵夺门而入,踢乱了几何图形,阿基米德对他说:"不要动乱了我的图!"可罗马士兵把矛头插进了巨人的胸膛,一位彪炳千秋的伟人就这样惨死在士兵手下.这也标志着古希腊灿烂文化毁灭的开始.

1965年,西西里岛上,人们挖地基时发现了阿基米德的坟墓,在其墓碑上刻着一个球及其外切圆柱,这是他的名著《论球与圆柱》的标志性图示.

二、科学巨匠——牛顿(世界最伟大的三位数学家之一)

伊撒克·牛顿,1642年12月25日生于英国林肯郡一个普通农民家庭.1727年3月20日,卒于英国伦敦,死后安葬在威斯敏斯特大教堂内.墓志铭的最后一句是:"他是人类的真正骄傲".当时法国大文豪伏尔泰正在英国访问,他不胜感慨地评论说,英国纪念一位科学家就像其他国家纪念国王一样隆重.

牛顿是世界著名的数学家、物理学家、天文学家,是自然科学界人们崇拜的偶像.莱布尼茨说:"在从世界开始到牛顿生活的年代的全部数学中,牛顿的工作超过一半."

牛顿登上了科学的巅峰,并开辟了以后科学发展的道路.他成功的因素是多方面的,但主要因素有三条.

首先,时代的呼唤是牛顿成功的第一个因素.牛顿降生的那一年,正是伽利略被宗教迫害致死的那一年.他的青少年时期仍是新兴的资本主义与衰落的封建主义殊死搏斗的时期.当时在数学和自然科学方面已积累了大量丰富的资料,到了由积累到综合的关键时刻.伽利略的落体运动,开普勒的行星运动,费马的极大极小值,笛卡儿的坐标几何等大量成果,都是牛顿进行科学研究的沃土良壤.牛顿是集群英之大成的能手.他曾写道:“我之所以比笛卡儿等人看得远些,是因为我站在巨人的肩膀上.”

其次,牛顿惊人的毅力,超凡的献身精神,实事求是的科学态度,以及谦虚的美德等优秀品质,是他成功的决定性因素.牛顿是一个出生时不足月的遗腹子,三岁时母亲改嫁,他被寄养在贫穷的外婆家.小时候的牛顿未曾显露出神童般的才华,但上中学后,随着年岁渐长,加之由制作小玩具发展到制作水车、风车、水钟、日晷等实用器物受到师生的好评,因此对自然科学产生了浓厚兴趣,从而发奋读书.

1661年,牛顿如愿以偿,以优异的成绩考入久负盛名的剑桥大学三一学院,开始了苦读生涯.临近毕业时,不幸鼠疫蔓延,大学关门,牛顿负笈返里,在家乡待了两年.这两年是牛顿呕心沥血的两年,也是他辉煌一生踌躇峥嵘的两年.他研究了流数法和反流数法,创立了微积分;用三棱镜分解出七色彩虹;由苹果落地发现了万有引力定律.他进行科学实验和研究到了如痴如狂的地步,废寝忘食,夜以继日.有人说,科学史上没有别的成功的例子可以和牛顿这两年的黄金岁月相比.

1667年他返回剑桥大学,相继获得学士学位和硕士学位,并留校任教.他艰苦奋斗,三十多岁就白发满头.牛顿矢志科学的故事脍炙人口,广为流传.比如有一次煮鸡蛋,捞出的却是怀表.1685年写传世之作《自然哲学的数学原理》的那些日子里,他很少在深夜两三点钟以前睡觉,一天只睡五六个小时,有时梦醒后,披上衣服就伏案疾书.有一次朋友来访,饭菜摆好后等不到牛顿就餐,客人只好独酌独饮,待牛顿饥饿去用餐时,发现饭菜已经用完,才顿时“醒悟”过来,自言自语道:“我还以为我没有吃饭,原来是我搞错了.”说完又转身回到实验室.

牛顿不只是刻苦,更具有敏锐的悟性、深邃的思考、创造性的才能以及“一切不凭臆造”、反复进行实验的务实精神.他曾说:“我的成功当归于精心的思索”,“没有大胆的猜想就做不出伟大的发现.”

牛顿一生功绩卓著,成绩斐然,但他自己却很谦虚,临终时留下了这样一段遗言:“我不知道,世上人会怎样看我;不过,我自己觉得,我只像一个在海边玩耍的孩子,一会儿拣起块比较光滑的卵石,一会儿找到个美丽些的贝壳;而在我面前,真理的大海还完全没有发现.”

牛顿有名师指引和提携,这是他成功的第三个因素.在大学期间,由于学业出类拔萃,他博得导师巴罗的厚爱.1664年,经过考试,牛顿被选拔为巴罗的助手.1667年3月从乡下被巴罗召回剑桥,翌年留校任教.由于成就突出,39岁的巴罗欣然把数学讲座的职位让给年仅27岁的牛顿.巴罗识才育人的高尚品质在科学界传为佳话.

牛顿是伟大的科学家,他的哲学思想基本上属于自发的唯物主义.但他信奉上帝,受亚里士多德的影响，认为一切行星的运动产生于神灵的“第一推动力”，晚年陷入唯心主义. 牛顿是对人类做出卓绝贡献的科学巨匠，受到世人的尊敬和仰慕.

三、数学王子——高斯（世界最伟大的三位数学家之一）

高斯(Gauss,1777—1855) 德国数学家、物理学家，出生于德国不伦瑞克的一个贫穷家庭. 他的舅舅独具慧眼，发现了高斯异乎寻常的才智，对他进行了学前教育.

他 3 岁时就纠正了父亲记账本中的一个计算错误. 10 岁时，数学老师比特纳让学生把 1 至 100 之间的自然数加起来，老师刚写完题目，高斯立即举手作答：5 050. 老师问他为什么算得这样快，高斯笑答：1＋100＝101，2＋99＝101，有 50 个 101，所以是 5 050.

他 15 岁进入卡罗林学院学习，发现了质数定理；17 岁发现了最小二乘原理；18 岁在布伦瑞克公爵的资助下，进入哥廷根大学学习；19 岁解决了亘古难题：用圆规直尺把圆周 17 等分；21 岁完成了历史名著《 算术研究 》，发现了数论中的“二次互反律”；1799 年取得博士学位，在博士论文中，首次给出了代数基本定理的证明，开创了数学存在性证明的新时代；1804 年被选为英国皇家学会会员，1807 年任哥廷根大学天文学教授和哥廷根天文台台长.

高斯在数学的许多领域都有重大贡献，他是非欧几何的发现者之一，微分几何的开创者，近代数论的奠基者. 在超几何级数、复变函数论、椭圆函数论、统计数学、向量分析等方面都取得了显著的成果. 高斯有句名言：“数学是科学的皇后，数论是数学的皇后”，表明了数学在科学中的关键作用. 他的大量著作都与天文学和大地测量有关. 1830 年以后，他越来越多地从事物理学的研究，在电磁学和光学等方面都做出了卓越的贡献.

高斯思维敏捷，立论谨慎. 他遵循三条原则：“宁肯少些，但要好些”；“不留下进一步要做的事情”；“极度严格的要求”. 他的著作都是精心构思，反复推敲过的，以最精练的形式发表出来. 高斯一生勤奋好学，多才多艺，嗜好唱歌和吟诗，深谙多国文字；62 岁始学俄语，两年后竟达到可读俄国文学名著的程度.

高斯于 1855 年 2 月 23 日逝世，葬于哥廷根近郊，墓碑仅镌刻“高斯”二字，平淡里深藏着隽永意蕴，无言中饱含着千秋业绩. 出于对伟人的眷恋和怀念，他的故乡改名为高斯堡. 在慕尼黑博物馆悬挂的高斯画像上，永久地铭刻着这样一首题诗：他的思想深入数学、空间、大自然的奥秘，他测量了星星的路径、地球的形状和自然力，他推动了数学的进展，直到下个世纪.

四、符号大师——莱布尼茨

莱布尼茨是德国著名数学家、物理学家和哲学家. 他 1646 年 7 月 1 日出生于莱比锡的一个书香门第，其父是莱比锡大学的哲学教授. 莱布尼茨童年时代便自学他父亲遗留的藏书，15 岁时考入莱比锡大学学习法学，同时钻研数学和哲学，18 岁获得哲学硕士学位，并在热奈被聘为副教授，20 岁在阿尔特多夫获得博士学位.

他本是一个文科大学生，一次偶然机会，旁听了一位教授关于欧几里得《几何原本》的讲座，于是产生了对数学的浓厚兴趣，萌生了当数学家的意向.

1672 年他以外交官的身份出访巴黎，许多重大数学成就都是在这四年巴黎之行中完成的. 在那里他结识了惠更斯以及其他许多杰出的学者，在惠更斯的指导下，系统研究了笛卡儿、费马、巴斯加等著名数学家的著作. 1673 年在伦敦短暂停留期间，他又结识了巴罗等名流，从此他以惊人的理解力、洞察力和创造力进入数学研究的前沿. 1676 年莱布尼茨定居汉诺威，任腓特烈公爵的顾问及图书馆馆长长达 40 年，直到 1716 年逝世. 他曾历任英国皇家学会会员、巴黎科学院院士，创建了柏林科学院并担任第一任院长.

莱布尼茨研究兴趣极为广泛，涉猎数学、力学、光学、机械学、生物学、海洋学、地质学、法学、语言学、逻辑学、历史学、神学及外交等 40 多个领域，并且在每一个领域都有杰出成就.

莱布尼茨是数理逻辑的鼻祖，他在 20 岁时发表了论文《论组合的艺术》，这篇论文成为数理逻辑的开山之作. 他认为"普遍数学就好比是想象的逻辑"，于是将代数方法应用到逻辑推理上，用代数符号表示概念，用代数运算表示推理，发明了一套逻辑符号，把数学方法用于研究一般推理和命题证明，开创了数理逻辑.

他与同时代的牛顿在不同的国家，各自独立地创建了微积分学，阐明了求导数和积分是互逆的两种运算. 1675 年，他发明了至今仍在沿用的积分符号"$\int$"，微分符号 dy；1677 年，他创立了微积分学基本公式，奠定了微积分学的基础，为变量数学的开创和发展做出了奠基性的贡献. 他与牛顿一起被誉为微积分学的奠基人而载入数学史册.

莱布尼茨是引入行列式概念和计算的第一人. 他致力于把代数运算机械化、自动化，1672 年，26 岁的他把帕斯卡能做加减运算的计算机改进为能做加减乘除和开平方运算的新型手摇计算机. 次年，他携机到伦敦表演，被吸收为英国皇家学会会员.

1675 年，他受中国《周易》的影响，提出了二进位制，为 20 世纪电子计算机的发明奠定了基础. 他为了表示对《周易》的推崇，特复制了一台机械计算机，赠献给中国的康熙皇帝，并建议成立北京科学院，他是最早关心中国科学发展的国际友人.

莱布尼茨的主要著作有《一种求极大值与极小值和切线的新方法》《单子论》《人类理解力新论》《关于形而上学》等.

第4章 >>> 导数的应用

课前导读:微积分的完善与发展

毛泽东曾指出:"一个正确的认识,往往需要经过由物质到精神,由精神到物质,即由实践到认识,由认识到实践这样多次的反复,才能够完成."由牛顿和莱布尼茨创立的微积分,最初还不是很完善.由于历史条件的限制,他们对于一些基本的概念和关系,还不能突破力学和几何直观的局限形成深刻的认识.比如在无穷小量这个问题上,说法不一,十分含糊.牛顿的无穷小量,有时候是零,有时候不是零而是有限的小量;莱布尼茨也不能自圆其说.这些逻辑上的缺陷导致了第二次数学危机的产生.在此后的一百多年中,人们经历了一个漫长而艰苦的认识逐步深化的过程.

直到19世纪上半叶,在积累起来的大量成果,同时也总结了许多人失败教训的基础上,以法国科学家柯西为首的学者们对微积分的理论进行了认真研究,建立了极限理论.后来又经过德国数学家维尔斯特拉斯进一步的严格化,极限理论成了微积分的坚定基础,才使微积分理论进一步发展开来.

微积分理论基础即极限理论的建立是数学认识上的一个飞跃.极限概念揭示了变量与常量、无限与有限的对立统一关系.从极限的观点来看,无穷小量不过是极限为零的变量.也就是说,在变化过程中,它的值可以是"非零",但它的变化的趋向是"零",可以无限地接近于"零".早期的微积分中,对无穷小量的认识带有形象直观的局限性,不能从变化趋向上说明它与"零"的内在联系,从而导致逻辑上的矛盾.

微积分理论基础的建立在数学的发展上有深远的意义.一方面,它完善了微积分的理论;另一方面,它加速了微积分的发展,使微积分能够更好地、更深入地解决更多的实际问题和理论问题,成为人们认识世界和改造世界的更加锐利的数学工具,而且在思想上和方法上深刻地影响了近现代数学的发展.中国的数学泰斗陈省身先生所研究的微分几何领域,便是利用微积分的理论来研究几何,这门学科对人类认识时间和空间的性质发挥着巨大的作用.

微积分的产生和发展历程给予我们重要的启示:人们对客观世界中数量关系的认识是逐步深化的,需要从感性认识能动地跃进到理性认识,又需要从理性认识能动地指导实践,并取得进一步的发展,这个过程是符合唯物辩证法的规律的.所以,我们在数学的学习和研究中，必须遵照唯物辩证法的认识论，坚持理论和实践统一的原则，在实践的基础上使认知不断深化.

本章先介绍三个微分中值定理，然后再介绍导数在求极限，判定函数单调性，判定曲线凹凸性，求函数极值、最值等方面的应用.

4.1 微分中值定理

4.1.1 罗尔中值定理

定理 4.1.1 若函数 $f(x)$满足如下条件：

(1) 在闭区间$[a,b]$上连续；

(2) 在开区间(a,b)内可导；

(3) $f(a)=f(b)$，

则在(a,b)内至少存在一点 ξ，使得 $f'(\xi)=0$.

罗尔中值定理的几何意义是：在每一点都有切线的一段连续曲线上，如果曲线的两端点高度相等，则至少存在一条水平切线，如图 4-1 所示.

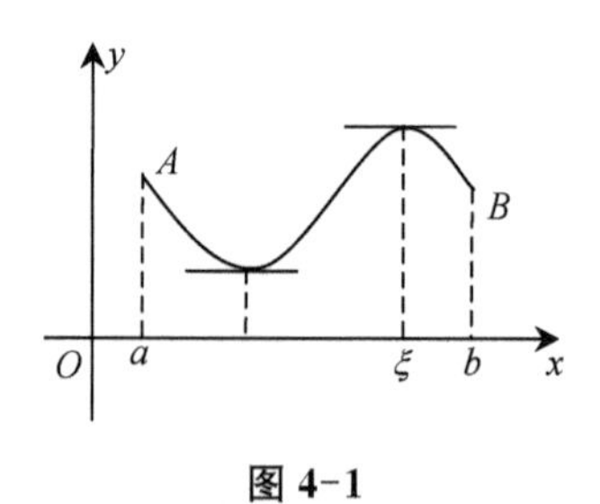

图 4-1

4.1.2 拉格朗日中值定理

定理 4.1.2 若函数 $f(x)$满足如下条件：

(1) 在闭区间$[a,b]$上连续；

(2) 在开区间(a,b)内可导，

则至少存在一点 $\xi\in(a,b)$，使得

$$f(b)-f(a)=f'(\xi)(b-a)\ \left(\text{或}\ \frac{f(b)-f(a)}{b-a}=f'(\xi)\right).$$

从几何上看，如图 4-2 所示，$\frac{f(b)-f(a)}{b-a}$是弦 AB 的斜率，而 $f'(\xi)$为曲线 $y=f(x)$在点$(\xi,f(\xi))$处的切线的斜率. 因此，拉格朗日中值定理的几何意义是：如果连续曲线 $y=f(x)$，$x\in[a,b]$，除端点外，处处都有不垂直于 x 轴的切线，那么至少存在一点 $\xi\in(a,b)$，使曲线在点$(\xi,f(\xi))$处的切线平行于弦 AB.

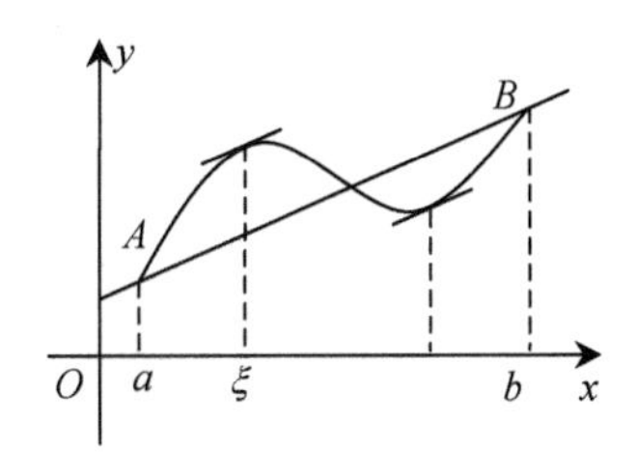

图 4-2

由定理可得下面两个重要推论，在以后学习中有用.

推论 1　如果函数 $f(x)$ 在区间 (a,b) 内导数恒为零，则函数 $f(x)$ 在区间 (a,b) 内是一个常数.

证　设在区间 (a,b) 内取任意两点 x_1,x_2，且 $x_1<x_2$，$f(x)$ 在 $[x_1,x_2]$ 上满足拉格朗日定理的条件，故有

$$f(x_2)-f(x_1)=f'(\xi)(x_2-x_1),\xi\in(x_1,x_2).$$

由题设 $f'(\xi)=0$，所以

$$f(x_1)=f(x_2).$$

由 x_1,x_2 的任意性，这就证明了 $f(x)$ 在区间 (a,b) 内为一个常数.

推论 1 的几何意义很明显，即如果在区间 (a,b) 内，曲线上任一点处切线的斜率恒为零，则此曲线一定是一条平行于 x 轴的直线.

推论 2　函数 $f(x)$ 和 $g(x)$ 如果在区间 (a,b) 内恒有 $f'(x)=g'(x)$，则在 (a,b) 内有 $f(x)=g(x)+C$（C 为任意常数）.

推论 2 表明，如果两个函数在 (a,b) 内导数相等，则这两个函数至多差一个常数.

4.1.3　柯西中值定理

定理 4.1.3　设函数 $f(x)$ 和 $g(x)$ 满足：

(1) 在闭区间 $[a,b]$ 上连续；

(2) 在开区间 (a,b) 内可导；

(3) 在开区间 (a,b) 内，$g'(x)\neq 0$，

则至少存在一点 $\xi\in(a,b)$，使得

$$\frac{f(b)-f(a)}{g(b)-g(a)}=\frac{f'(\xi)}{g'(\xi)}.$$

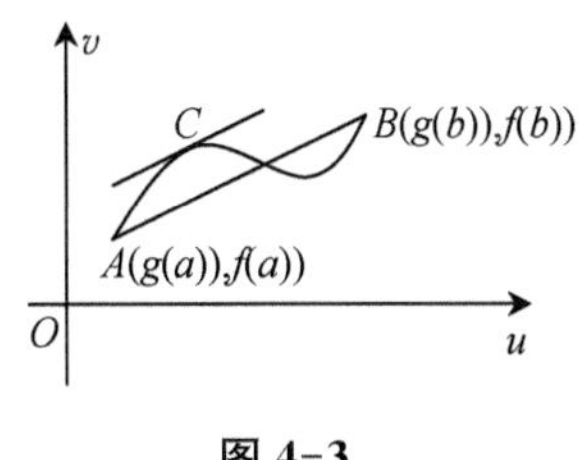

图 4-3

柯西中值定理有着与前两个中值定理相类似的几何意义，只是现在要把 $f(x)$，$g(x)$ 这两个函数写成以 x 为参变量的参数方程：

$$\begin{cases}u=g(x)\\v=f(x)\end{cases},\quad(a\leqslant x\leqslant b).$$

它在 uOv 平面上表示一段曲线，如图 4-3 所示，$\frac{f(b)-f(a)}{g(b)-g(a)}$ 表示连接该曲线两端的

弦 AB 的斜率,由参数方程的导数知$\frac{f'(\xi)}{g'(\xi)}=\left.\frac{\mathrm{d}v}{\mathrm{d}u}\right|_{x=\xi}$,它表示该曲线上与 $x=\xi$ 相对应的一点 $C(g(\xi),f(\xi))$处切线的斜率. 因此,柯西中值定理表明,在曲线弧 AB 上,至少存在一点$(g(\xi),f(\xi))$,在该点处的切线平行于弦 AB.

练习与作业 4-1

一、填空

1. 罗尔中值定理的几何意义是:在每一点都有切线的一段连续曲线上,如果曲线的两个端点高度相等,则曲线在两端点内部至少存在一条__________.

2. 如果函数 $f(x)$和 $g(x)$在(a,b)内恒有 $f'(x)=g'(x)$,则在(a,b)内 $f(x)$与 $g(x)$的关系是______________.

3. 函数 $f(x)=\sin x$ 在区间$[0,\pi]$上应用罗尔中值定理,则 $\xi=$________.

4. 函数 $f(x)=x^5-x^4$ 在区间$[0,1]$上应用罗尔中值定理,则 $\xi=$________.

二、单选

1. 函数 $f(x)$满足下列什么条件时,在(a,b)内至少存在一点 ξ,使得 $f'(\xi)=0$. (　　)

(1) 在闭区间$[a,b]$上连续;(2) 在开区间(a,b)上连续;(3) 在开区间(a,b)内可导;(4) $f(a)>f(b)$;(5) $f(a)=f(b)$;(6) $f(a)<f(b)$;(7) $f(a)f(b)<0$.

A. (1);(3);　　B. (2);(3);

C. (1);(3);(5);　　D. (2);(3);(5).

2. 函数 $f(x)$满足下列什么条件时,在(a,b)内至少存在一点 ξ,使得 $f(b)-f(a)=f'(\xi)(b-a)$. (　　)

(1) 在闭区间$[a,b]$上连续;(2) 在开区间(a,b)内连续;(3) 在开区间(a,b)内可导;(4) $f(a)>f(b)$;(5) $f(a)=f(b)$;(6) $f(a)<f(b)$;(7) $f(a)f(b)<0$.

A. (1);(3);　　B. (2);(3);

C. (1);(3);(5);　　D. (2);(3);(5).

3. 下列选项不是罗尔中值定理必须满足的条件的是 (　　)

A. $f(x)[a,b]$上连续;　　B. $f(x)$在(a,b)内可导;

C. $f(x)$在(a,b)内单调;　　D. $f(a)=f(b)$.

4. 下列函数中在给定区间上满足罗尔中值定理条件的是 (　　)

A. $y=|x|,[-1,1]$;　　B. $y=\frac{1}{x},[1,2]$;

C. $y=\sqrt[3]{x^2},[-1,1]$;　　D. $y=x-x^2,[0,1]$.

5. 函数 $f(x)=x^2-x^4$ 在区间$[0,1]$上应用罗尔中值定理,则 $\xi=$ (　　)

A. $\frac{1}{3}$;　　B. $\frac{1}{\sqrt{3}}$;

C. $\frac{1}{2}$;　　D. $\frac{1}{\sqrt{2}}$.

6. 下列函数中在闭区间$[0,3]$上不满足拉格朗日定理条件的是 (　　)

A. $y=2x^2+x+1$;　　B. $y=\cos(x+1)$;

C. $y=\frac{x^2}{1-x^2}$;　　D. $y=\ln(x+1)$.

7. 函数 $f(x)=4x^3$ 在区间$[0,1]$上应用拉格朗日中值定理，则 $\xi=$ （　）

A. $\frac{1}{3}$；　B. $\frac{1}{\sqrt{3}}$；　C. $\frac{1}{2}$；　D. $\frac{1}{\sqrt{2}}$.

8. 函数 $f(x)=\sqrt{x}$在区间$[0,4]$上应用拉格朗日中值定理，则 $\xi=$ （　）

A. $\frac{1}{16}$；　B. $\frac{1}{4}$；　C. $\frac{1}{2}$；　D. 1.

三、计算解答

1. 判断函数 $f(x)=\sqrt{x}$在区间$[1,4]$上是否满足拉格朗日中值定理的条件？若满足，写出对应的拉格朗日公式，并求出 ξ 的值.

2. 判断函数 $f(x)=\cos 2x$ 在区间$\left[0,\frac{\pi}{2}\right]$上是否满足拉格朗日中值定理的条件？若满足，写出对应的拉格朗日公式，并求出 ξ 的值.

4.2　洛必达法则

在求函数极限时，常遇到求$\frac{0}{0}$型、$\frac{\infty}{\infty}$型的未定式极限. 这时，极限的四则运算法则不再适用，但极限仍可能存在，求这类未定式极限的有效方法就是**洛必达法则**.

定理 4.2.1（洛必达法则）　如果函数 $f(x)$和 $g(x)$在点 x_0 的某去心邻域内有定义，且

(1) $\lim\limits_{x\to x_0}f(x)=0,\lim\limits_{x\to x_0}g(x)=0$；

(2) 在点 x_0 的某去心邻域内，$f'(x)$和 $g'(x)$都存在，且 $g'(x)\neq 0$；

(3) $\lim\limits_{x\to x_0}\frac{f'(x)}{g'(x)}$存在（或者为无穷大），

则
$$\lim_{x\to x_0}\frac{f(x)}{g(x)}=\lim_{x\to x_0}\frac{f'(x)}{g'(x)}.$$

证　只要补充定义 $f(x_0)=g(x_0)=0$，$f(x)$，$g(x)$在$[x_0,x]\in \bigcup(x_0,\delta)$上满足柯西中值定理，有

$$\frac{f(x)-f(x_0)}{g(x)-g(x_0)}=\frac{f(x)}{g(x)}=\frac{f'(\xi)}{g'(\xi)},\xi\in(x_0,x),$$

注意到 $x\to x_0$ 时 $\xi\to x_0$，即得

$$\lim_{x\to x_0}\frac{f(x)}{g(x)}=\lim_{\xi\to x_0}\frac{f'(\xi)}{g'(\xi)}=\lim_{x\to x_0}\frac{f'(x)}{g'(x)}.$$

关于洛必达法则我们做如下说明：

(1) 当$\lim\limits_{x\to x_0}f(x)=\infty,\lim\limits_{x\to x_0}g(x)=\infty$，或 $x\to\infty$时，定理的结论仍成立.

(2) 使用洛必达法则，要求$\lim\limits_{x\to x_0}\frac{f'(x)}{g'(x)}$存在（或为无穷大），若$\lim\limits_{x\to x_0}\frac{f'(x)}{g'(x)}$不存在（不是无穷大），则洛必达法则失效，不能由此说原极限不存在，要改用其他方法求其极限.

(3) 如果$\lim\limits_{x\to x_0}\dfrac{f'(x)}{g'(x)}$仍是$\dfrac{0}{0}$型或$\dfrac{\infty}{\infty}$型,则可以继续使用洛必达法则.

例 4.2.1 求$\lim\limits_{x\to 0}\dfrac{x-\sin x}{x^3}$.

解 这是$\dfrac{0}{0}$型未定式.

$$\lim_{x\to 0}\frac{x-\sin x}{x^3}=\lim_{x\to 0}\frac{(x-\sin x)'}{(x^3)'}=\lim_{x\to 0}\frac{1-\cos x}{3x^2},$$

利用等价无穷小代换得

$$\lim_{x\to 0}\frac{1-\cos x}{3x^2}=\lim_{x\to 0}\frac{\frac{1}{2}x^2}{3x^2}=\frac{1}{6},$$

所以

$$\lim_{x\to 0}\frac{x-\sin x}{x^3}=\frac{1}{6}.$$

例 4.2.2 求$\lim\limits_{x\to 1}\dfrac{x^3-3x+2}{x^3-x^2-x+1}$.

解 这是$\dfrac{0}{0}$型未定式.

$$\lim_{x\to 1}\frac{x^3-3x+2}{x^3-x^2-x+1}=\lim_{x\to 1}\frac{(x^3-3x+2)'}{(x^3-x^2-x+1)'}=\lim_{x\to 1}\frac{3x^2-3}{3x^2-2x-1}$$

这还是$\dfrac{0}{0}$型未定式,可再次使用洛必达法则,

$$\lim_{x\to 1}\frac{3x^2-3}{3x^2-2x-1}=\lim_{x\to 1}\frac{(3x^2-3)'}{(3x^2-2x-1)'}=\lim_{x\to 1}\frac{6x}{6x-2}=\frac{3}{2}.$$

所以

$$\lim_{x\to 1}\frac{x^3-3x+2}{x^3-x^2-x+1}=\frac{3}{2}.$$

注意,上式中的$\lim\limits_{x\to 1}\dfrac{6x}{6x-2}$已不是$\dfrac{0}{0}$型未定式,如果再用一次洛必达法则,则会得出极限是 1 的错误结果.

例 4.2.3 求$\lim\limits_{x\to +\infty}\dfrac{x^n}{\mathrm{e}^x}$($n$ 为自然数).

解 这是$\dfrac{\infty}{\infty}$型未定式.

$$\lim_{x\to +\infty}\frac{x^n}{\mathrm{e}^x}=\lim_{x\to +\infty}\frac{(x^n)'}{(\mathrm{e}^x)'}=\lim_{x\to +\infty}\frac{nx^{n-1}}{\mathrm{e}^x},$$

当 $n>1$ 时,这还是$\dfrac{\infty}{\infty}$型未定式,可继续使用法则,

$$\lim_{x \to +\infty} \frac{x^n}{e^x} = \lim_{x \to +\infty} \frac{(x^n)'}{(e^x)'} = \lim_{x \to +\infty} \frac{nx^{n-1}}{e^x} = \lim_{x \to +\infty} \frac{n(n-1)x^{n-2}}{e^x} = \cdots = \lim_{x \to +\infty} \frac{n!}{e^x} = 0.$$

例 4.2.4　求$\lim\limits_{x \to \infty} \frac{x + \sin x}{x}$.

分析　这是$\frac{0}{0}$型的未定式，但因为

$$\lim_{x \to \infty} \frac{(x + \sin x)'}{(x)'} = \lim_{x \to \infty} \frac{1 + \cos x}{1} = \lim_{x \to \infty} (1 + \cos x)$$

极限不存在，洛必达法则失效，只能改用其他方法讨论.

解
$$\lim_{x \to \infty} \frac{x + \sin x}{x} = \lim_{x \to \infty} \left(1 + \frac{\sin x}{x}\right) = 1 + 0 = 1.$$

例 4.2.5　求$\lim\limits_{x \to 0} \frac{\tan x - x}{x^2 \tan x}$.

解　这是$\frac{0}{0}$型未定式，先进行等价无穷小代换后再使用洛必达法则，

$$\lim_{x \to 0} \frac{\tan x - x}{x^2 \tan x} = \lim_{x \to 0} \frac{\tan x - x}{x^3} = \lim_{x \to 0} \frac{(\tan x - x)'}{(x^3)'} = \lim_{x \to 0} \frac{\sec^2 x - 1}{3x^2},$$

注意到$\sec^2 x - 1 = \tan^2 x$，化简后再使用等价无穷小代换，

$$\lim_{x \to 0} \frac{\sec^2 x - 1}{3x^2} = \lim_{x \to 0} \frac{\tan^2 x}{3x^2} = \lim_{x \to 0} \frac{x^2}{3x^2} = \frac{1}{3},$$

所以

$$\lim_{x \to 0} \frac{\tan x - x}{x^2 \tan x} = \frac{1}{3}.$$

这个例子说明，洛必达法则结合其他求极限方法使用，效果更好.

练习与作业 4-2

一、填空

1. $\lim\limits_{x \to 0} \frac{e^{3x} - 1}{e^x - 1} =$ ________.

2. $\lim\limits_{x \to 1} \frac{x^2 - 1 + \ln x}{e^x - e} =$ ________.

3. $\lim\limits_{x \to 0} \frac{\ln(x + e^x)}{x} =$ ________.

4. $\lim\limits_{x \to 1} \frac{\ln x}{1 - x} =$ ________.

5. $\lim\limits_{x \to +\infty} \frac{x^2}{e^x} =$ ________.

6. $\lim\limits_{x \to 0} \frac{e^x - e^{-x}}{\sin x} =$ ________.

二、单选

1. 下列极限不能用洛必达法则求解的是　　　　(　　)

A. $\lim\limits_{x \to 0} \frac{1 - \cos x}{x^2}$;

B. $\lim\limits_{x \to \infty} \frac{3x^2 - x}{x^2 + x - 1}$;

C. $\lim\limits_{x \to 1} \frac{x - 2}{x^2 + 2x - 1}$;

D. $\lim\limits_{x \to +\infty} \frac{\ln x}{x}$.

2. 下列极限不能用洛必达法则求解的是 (　　)

A. $\lim\limits_{x\to 0}\frac{\sin x}{x}$； B. $\lim\limits_{x\to\infty}\frac{x-\sin x}{x}$； C. $\lim\limits_{x\to\infty}\frac{2x^2-2}{x^2+2x-1}$； D. $\lim\limits_{x\to 0}\frac{\arcsin x}{x}$.

3. 下列极限能用洛必达法则求解的是 (　　)

A. $\lim\limits_{x\to+\infty}\frac{e^x}{x}$； B. $\lim\limits_{x\to 0}\frac{\ln(1+x)}{x-1}$；

C. $\lim\limits_{x\to 1}\frac{2x^2-2}{x^2+2x-1}$； D. $\lim\limits_{x\to 0}\frac{e^{2x}-2}{x}$.

4. 下列极限能用洛必达法则求解的是 (　　)

A. $\lim\limits_{x\to+\infty}\frac{x+\sin x}{x}$； B. $\lim\limits_{x\to 0}\frac{\cos x}{x}$；

C. $\lim\limits_{x\to 1}\frac{2x^2-2}{x^2-2x+1}$； D. $\lim\limits_{x\to 0}\frac{\sin x}{\sqrt{x+1}}$.

三、计算解答

1. 求极限$\lim\limits_{x\to 1}\frac{x^2+x-2}{2x^3-5x^2+4x-1}$.

2. 求极限$\lim\limits_{x\to 1}\frac{2x^3-5x^2+4x-1}{3x^3-5x^2+x+1}$.

3. 求极限 $\lim\limits_{x\to+\infty}\frac{x\ln x}{e^x}$.

4. 求极限 $\lim\limits_{x\to+\infty}\frac{e^x-x}{x^3}$.

5. 求极限$\lim\limits_{x\to 0}\frac{\tan x-x}{x-\sin x}$.

6. 求极限 $\lim\limits_{x\to+\infty}\frac{\ln(x+1)}{\ln(x^2+x+1)}$.

4.3 函数的单调性

设函数 $f(x)$在$[a,b]$上单调递增(或单调递减),如图 4-4 所示,它的图象是一条沿 x 轴正向上升(或下降)的曲线,这时,曲线上各点处切线的斜率是正的(或负的),即 $f'(x)>0$(或 $f'(x)<0$). 因此有下面的定理.

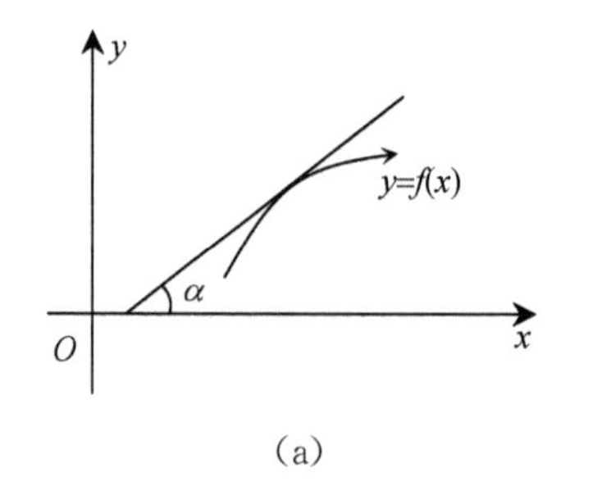

(a)

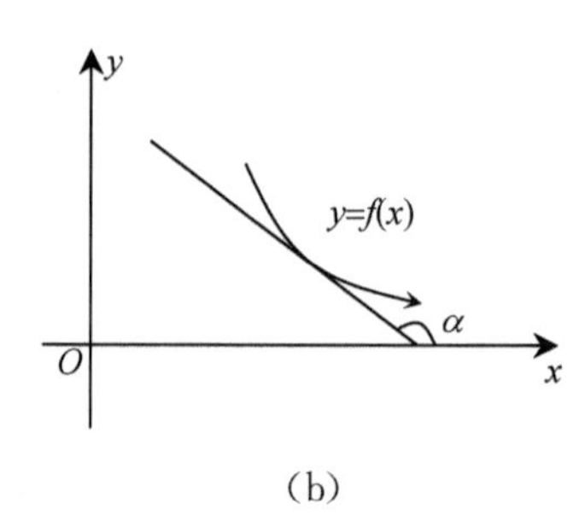

(b)

图 4-4

定理 4.3.1 设函数 $f(x)$在闭区间$[a,b]$上连续,在开区间(a,b)内可导,在(a,b)内,如果 $f'(x)>0$,那么 $f(x)$单调递增;如果 $f'(x)<0$,那么 $f(x)$单调递减.

证　设在(a,b)内取任意两点x_1,x_2，且$x_1<x_2$，则函数$f(x)$在$[x_1,x_2]$上满足拉格朗日中值定理条件，有

$$f(x_2)-f(x_1)=f'(\xi)(x_2-x_1),\xi\in(x_1,x_2).$$

因为$x_2-x_1>0$，当$f'(\xi)>0$时，有$f(x_2)>f(x_1)$，即$f(x)$在(a,b)内单调递增；当$f'(\xi)<0$时，有$f(x_2)<f(x_1)$，即$f(x)$在(a,b)内单调递减.

区间(a,b)称为函数的单调区间. 如函数$y=x^2$，$y'=2x=0$，将定义域$(-\infty,+\infty)$分为两个小区间，在$(-\infty,0)$内，$y'<0$，故是单调递减区间；在$(0,+\infty)$内，$y'>0$，故是单调递增区间.

由此可知，要确定函数的单调区间，先要求出$f'(x)=0$的点，有时还要求出导数不存在的点，这两类点将定义域分为若干个小区间，然后，再讨论各小区间的单调性.

例 4.3.1　讨论$f(x)=3x-x^3$的单调性.

解　函数的定义域为$(-\infty,+\infty)$，

$$f'(x)=3-3x^2=3(1-x^2).$$

令$f'(x)=0$，得$x_1=-1$，$x_2=1$，把定义域分为三个小区间，即$(-\infty,-1)$，$(-1,1)$和$(1,+\infty)$.

在$(-\infty,-1)$和$(1,+\infty)$内，$f'(x)<0$，$f(x)$单调递减；在$(-1,1)$内，$f'(x)>0$，$f(x)$单调递增.

例 4.3.2　确定$f(x)=\sqrt[3]{x^2}$的单调区间.

解　函数的定义域为$(-\infty,+\infty)$，且

$$f'(x)=\frac{2}{3\sqrt[3]{x}}\quad(x\neq0)$$

当$x=0$时，函数的导数不存在，定义域可分成两个区间. 在$(-\infty,0)$内，$y'<0$，故是单调递减区间；在$(0,+\infty)$内，$y'>0$，故是单调递增区间.

注意：在区间内的个别点处有$f'(x)=0$，并不一定会改变函数的单调性. 如$f(x)=x^3$，虽然$f'(0)=0$，但其单调区间是$(-\infty,+\infty)$.

利用函数单调性还可以证明不等式.

例 4.3.3　证明：当$x>0$时，$\arctan x>x-\frac{x^3}{3}$.

证　建立辅助函数$f(x)=\arctan x-x+\frac{x^3}{3}$，$(x>0)$，只要证$f(x)>0$即可. 因为

$$f'(x)=\frac{1}{1+x^2}-1+x^2=\frac{x^4}{1+x^2}>0,$$

故$f(x)$在$x>0$上单调递增. 又$f(0)=0$，于是有$f(x)>0$，

即
$$\arctan x-x+\frac{x^3}{3}>0,$$

所以
$$\arctan x > x - \frac{x^3}{3} \quad (x>0).$$

利用函数的单调性还可判定函数 $f(x)$ 零点的个数.

例 4.3.4 证明方程 $x^3-3x+1=0$ 在 $[0,1]$ 上有唯一实根.

证 显然 $f(x)=x^3-3x+1$ 在 $[0,1]$ 上连续，且 $f(0)\cdot f(1)=-1<0$，根据零值定理知，存在 $\xi\in(0,1)$，使得 $f(\xi)=0$，即方程 $x^3-3x+1=0$ 在 $[0,1]$ 上有实根.

又在 $(0,1)$ 内，$f'(x)=3x^2-3=3(x^2-1)<0$，故 $f(x)$ 在 $[0,1]$ 上单调递减，因此方程 $x^3-3x+1=0$ 在 $[0,1]$ 上有唯一实根.

练习与作业 4-3

一、填空

1. 函数 $y=(x-1)^5$ 在其定义域内单调________.
2. 函数 $y=(3-x)^3$ 在其定义域内单调________.
3. 函数 $y=x-\sin x$ 在其定义域内单调________.
4. 函数 $y=x-e^x$ 在 $(0,+\infty)$ 内单调________.
5. 函数 $y=(x-2)^{\frac{5}{3}}$ 在其定义域 $(-\infty,+\infty)$ 内单调________.
6. 函数 $y=\ln(x+\sqrt{1+x^2})$ 在其定义域 $(-\infty,+\infty)$ 内单调________.

二、单选

1. 在 (a,b) 内 $f'(x)>0$ 是函数 $f(x)$ 在 (a,b) 内单调增加的 ( )

A. 必要条件； B. 充分条件； C. 充要条件； D. 无关条件.

2. 函数 $y=\ln(2+3x^2)$ 的单调减区间为 ( )

A. $(-\infty,+\infty)$； B. $(-\infty,0)$； C. $(0,+\infty)$； D. 以上都不对.

3. 函数 $y=x-\frac{1}{x}$ 在区间 $(0,+\infty)$ 内是 ( )

A. 单调增加的； B. 单调减少的；

C. 不增不减的； D. 有增有减的.

4. 函数 $y=e^x+e^{-x}$ 在区间 $(-1,1)$ 内是 ( )

A. 单调增加的； B. 单调减少的；

C. 不增不减的； D. 有增有减的.

三、计算解答

1. 求函数 $y=x^3-3x$ 的单调区间.
2. 求函数 $y=\frac{2x}{\ln x}$ 的单调区间.

4.4 曲线的凹凸性

如图 4-5 所示，曲线 $y=x^2$ 与 $y=\sqrt{x}$，$x\geqslant 0$ 时都是单调递增的，但它们的弯曲方向却不同，这就是曲线的凹凸性.

曲线 $y=x^2$ 上任一点的切线均位于曲线下方，形状是凹的；而曲线 $y=\sqrt{x}$ 上任一点的切线均位于曲线上方，形状是凸的. 据此特征，我们给出曲线的凹凸性的定义.

定义 4.4.1 设函数 $f(x)$ 在区间 (a,b) 内可导，如果曲线 $f(x)$ 上任一点处的切线均位于曲线下方，则称曲线在区间 (a,b) 内是凹的，(a,b) 称为 $f(x)$ 的凹区间；如果曲线 $f(x)$ 上任一点处的切线均位于曲线上方，则称曲线在区间 (a,b) 内是凸的，(a,b) 称为 $f(x)$ 的凸区间.

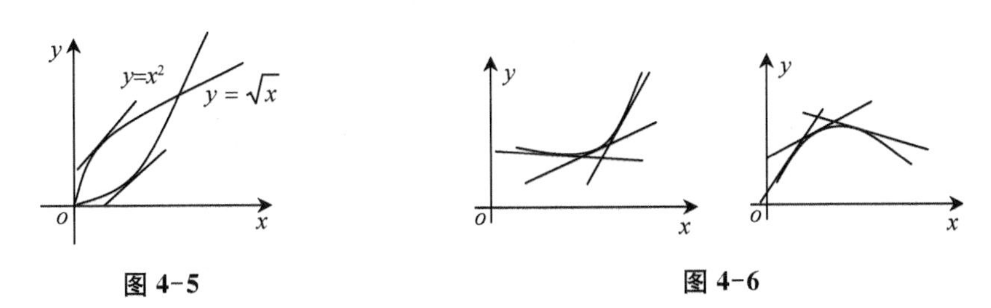

图 4-5　　　图 4-6

从图 4-6 可见，凹曲线的切线的斜率 $f'(x)$ 随着 x 的增大而增大，即 $f'(x)$ 是单调递增的；而凸曲线的切线的斜率 $f'(x)$ 随着 x 的增大而减小，即 $f'(x)$ 是单调递减的. 由此可见，曲线 $f(x)$ 的凹凸性与导数 $f'(x)$ 的单调性有关，即与 $f''(x)$ 的符号有关. 因此，有如下曲线的凹凸性的判定定理.

定理 4.4.1 设函数 $y=f(x)$ 在区间 (a,b) 内二阶可导，

(1) 在 (a,b) 内若 $f''(x)>0$，则曲线在 (a,b) 内是凹的(或凹弧)；

(2) 在 (a,b) 内若 $f''(x)<0$，则曲线在 (a,b) 内是凸的(或凸弧).

若把定理 4.4.1 中的区间改为无穷区间，结论仍然成立.

例 4.4.1 判定曲线 $y=x-\ln(1+x)$ 的凹凸性.

解 函数曲线的定义域为 $(-1,+\infty)$. 又

$$y'=1-\frac{1}{x+1}\ ,\ y''=\frac{1}{(x+1)^2}>0,$$

所以函数曲线在其定义域内是凹的.

例 4.4.2 判定曲线 $y=x^3$ 的凹凸性.

解 函数曲线的定义域为 $(-\infty,+\infty)$. 又

$$y'=3x^2,\ y''=6x,$$

令 $y''=0$，得 $x=0$. 点 $x=0$ 把定义域分为两个小区间 $(-\infty,0)$ 和 $(0,+\infty)$.

在 $(-\infty,0)$ 内，$y''<0$，曲线是凸的；在 $(0,+\infty)$ 内，$y''>0$，曲线是凹的.

从例 4.4.2 中可以看到，曲线在点 $(0,0)$ 处的凹凸性改变了. 即点 $(0,0)$ 是曲线的凹弧与凸弧的分界点，称为曲线的拐点，一般地给出下面的定义.

定义 4.4.2 连续曲线 $y=f(x)$ 的凹弧与凸弧的分界点，称为曲线的拐点.

通常，判定曲线的凹凸性和拐点的步骤如下：

(1) 确定 $f(x)$ 的定义域；

(2) 求出 $f''(x)$；

(3) $f''(x)=0$ 的点和 $f''(x)$ 不存在的点把定义域分成若干个小区间；

(4) 由 $f''(x)$ 在各小区间内的符号判定函数曲线的凹凸性和拐点.

例 4.4.3 求曲线 $y=x^4-2x^3+1$ 的凹凸区间及拐点.

解 函数的定义域为 $(-\infty,+\infty)$.

$$y'=4x^3-6x^2,\ y''=12x^2-12x=12x(x-1),$$

令 $y''=0$,得 $x_1=0,x_2=1$.列表 4-1 确定曲线的凹凸性及拐点.

表 4-1

x	$(-\infty,0)$	0	$(0,1)$	1	$(1,+\infty)$
y''	$+$	0	$-$	0	$+$
y	$\cup$(凹)	拐点 $(0,1)$	$\cap$(凸)	拐点 $(1,0)$	$\cup$(凹)

例 4.4.4 求曲线 $y=\sqrt[3]{x}$ 的凹凸区间及拐点.

解 函数的定义域为 $(-\infty,+\infty)$.

$$y'=\frac{1}{3}x^{-\frac{2}{3}},\ y''=-\frac{2}{9}x^{-\frac{5}{3}}=-\frac{2}{9x\sqrt[3]{x^2}}.$$

$x=0$ 时,y'' 不存在.当 $x<0$ 时,$y''>0$,曲线是凹的;当 $x>0$ 时,$y''<0$,曲线是凸的;点 $(0,0)$ 是曲线的拐点.

练习与作业 4-4

一、填空

1. 设函数 $f(x)$ 在区间 (a,b) 内可导,如果曲线 $f(x)$ 上任一点处的切线均位于曲线________,则称曲线在区间 (a,b) 内是凹的.

2. 设函数 $y=f(x)$ 在区间 (a,b) 内二阶可导,在 (a,b) 内,如果 $f''(x)$________,则曲线是凹的.

3. 设函数 $y=f(x)$ 在区间 (a,b) 内二阶可导,在 (a,b) 内,如果 $f''(x)$________,则曲线是凸的.

4. 连续曲线 $y=f(x)$ 的凹弧与凸弧的分界点,称为曲线的________.

5. 关于曲线的凹凸性:曲线 $y=e^x$ 在其定义域内是________的.

6. 曲线 $y=x^3$ 的拐点是________.

二、单选

1. 设函数 $f(x)$ 在区间 (a,b) 内满足 $f'(x)>0$ 且 $f''(x)<0$,则函数在此区间内是 (　　)

A. 单调减少且凹的;　　B. 单调减少且凸的;

C. 单调增加且凹的;　　D. 单调增加且凸的.

2. 函数 $y=e^{-x}$ 在其定义域内是 (　　)

A. 单调增加且凹的;　　B. 单调增加且凸的;

C. 单调减少且凹的;　　D. 单调减少且凸的.

3. 函数 $y=\arctan x$ 在 $(0,+\infty)$ 内是 (　　)

A. 单调增加且凹的;　　B. 单调增加且凸的;

C. 单调减少且凹的;　　D. 单调减少且凸的.

4. 曲线 $y=x^3-x$ 的拐点是　　　　　　　　　　　　　　　　　　（　　）

A. $x=0$;　　　B. $x=1$;　　　C. $(0,0)$;　　　D. $(1,0)$.

5. 关于函数 $y=\sqrt[3]{x}$,下列说法错误的是　　　　　　　　　　　　（　　）

A. 在$(0,+\infty)$内是凸的;　　　B. 在$(-\infty,0)$内是凹的;

C. 拐点为 $x=0$;　　　D. 拐点为$(0,0)$.

三、计算解答

1. 求函数 $y=2x^2-x^3$ 的凹凸区间及拐点.

2. 求函数 $y=\sqrt[3]{x}-2x$ 的凹凸区间及拐点.

4.5　函数的极值

定义 4.5.1　设函数 $f(x)$在点 x_0 的某邻域内有定义,对邻域内的任意一点 $x(x\neq x_0)$,不等式 $f(x_0)>f(x)$(或 $f(x_0)<f(x)$)恒成立,那么称 $f(x_0)$是函数 $f(x)$的一个极大值(或极小值),x_0 称为 $f(x)$的极大值点(或极小值点).

极大值与极小值统称为**极值**,极大值点与极小值点统称为**极值点**.

如图 4-7 所示,$f(x_1)$与 $f(x_3)$是函数的极大值,$f(x_2)$与 $f(x_4)$是函数的极小值. 其中极大值 $f(x_1)$甚至比极小值 $f(x_4)$还小,这是因为极值是函数的局部性态.

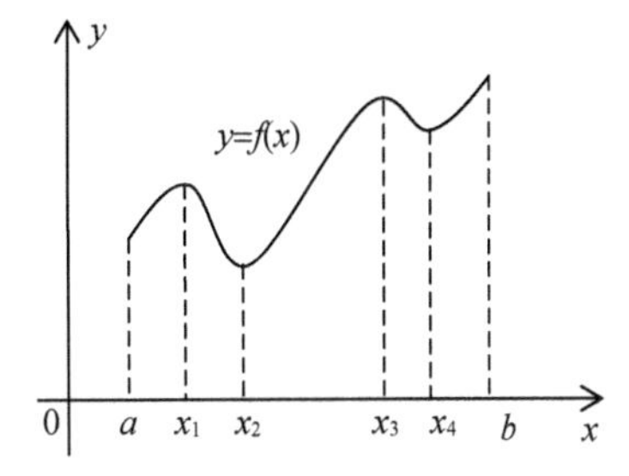

图 4-7

从图 4-7 我们还可以看出,对于连续函数来说,极值点一定出现在函数增减性的分界点. 对可导函数有下列定理.

定理 4.5.1(极值的必要条件)　设函数 $f(x)$在点 x_0 处可导,且在点 x_0 处取得极值,那么 $f'(x_0)=0$.

使 $f'(x)=0$ 的点,称为函数的**驻点**. 因此可导函数的极值点一定是驻点,但驻点不一定是极值点. 例如,函数 $f(x)=x^3$,$x=0$ 是它的驻点,但不是函数的极值点,如图 4-8 所示.

另外,极值点还可能出现在不可导点处. 例如,$f(x)=(x-2)^{\frac{2}{3}}$ 在 $x=2$ 处不可导,但 $x=2$ 恰是极小值点,如图 4-9 所示.

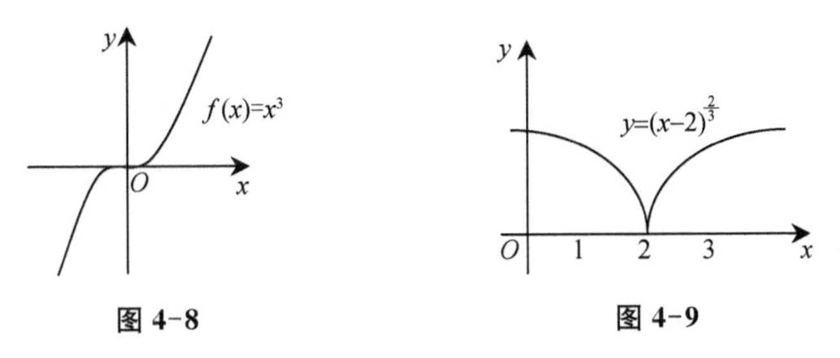

图 4-8　　　　图 4-9

因此,连续函数的极值点一定在驻点和不可导点处,但并非所有的驻点和不可导点都是极值点,那么,如何判断驻点和不可导点是不是极值点呢? 我们有如下定理.

定理 4.5.2(极值的第一充分条件)　设 $f(x)$在点 x_0 处连续且在 x_0 的某个去心邻

域内可导.在这个邻域内,

(1) 若 $x<x_0$ 时,$f'(x)>0$;$x>x_0$ 时,$f'(x)<0$,则 x_0 是 $f(x)$的极大值点.

(2) 若 $x<x_0$ 时,$f'(x)<0$;$x>x_0$ 时,$f'(x)>0$,则 x_0 是 $f(x)$的极小值点.

(3) 若在 x_0 的某去心邻域内,$f'(x)$的符号相同,那么 x_0 不是 $f(x)$的极值点.

定理由函数单调性的判定法即可得证.

由上面两个定理我们得出求函数极值点和极值的方法如下:

(1) 确定 $f(x)$的定义域;

(2) 求出 $f'(x)$;

(3) 求出 $f(x)$的全部驻点和不可导点,这些点把定义域分成若干个小区间;

(4) 讨论 $f'(x)$在各小区间内的符号,求出函数的极值点和极值.

例 4.5.1 求函数 $f(x)=x-\frac{3}{2}x^{\frac{2}{3}}$的极值.

解 函数的定义域为$(-\infty,+\infty)$,且 $f'(x)=1-x^{-\frac{1}{3}}(x\neq0)$.

令 $f'(x)=0$,得驻点 $x=1$,而当 $x=0$ 时 $f'(x)$不存在.驻点 $x=1$ 和不可导点 $x=0$ 把定义域分成三个小区间,根据 $f'(x)$在每个小区间内的符号,确定函数 $f(x)$的单调性,将所得的结果列成表 4-2.

由此可知,$f(x)$在 $x=0$ 点处取得极大值 $f(0)=0$;在 $x=1$ 处取得极小值 $f(1)=-\frac{1}{2}$.

表 4-2

x	$(-\infty,0)$	0	$(0,1)$	1	$(1,+\infty)$
$f'(x)$	+	不存在	−	0	+
$f(x)$	↗(递增)	极大值	↘(递减)	极小值	↗(递增)

若函数 $f(x)$在驻点处的二阶导数不为零时,还可以用下面定理判定函数在驻点处是否取得极值.

定理 4.5.3(极值的第二充分条件) 设函数 $f(x)$在点 x_0 处二阶可导,且 $f'(x)=0$,$f''(x_0)\neq0$,则

(1) 若 $f''(x_0)<0$,$f(x_0)$是 $f(x)$的极大值;

(2) 若 $f''(x_0)>0$,$f(x_0)$是 $f(x)$的极小值.

例 4.5.2 求函数 $f(x)=\sin x+\cos x$ 在$[0,2\pi]$上的极值.

解 $f'(x)=\cos x-\sin x$,$f''(x)=-\sin x-\cos x$.

令 $f'(x)=0$,得驻点 $x=\frac{\pi}{4},\frac{5\pi}{4}$,因为

$$f''\left(\frac{\pi}{4}\right)=-\sin\left(\frac{\pi}{4}\right)-\cos\left(\frac{\pi}{4}\right)=-\sqrt{2}<0,$$

$$f''\left(\frac{5\pi}{4}\right)=-\sin\left(\frac{5\pi}{4}\right)-\cos\left(\frac{5\pi}{4}\right)=\sqrt{2}>0,$$

所以函数在 $x=\frac{\pi}{4}$ 处有极大值 $f\left(\frac{\pi}{4}\right)=\sqrt{2}$，而在 $x=\frac{5\pi}{4}$ 处有极小值 $f\left(\frac{5\pi}{4}\right)=-\sqrt{2}$.

练习与作业 4-5

一、填空

1. 设函数 $f(x)$ 在点 x_0 处可导，且在点 x_0 处取得极值，则必有________.
2. 若函数 $f(x)$ 在点 x_0 取得极大值，且 $f(x)$ 在点 x_0 处可导，则 $f'(x_0)=$________.
3. 函数 $y=2-(x-1)^{\frac{2}{3}}$ 在点________处取得极________值________.
4. 已知函数 $y=ax^2+2x+c$ 在点 $x=1$ 处取得极大值 2，则 $a+c=$________.
5. 已知函数 $y=a\sin x+\frac{1}{3}\sin 3x$ 在点 $x=\frac{\pi}{3}$ 处取得极值，则 $a=$________.

二、单选

1. 对于函数 $y=\sqrt[3]{x}$，下列结论正确的是　（　　）

A. $x=0$ 是极小值点；　B. $x=0$ 是极大值点；

C. $x=0$ 不是极值点；　D. 以上都不对.

2. $f'(x_0)=0$ 是函数 $f(x)$ 在点 x_0 处取得极值的　（　　）

A. 充分条件；　B. 必要条件；

C. 充分必要条件；　D. 无关条件.

3. $f'(x_0)=0$ 是可导函数 $y=f(x)$ 在点 x_0 处取得极值的　（　　）

A. 充分条件；　B. 必要条件；　C. 充要条件；　D. 无关条件.

4. 设 $f(x)$ 一阶可导，且 $f'(0)=1$，则 $f(0)$　（　　）

A. 一定是 $f(x)$ 的极大值；　B. 一定是 $f(x)$ 的极小值；

C. 一定不是 $f(x)$ 的极值；　D. 不一定是 $f(x)$ 的极值.

5. 如果 $f'(1)=0$，则 $f(1)$　（　　）

A. 是 $f(x)$ 的极值；　B. 不是 $f(x)$ 的极值；

C. 可能是 $f(x)$ 的极值；　D. 是 $f(x)$ 的最大值或最小值.

6. 若函数 $f(x)$ 在点 $x=x_0$ 处取得极值，则必有　（　　）

A. $f'(x_0)=0$；　B. $f'(x_0)$ 不存在；

C. $f'(x_0)=0$ 或 $f'(x_0)$ 不存在；　D. $f''(x_0)=0$.

7. 下列函数无极值的是　（　　）

A. $y=\sqrt[3]{x}$；　B. $y=\sqrt[3]{x^2}$；　C. $y=x^4$；　D. $y=|x|$.

8. 若函数 $y=a\ln x+x$ 在 $x=1$ 处取得极值，则 $a=$　（　　）

A. -1；　B. 1；　C. -2；　D. 2.

三、计算解答

1. 求函数 $y=\ln(x^2-2x+5)$ 的极值.
2. 求函数 $y=e^{(2x-x^2)}$ 的极值.
3. 求函数 $y=\arctan(3x^2-2x^3)$ 的极值.
4. 求函数 $y=\frac{2}{3}x-(x-1)^{\frac{2}{3}}$ 的极值.

4.6 函数的最值

在生产实践中，常常会遇到这样一类问题：在一定条件下，怎样使“材料最省”、“成本最低”、“效率最高”或“投资最小”等等. 这类问题在数学上往往归结为求某个函数的最大值或最小值问题.

在闭区间$[a,b]$上的连续函数$f(x)$必取得最大值与最小值. 显然，函数的最大值与最小值只能在驻点、不可导点和区间端点处取得. 因此其求法归纳如下：

(1) 求出函数$f(x)$在区间(a,b)内的所有驻点和不可导点，并计算出相应的函数值；

(2) 求出区间端点处的函数值$f(a)$，$f(b)$；

(3) 比较上述各值，其中最大的就是$f(x)$在$[a,b]$上的最大值，最小的就是$f(x)$在$[a,b]$上的最小值.

例 4.6.1 求函数$f(x)=2x^3+3x^2-12x+14$在$[-3,4]$上的最大值与最小值.

解 $f(x)$在$[-3,4]$上连续，且在$(-3,4)$内，

$$f'(x)=6x^2+6x-12=6(x+2)(x-1),$$

令$f'(x)=0$，得驻点$x_1=-2$，$x_2=1$. 由于

$$f(-2)=34, f(1)=7,$$

$$f(-3)=23, f(4)=142,$$

比较可知，在$[-3,4]$上，$f(x)$在$x=4$处取得最大值142，在$x=1$处取得最小值7.

在讨论实际问题时，如果目标函数$f(x)$在定义区间有唯一的驻点x_0，且又知实际问题本身在该区间内必有最大值或最小值，则$f(x_0)$就是所要求的最大值或最小值(不必再去判定).

例 4.6.2 设有一块边长为a的正方形铁皮，从其各角截去同样的小正方形，做成一个无盖的方匣，问截去多少，方能使做成的匣子的容积最大？

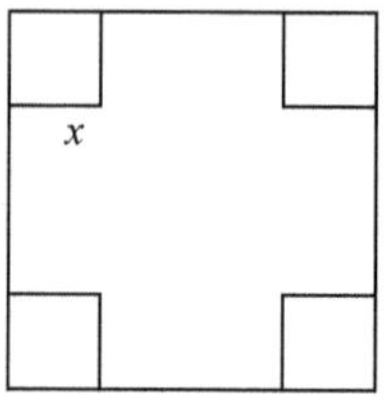

解 如图 4-10 所示，设截去的小正方形边长为x，则做成的方匣的容积为

$$y=(a-2x)^2x \quad \left(0<x<\frac{a}{2}\right).$$

x

图 4-10

问题归结为求函数$y=(a-2x)^2x$在$\left(0,\frac{a}{2}\right)$上的最大值.

$$y'=(a-2x)^2-4x(a-2x)=a^2-8ax+12x^2$$
$$=(a-2x)(a-6x).$$

令$y'=0$，解得唯一驻点$x=\frac{a}{6}$. 根据实际情况，y的最大值存在，所以截去边长为$\frac{a}{6}$的小正方形时，所做匣子的容积最大.

例 4.6.3 设甲、乙两地相距 s(km)，直升机从甲地以速度 v(km/h)匀速飞向乙地. 已知直升机每小时的飞行成本由固定成本和可变成本组成，固定成本为 a 元，可变成本与速度 v 的平方成正比，比例系数为 k. 为使全程飞行成本最小，则直升机应以多大的速度飞行？

解 由题知，直升机从甲地以速度 v 匀速飞向乙地，其飞行时间为$\frac{s}{v}$，每小时的飞行成本为 $a+kv^2$，于是全程飞行成本为

$$M(v)=\frac{s}{v}(a+kv^2)=\frac{sa}{v}+skv \quad (v>0).$$

$$M'(v)=-\frac{sa}{v^2}+sk.$$

令 $M'(v)=0$，解得唯一驻点 $v=\sqrt{\frac{a}{k}}$. 由于该实际问题确实存在最小飞行成本，故该点即为所求最小值点，即当直升机以 $v=\sqrt{\frac{a}{k}}$(km/h)的速度飞行时，其飞行成本将最小.

例 4.6.4 在一次野战训练中，某小分队要执行一项从 A 地急行军到 B 地的作战任务. 地图显示：A、B 两地的直线距离为 13 km，有一条笔直的公路通过 A 地，并与 B 地的垂直距离为 5 km，如图 4-11 所示，其余地方都是沼泽地. 通过估算，走公路每小时能行进 8 km，走沼泽地每小时只能行进 4 km. 请你为小分队制定一个可行的行军路线，确保用最短的时间到达指定地点.

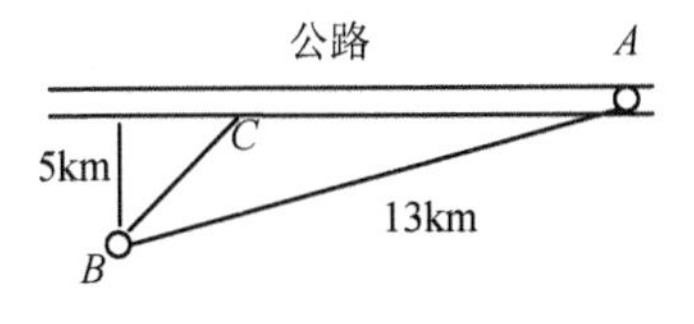

图 4-11

解 假设小分队先走一段公路 AC，再走沼泽地 CB，并设 $AC=x$(km)，则总共行走时间为

$$T(x)=\frac{x}{8}+\frac{\sqrt{(\sqrt{13^2-5^2}-x)^2+5^2}}{4}=\frac{x}{8}+\frac{\sqrt{(12-x)^2+25}}{4} \quad x\in[0,12].$$

$$T'(x)=\frac{1}{8}-\frac{12-x}{4\sqrt{(12-x)^2+25}}.$$

令 $T'(x)=0$，解得唯一驻点 $x=12-\frac{5\sqrt{3}}{3}\approx 9.1$. 因为实际问题确实存在最短时间，所以该点即为最小值点，即先走公路到达距 A 点 9.1 km 的 C 处，再从 C 处走沼泽地达到目的地 B，这样用时最短.

例 4.6.5 某陆航旅即将参加一次野外联合军演，旅里决定提前设计制作一个临时

指挥所帐篷，要求帐篷下部的形状是高为 2 m 的正六棱柱，上部的形状是侧棱长为 6 m 的正六棱锥(如图 4-12 所示)，现需要确定当帐篷的顶点 O 到底面中心 O_1 的距离为多少时，帐篷的体积最大？

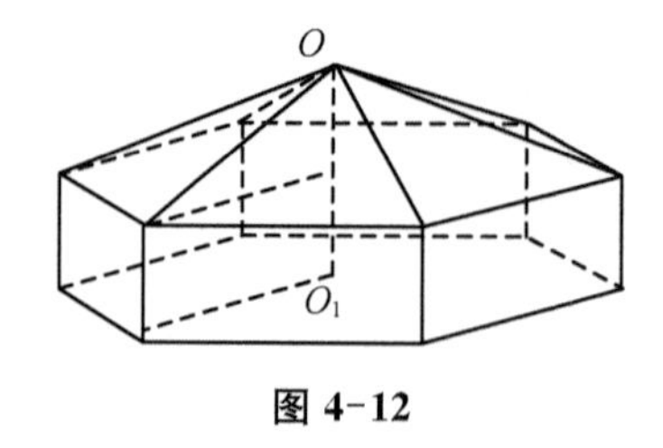

图 4-12

解 设 OO_1 为 x(m)，则由题设可得：
正六棱锥底面边长为

$$\sqrt{6^2-(x-2)^2}=\sqrt{32+4x-x^2}.$$

底面正六边形的面积为

$$6\times\frac{\sqrt{3}}{4}(\sqrt{32+4x-x^2})^2=\frac{3\sqrt{3}}{2}(32+4x-x^2).$$

帐篷的总体积为

$$V(x)=\frac{3\sqrt{3}}{2}(32+4x-x^2)\times2+\frac{1}{3}\times\frac{3\sqrt{3}}{2}(32+4x-x^2)(x-2)$$

$$=\frac{\sqrt{3}}{2}(128+48x-x^3)\quad(x\in(2,8)).$$

$$V'(x)=\frac{\sqrt{3}}{2}(48-3x^2).$$

令 $V'(x)=0$，解得唯一驻点 $x=4$. 因为实际问题确实存在最大体积，所以当 $x=4$，即 OO_1 为 4 m 时，帐篷的体积最大.

例 4.6.6 假设某种型号的直升机在匀速飞行中每小时耗油量 y(L)关于飞行速度 x(km/h)的函数关系式为 $y=\frac{1}{128\ 000}x^3-\frac{3}{80}x+125(0<x<300)$. 已知甲、乙两地相距 500 km.

(1) 当直升机以 250 km/h 的速度匀速飞行时，从甲地到乙地要耗油多少升？

(2) 当直升机以多大的速度匀速飞行时，从甲地到乙地耗油最少？最少为多少升？

解 (1) 当飞行速度为 250 km/h 时，直升机从甲地到乙地飞行了 $\frac{580}{250}=2$(h)，需要耗油

$$\left(\frac{1}{128\ 000}\times250^3-\frac{3}{80}\times250+125\right)\times2\approx475.39(\text{L}).$$

(2) 当飞行速度为 x(km/h)时，直升机从甲地到乙地飞行了 $\frac{500}{x}$，设耗油量为 $h(x)$，则

$$h(x)=\left(\frac{1}{128\ 000}x^3-\frac{3}{80}x+125\right)\frac{500}{x}$$

$$=500\left(\frac{1}{128\ 000}x^2-\frac{3}{80}+\frac{125}{x}\right)\quad(0<x<300).$$

$$h'(x)=500\left(\frac{1}{64\ 000}x-\frac{125}{x^2}\right).$$

令 $h'(x)=0$，解得唯一驻点 $x=200$，因为实际问题确实存在最少油耗，所以该驻点即为最小值点.

即直升机以 200 km/h 的速度匀速飞行时，从甲地到乙地耗油最少，最少耗油为

$$\left(\frac{1}{128\ 000}\times200^3-\frac{3}{80}\times200+125\right)\times\frac{500}{200}=450(\text{L}).$$

例 4.6.7　某商店以每件 10 元的进价购进一批商品，已知此商品的需求函数为 $Q=80-2P$(其中 Q 为需求量，单位为件；P 为销售价格，单位为元)，设所进商品全部售出，问应将商品零售价定为多少元时才能获得最大利润？最大利润为多少？

解　设总利润函数为 L，总收益为 R，总成本为 C，它们有关系

$$L=R-C.$$

由于总收益等于需求量乘以销售价格，所以有

$$R=Q(P)P=(80-2P)P=80P-2P^2,$$

由于总成本等于需求量乘以购进价格，所以有

$$C=Q(P)\cdot 10=10(80-2P)=800-20P,$$

于是

$$L(P)=100P-2P^2-800\quad(P>0)$$

令
$$L'(P)=100-4P=0,$$

得唯一驻点 $P=25$，所以，把该商品零售价定为每件 25 元时获利最大，最大利润为 $L(25)=450$ 元.

练习与作业 4-6

一、填空

1. 函数 $y=2x^3-3x^2$ 在[0,2]上的最大值为________，最小值为________.
2. 函数 $y=\frac{1}{3}x^3+\frac{1}{2}x^2-2x$ 在[0,2]上的最大值为________，最小值为________.

3. 函数 $y=x+\frac{4}{x}$ 在[1,3]上的最大值为________,最小值为________.

4. 函数 $y=\sqrt[3]{x^2}+2$ 在[−1,2]上的最大值为________,最小值为________.

二、单选

1. 已知函数 $y=x^2-x, x\in[-1,1]$,则下列选项错误的是 ( )

A. 函数最大值为 2;　　B. 函数最小值为 0;

C. $x=-1$ 是最大值点;　　D. $x=\frac{1}{2}$ 是最小值点.

2. 已知函数 $y=\frac{1}{3}x^3-\frac{3}{2}x^2+2x, x\in[0,3]$,则下列选项错误的是 ( )

A. 函数最大值为 $\frac{3}{2}$;　　B. 函数最小值为 0;

C. $x=2$ 是最大值点;　　D. $x=0$ 是最小值点.

3. 函数 $y=\ln(x^2+1)-x, x\in[0,3]$ 的最大值点是 ( )

A. $x=0$;　　B. $x=1$;

C. $x=2$;　　D. $x=3$.

4. 函数 $y=\arctan x-x, x\in[0,3]$ 的最小值点是 ( )

A. $x=0$;　　B. $x=1$;

C. $x=2$;　　D. $x=3$.

三、计算解答

1. 把一根长为 a 的铅丝切成两段,一段围成圆形,一段围成正方形,问这两段铅丝各长多少时,圆形和正方形的面积之和最小?

2. 某陆航旅打算用 48 m 长的不锈钢栅栏围建一个矩形直升机修理厂,一边用砖砌成,另三边用不锈钢栅栏围成,并且在与砖墙相对的一边留一个 4 m 宽的门,如图所示. 问如何设置,才能使所建修理厂的面积最大? 最大面积是多少?

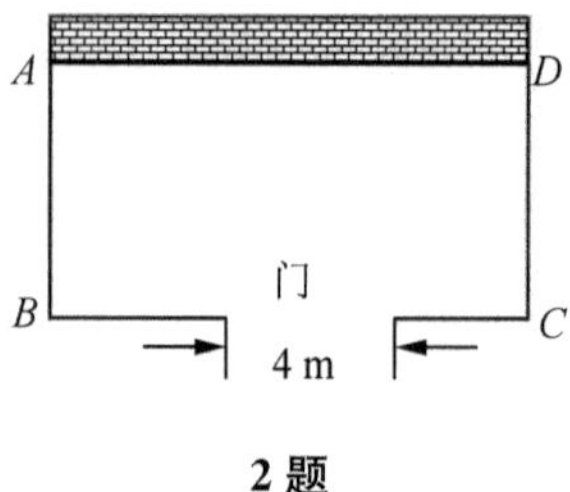

2 题

3. 某油料股打算用钢板建造一个容积为 $V(\text{m}^3)$ 的封闭圆柱形油罐. 问如何设置圆柱油罐底面圆半径的尺寸,才能使所用钢板材料最省?

4. 某陆航旅为提高直升机的续航能力,打算在机舱内增设一个高 0.5 m,且容积为 1 m^3 的长方体形副油箱. 问副油箱的长和宽如何设置才能使得用料最省?

课后品读:著名数学家风采——中国篇

一、刘徽——中国数学史上的牛顿

刘徽(约225—295),汉族,山东邹平县人,魏晋时期伟大的数学家,中国古典数学理论的奠基人之一.他不仅是中国数学史上一位非常伟大的数学家,而且在世界数学史上也占有重要的地位.他的杰作《九章算术注》和《海岛算经》是中国乃至世界宝贵的数学遗产.

《九章算术》是中国流传至今最为古老的数学专著之一,它成书于西汉时期.这部书所收集的各种数学问题,有些是先秦以前就流传的,长期以来不同数学家对其进行了各种删补和修订,最后由西汉的数学家整理完成.现今流传的定本的内容在东汉之前已经形成,它的完成奠定了中国古代数学发展的基础.现传本《九章算术》共收集了246个应用问题和各种问题的解法,主要分为方田、粟米、衰分、少广、商功、均输、盈不足、方程、勾股九章,涉及的数学知识包括联立方程、分数四则运算、正负数运算、几何图形的体积和面积计算等,在当时都属于世界先进之列.不过书中的解法比较原始,而且缺乏必要的证明,刘徽则在此基础上创造性地提出了丰富的数学概念,并对此书的许多结论做出了严格的补充证明,他的一些方法对后世启发很大,即使对现今数学也依然有可借鉴之处.

从这些证明中,可以窥见他对古代数学所做出的卓越贡献.在几何方面,他独创性地提出了割圆术,即将圆周用内接或外切正多边形穷竭的一种求圆面积和圆周长的方法.他利用割圆术科学地求出了圆周率$\pi=3.141\ 6$.计算过程是这样的:从直径为2尺(1尺$=1/3$ m)的圆内接正六边形开始割圆,依次得正12边形、正24边形……随着割圆割得越细,正多边形的面积和圆面积之差越来越小,他将其中的规律总结为:“割之弥细,所失弥少,割之又割,以至于不可割,则与圆周合体而无所失矣.”直至计算了3 072边形面积,最终验证了圆周率$\pi=3.141\ 6$这个值.刘徽已经认识到了现代数学中的极限概念.后人为纪念刘徽的这一功绩,把他求得的圆周率数值称为“徽率”或“徽术”.刘徽提出了计算圆周率的科学方法,也由此奠定了此后千余年来中国的圆周率计算在世界上的领先地位.在《九章算术·阳马术注》中,刘徽更是智慧地用无限分割的方法解决了锥体体积的计算问题,并提出了关于多面体体积计算的刘徽原理.

在代数方面,它在世界范围内最早提出了十进小数概念,并用十进小数来表示无理数的立方根.他正确地提出了正负数的概念及其加减运算的法则,并改进了线性方程组的解法,即用简便的互乘相消法代替了原始的直除法.他提出了“不定方程问题”,为中国数学史上的第一人;他还建立了等差级数前n项和公式,提出并定义了许多数学概念——幂(面积)、方程(线性方程组)、正负数等等.

在《海岛算经》一书中,刘徽精心选编了9个测量问题,这些题目的创造性、复杂性和富有代表性,都令世人瞩目.不仅如此,他还提出了重差术,即采用了重表、连索和累矩等方法来测高测远.更为了不起的是,他巧妙地运用“类推衍化”的方法,使重差术由两次测望发展为“三望”甚至“四望”.而印度在7世纪、欧洲在15—16世纪才开始研究两次测望的问题.

刘徽思维敏捷，他的解题方法灵活，既提倡推理又主张直观，他是中国最早明确主张用逻辑推理的方式来论证数学命题的人，也因此他的大多数推理、证明都合乎逻辑，十分严谨. 可以这样说，态度严谨的刘徽对古代数学发展贡献极多. 虽然刘徽没有写出自成体系的数学著作，但他在《九章算术注》中所运用的数学知识，实际上早已形成了一个包括概念和判断，并以数学证明为其联结纽带的独一无二的理论体系. 这个理论体系主要表现为三个方面：

(1) 用数的同类与异类阐述了通分、约分、四则运算以及繁分数化简等的运算法则；在开方术的注释中，他从开方不尽的角度出发，创造性地提出了无理方根的存在，并引进了新数.

(2) 在筹式演算理论方面，他先给“率”以一个比较明确的定义，又以遍乘、通约、齐同等三种基本运算为基础，建立了数与式运算的统一理论基础. 除此，他还用“率”来定义中国古代数学中的“方程”，即现代数学中“线性方程组的增广矩阵”.

(3) 在勾股理论方面，他逐一论证了有关勾股定理与解勾股形的计算原理，建立了相似勾股形理论，发展了勾股测量术. 通过对“勾中容横”与“股中容直”之类的典型图形的论析，形成了独具特色的相似理论.

纵观刘徽的一生，是为数学刻苦探求的一生，他在继承的基础上，开创性地提出了自己的创见，给我们中华民族留下了极为宝贵的数学财富.

二、华罗庚——自学成才的数学大师

华罗庚(1910—1985)是 20 世纪世界最富传奇的数学家之一，他从一名普通店员自学成为一位造诣很深、有多方面创造的数学大师. 他的研究领域遍及数论、代数、矩阵几何、典型群、多复变函数论、调和分析与应用数学. 他的众多学术成果被国际数学界命名为“华氏定理”、“布劳威尔-加当-华定理”、“华-王方法”、“华氏算子”及“华氏不等式”等.

1910 年 11 月 12 日，华罗庚出生于江苏金坛县一个小杂货商的家庭. 由于家境贫寒，他初中毕业后，就读于上海中华职业学校商科，后辍学回家. 他一边站柜台，一边利用零散时间自学代数、解析几何和微积分. 1928 年，他染病卧床半年，病虽痊愈，但左腿落下了残疾. 1929 年他在上海《科学》杂志上发表了涉及斯图姆定理的第一篇论文，1930 年，又发表了论文《苏家驹之代数的五次方程式解法不能成立理由》，引起清华大学数学系主任熊庆来的注意. 经熊庆来推荐，华罗庚于 1931 年到清华大学任数学系助理，管理图书兼办杂务. 他一边工作，一边学习，只用了一年半的时间，修完了数学专业全部课程. 1933 年，被破格提升为助教. 1934 年又任中华文化教育基金董事会乙种研究员，1935 年被提升为教员.

1936 年，他应邀作为访问学者到英国剑桥大学研究深造. 这时他致力于解析数论的研究，在圆法、三角和法估计研究领域做出了开创性的贡献. 1937 年抗日战争爆发，华罗庚闻讯回到祖国，于 1938 年受聘于昆明西南联大任教授，继续数论的研究，完成了经典性专著《堆垒素数论》，但他的主要兴趣已从数论转移到群论、矩阵几何学、自守函数论与多复变函数论的研究. 1946 年秋，华罗庚赴美国普林斯顿高级研究院做研究工作，后又应聘伊利诺伊大学终身教授职务.

中华人民共和国成立后，他毫不犹豫地放弃了在美国优越的生活和工作条件，于 1950 年 2 月乘船回国，在横渡太平洋的航船上，他致信留美学生：“梁园虽好，非久居之乡，归去来兮！为了抉择真理，我们应当回去；为了国家民族，我们应该回去；为了为人民服务，我们应当回去！”华罗庚回国后，领导着中国数学研究、教学与普及工作，为国家的数学事业发展做出了巨大贡献. 从1958年至1965年，华罗庚把他的主要精力放在普及推广“统筹法”和“优选法”上并取得了很好的经济效益.

华罗庚的格言是“聪明在于学习，天才在于积累”. 他不断拼搏的精神贯穿他的一生，并永远激励着后人.

三、陈省身——现代微分几何的开拓者

在数学领域，沃尔夫奖与菲尔兹奖是公认的能与诺贝尔奖相媲美的数学大奖. 到1990年为止，世界上仅有24位数学家获得过沃尔夫奖，而陈省身教授就是其中之一. 由于在整体微分几何上的杰出贡献，他获得1984年沃尔夫奖，成为唯一获此殊荣的华人数学家.

陈省身(1911—2004)，浙江嘉兴人. 1930年毕业于南开大学数学系，受教于姜立夫教授. 1934年获清华大学硕士学位. 同年入德国汉堡大学随布拉施克教授研究几何，仅用了1年零3个月便在1936年获得博士学位. 此后，又以“法国巴黎索邦中国基金会博士后研究员”的身份到巴黎大学从事研究工作，师从国际数学大师E. 嘉当. 1937年至1943年，任清华大学和西南联合大学教授. 1943年至1946年，在美国普林斯顿高级研究所任研究员，在微分几何中高思波内公式的研究和拓扑学方面取得重要进展. 1946年至1948年，筹建中央数学研究所并任代理所长. 1949年至1960年，任美国芝加哥大学教授. 1960年至1979年，任加州大学伯利克分校教授. 1981年至1984年，任美国国家数学研究所首任所长，后任名誉所长. 他是美国科学院院士，法国、意大利、俄罗斯等国家科学院外籍院士. 他对整体微分几何的深远贡献，影响了整个数学界，被公认为“20世纪伟大的几何学家”，先后获美国国家科学奖章、以色列沃尔夫奖、中国国际科技合作奖及首届邵逸夫数学科学奖等多项殊荣.

陈省身对祖国心怀赤诚，1972年后多次回到祖国访问讲学，慨言“为祖国工作，是我崇高的荣誉”. 2000年后他定居天津. 他盛赞新中国欣欣向荣，瞩望祖国早日统一，诚挚地向党和国家领导人就发展科学事业、培养和引进人才等建言献策，受到高度重视. 1984年他应聘出任南开大学数学研究所所长，创办了立足国内、面向世界培养中国高级数学人才的基地，努力推进中国科学家与美国及其他各国的学术交流，促成国际数学家大会在北京召开，并被推选为大会名誉主席. 他殚精竭虑地为把中国建成数学大国、科技强国贡献力量，多次受到党和国家领导人的接见.

四、苏步青——中国微分几何学派创始人

苏步青(1902—2003)，中国数学会的发起人之一，担任过《中国数学会学报》的主编，参与筹建中国科学院数学研究所，后又创办复旦大学数学研究所，创办杂志《数学年刊》并任主编.

1902年9月，苏步青出生在浙江省平阳县的一个山村里. 虽然家境贫寒，可父母省吃俭用也要供他上学. 他在读初中时，对数学并不感兴趣，觉得数学太简单，一学就懂. 可是后来的一堂数学课却影响了他的一生.

那是苏步青上初三时，他就读的浙江省立十中来了一位刚从东京留学归来的教数学课的杨老师.第一堂课杨老师没有讲数学,而是讲故事.他说:"当今世界,弱肉强食,世界列强依仗船坚炮利,都想蚕食瓜分中国.中华亡国灭种的危险迫在眉睫,振兴科学,发展实业,救亡图存,在此一举.天下兴亡,匹夫有责,在座的每一位同学都有责任."他旁征博引,讲述了数学在现代科学技术发展中的巨大作用.这堂课的最后一句话是:"为了救亡图存,必须振兴科学.数学是科学的开路先锋,为了发展科学,必须学好数学."苏步青一生不知听过多少堂课,但这一堂课使他终生难忘.

杨老师的话深深地打动了他,给他的思想注入了新的兴奋剂.读书,不仅是为了摆脱个人困境,而且还要拯救中国广大的苦难民众;读书,不仅是为了个人找路,而且还要为中华民族求新生.当天晚上,苏步青辗转反侧,彻夜难眠.在杨老师的影响下,苏步青的兴趣从文学转向了数学,并从此立下了"读书不忘救国,救国不忘读书"的座右铭.一迷上数学,不管是酷暑隆冬还是霜晨雪夜,苏步青只知道读书、思考、解题、演算,四年中演算了上万道数学习题.苏步青曾就读过的温州一中还珍藏着他当时上学用的一本几何练习簿,上面用毛笔书写得工工整整.中学毕业时,苏步青门门功课都在 90 分以上.

17 岁时,苏步青赴日留学,并以第一名的成绩考取东京高等工业学校,在那里他如饥似渴地学习着.为国争光的信念驱使苏步青较早地进入了数学的研究领域,在完成学业的同时,写了 30 多篇论文,在微分几何方面取得了令人瞩目的成果.1927 年苏步青毕业于日本东北帝国大学数学系,随后进入该校研究院,并于 1931 年获得理学博士学位.获得博士学位之前,苏步青已在日本帝国大学数学系当讲师,正当日本一个大学准备聘他去任待遇优厚的副教授时,苏步青却坚决回到祖国.回到浙江大学任教授的苏步青,生活十分艰苦.面对困境,苏步青的回答是:"吃苦算得了什么,我心甘情愿,因为我选择了一条正确的道路,这是一条爱国的光明之路啊!"

苏步青的主要研究领域为微分几何学,早期对仿射微分几何学和射影微分几何学的发展做出了突出贡献.他创立了独到的方法,用几何构图来表现曲线和曲面的不变量和协变图形,取得了丰硕的成果.如仿射曲面论中的锥面、射影曲线的一般的协变理论、射影曲面论中的 QI 伴随曲面、主切曲线属于一个线性丛的曲面、射影极小曲面和闭拉普拉斯序列等方面的研究,得到了国际上的高度评价.

20 世纪四五十年代,苏步青开始研究一般空间微分几何学,特别是一般面积度量的二次变分的计算和 k 展空间.20 世纪 60 年代,他研究高维空间共轭网理论,获得系统而深入的成果.70 年代以后,苏步青又注意把微分几何运用于工程中的几何外形设计,在中国开创了新的研究方向——计算几何.

苏步青先后担任浙江大学教授、数学系主任,复旦大学教授、教务长、数学研究所所长、研究生部主任、副校长、校长和名誉校长.他和陈建功教授共同把浙江大学和复旦大学的数学系建成了一个具有相当高水平的数学和科研基地,为国家培养出许多优秀的数学人才.在他的领导下,形成了最有特色的微分几何研究集体.

苏步青一共发表论文 168 篇,出版了《苏步青论文选集》《射影曲线概论》《射影曲面论》《一般空间微分几何学》《计算几何》等专著,有的已在国外翻译出版.

苏步青是我国近代数学的主要奠基人之一,是微分几何学派的开山鼻祖.归国执教 70 年,他带出的弟子就像他的名字一样"数不清",其中包括 8 位两院院士.

第5章 >>> 不定积分

课前导读:微积分是如何传入中国的?

微积分创立于17世纪下半叶,但传入我国却是19世纪中叶的事了.微积分创立时期正是清朝康熙年间.康熙皇帝是一个爱好自然科学的人,尤其对于数学、天文有特殊兴趣.这对西洋数学的传入起到了积极的助推作用.1723年编译出版的《数理精蕴》这部53卷的数学百科全书,就是在他的大力支持下,从1690年开始,历经30多年在皇宫内完成的.该书的主要内容是介绍从17世纪初年以来传入的西洋数学.

雍正元年(1723年),因与罗马教廷间有关中国礼仪之争的白热化,雍正皇帝全面禁止天主教在中国的传播,更不允许外国传教士进入中国传教.从此以后一百多年,由于闭关政策的影响,西洋科学知识不能陆续传入中国.雍正之前,实际上像洛必达的《无穷小分析》和欧拉的《无穷分析导论》等数学著作已经由传教士带到了中国,但这些著作和知识并没有传播开来.

1840年鸦片战争失败后,清政府与英国侵略军订立了《南京条约》,被迫开放上海、广州等5个沿海港口.国门大开,大批传教士涌入中国,来自英国的传教士伟烈亚力(1815—1887)就是其中一个,他受伦敦教会的派遣,于1847年抵达上海,主要负责当地教会的印刷出版工作.无巧不成书,晚清最杰出的中国数学家李善兰(1811—1882)于1852年从浙江来到上海,两人一见如故,之后便开始了近现代数学在中国的传播之路.他们首先合作翻译了《几何原本》后9卷,1856年完成.后来又继续翻译《代数学》13卷、《代微积拾级》18卷、《谈天》18卷,均于1859年出版.

《代微积拾级》18卷是根据美国罗密士(1811—1899)的《解析几何与微积分初步》(1850)翻译出来的,是我国第一部微积分学的译本.李善兰在译序中说:"是书先代数,次微分,次积分,由易而难若阶级之渐升",故名《代微积拾级》.在翻译过程中,李善兰创立了微分与积分两个数学名词,似取古代成语"积微成著"的意义.

由于英文原著写于魏尔斯特拉斯的分析严格化工作之前,书中的一些概念不能算作是完备的,所以以今天的观点来看,书中的内容是"过时"的,但这并不妨碍它在当时的中国所发挥的巨大作用.从出版到1905年废除科举,《代微积拾级》一直都是很多书院、学堂的数学教材,也是许多国产教材的蓝本,可以说正是此书将微积分真正带入了中国,极大地促进了中国近现代数学的发展.

不定积分是积分学的一个重要内容,它是求导数的逆运算.本章主要介绍不定积分的概念与简单计算.

5.1 不定积分的概念

先看一个实例.

某型直升机在加速飞行阶段以加速度 $a(t)=3e^{-0.1t}(m/s^2)$沿直线飞行,当 $t=0$ 时,速度为 0,求该直升机飞行 10 s 后的速度.

分析 不妨设直升机飞行 $t(s)$后的速度为 $v=v(t)$,根据导数的意义可知:

$$v'(t)=a(t)=3e^{-0.1t},$$

因为

$$(-30e^{-0.1t}+C)'=3e^{-0.1t},$$

所以

$$v(t)=-30e^{-0.1t}+C,$$

又根据 $v(0)=0$,可求得 $C=30$. 所以

$$v(t)=-30e^{-0.1t}+30,$$

从而求得该直升机飞行 10 s 后的速度

$$v(10)=-30e^{-1}+30\approx19(m/s).$$

这个实例实际上是已知 $v'(t)=3e^{-0.1t}$,求 $v(t)$.推广到一般,就是已知一个函数的导数,求这个函数.类似这样的问题在自然科学和工程计算中大量存在,这类问题就是积分学研究的内容.为了解决这类问题,下面先介绍原函数的概念.

5.1.1 原函数的概念

定义 5.1.1 设函数 $f(x)$定义在区间 I 上,如果存在可导函数 $F(x)$,对区间 I 上任何 x,都有

$$F'(x)=f(x) \qquad 或 \qquad dF(x)=f(x)dx,$$

那么函数 $F(x)$就称为函数 $f(x)$在区间 I 上的一个**原函数**.

例如,在区间$(-\infty,+\infty)$内,$(x^2)'=2x$,所以 x^2 就是 $2x$ 在区间$(-\infty,+\infty)$内的一个原函数.易见,除此之外,还有$(x^2+1)'=2x$,$(x^2-2)'=2x$ 等,即与 x^2 相差一个常数的函数都是 $2x$ 的原函数.

一般地,设 $F(x)$是函数 $f(x)$在区间 I 上的一个原函数,对于任意常数 C,$F(x)+C$ 也是 $f(x)$的原函数,即 $f(x)$有无穷多个原函数;并且 $f(x)$在区间 I 上任何一个原函数都可以表示成 $F(x)+C$ 的形式,也即 $f(x)$在区间 I 上的任何两个原函数之间只相差一

个常数.

事实上,若 $F(x)$ 和 $G(x)$ 均为 $f(x)$ 在区间 I 上的原函数,则

$$[F(x)-G(x)]'=F'(x)-G'(x)=f(x)-f(x)=0,$$

于是

$$F(x)-G(x)=C,$$

所以

$$F(x)=G(x)+C.$$

在上面的讨论中,都是假定函数 $f(x)$ 的原函数是存在的,那么,什么样的函数才有原函数呢?对于这个问题有如下的结论:

原函数存在定理　如果函数 $f(x)$ 在区间 I 上连续,则 $f(x)$ 在区间 I 上一定存在原函数.

证明略.

由此,我们引入一个新的概念——不定积分.

5.1.2　不定积分的概念

定义 5.1.2　函数 $f(x)$ 在区间 I 上的带有任意常数项的原函数,称为 $f(x)$(或 $f(x)\mathrm{d}x$)在区间 I 上的不定积分,记作

$$\int f(x)\mathrm{d}x,$$

其中,$\int$ 称为积分符号,$f(x)$ 称为被积函数,$f(x)\mathrm{d}x$ 称为被积表达式,x 称为积分变量.

因此,如果 $F(x)$ 是 $f(x)$ 在区间 I 上的一个原函数,那么函数 $f(x)$ 的不定积分可表示为

$$\int f(x)\mathrm{d}x = F(x)+C,$$

其中,C 为任意常数.

由此可知,如果要求不定积分 $\int f(x)\mathrm{d}x$,只要找到函数 $f(x)$ 的一个原函数 $F(x)$,再加上一个任意常数 C 就可以了.

例 5.1.1　求下列不定积分:

(1) $\int 2x\mathrm{d}x$;　　　　(2) $\int \cos x\mathrm{d}x$.

解　(1) 因为 $(x^2)'=2x$,即 x^2 是 $2x$ 的一个原函数,所以 $\int 2x\mathrm{d}x=x^2+C$.

(2) 因为 $(\sin x)'=\cos x$,即 $\sin x$ 是 $\cos x$ 的一个原函数,所以 $\int \cos x\mathrm{d}x=\sin x+C$.

求不定积分的方法称为积分法.有时也把不定积分简称为积分.

由不定积分的定义知,积分运算是导数(或微分)运算的逆运算,即

(1) $\left(\int f(x)\mathrm{d}x\right)' = f(x)$　或　$\mathrm{d}\left[\int f(x)\mathrm{d}x\right] = f(x)\mathrm{d}x$;

(2) $\int F'(x)\mathrm{d}x = F(x) + C$ 或 $\int \mathrm{d}F(x) = F(x) + C$.

这就是说,若先积分后微分,则积分号与微分号互相抵消,反之,若先微分后积分,则抵消后相差一个常数.利用这结论可以检验积分结果正确与否.

例 5.1.2 检验下列积分的正确性:

(1) $\int x^2 \mathrm{d}x = \frac{1}{3}x^3 + C$;　　(2) $\int \sin 2x \mathrm{d}x = \cos 2x + C$.

解 (1) 由于$\left(\frac{1}{3}x^3\right)' = \frac{1}{3} \cdot 3x^2 = x^2$, 所以$\int x^2 \mathrm{d}x = \frac{1}{3}x^3 + C$是正确的.

(2) 由于$(\cos 2x)' = -2\sin 2x \neq \sin 2x$,所以$\int \sin 2x \mathrm{d}x \neq \cos 2x + C$.

从定义来看,不定积分$\int f(x)\mathrm{d}x$表示的是函数$f(x)$所有原函数,但是,在一些实际问题中往往要求一个具有特定条件的原函数,这时就要利用该条件来确定积分常数C.

例 5.1.3 已知曲线通过点$P(1,2)$,且该曲线上任意一点的切线的斜率等于该点横坐标的 2 倍,求此曲线的方程.

解 设所求曲线的方程为$y=F(x)$.

由题设,该曲线上任意一点$M(x,y)$处的切线的斜率$k=2x$,

即
$$F'(x) = 2x,$$

所以
$$y = \int 2x \mathrm{d}x = x^2 + C,$$

又曲线过点$P(1,2)$,所以$2 = 1 + C \Rightarrow C = 1$,

故所求的曲线为
$$y = x^2 + 1.$$

此例表明,不定积分$\int 2x\mathrm{d}x$所表示的是形状相同的无数条抛物线$y = x^2 + C$的集合;而曲线$y = x^2 + 1$是该抛物线集合中经过点$P(1,2)$的其中一条.

一般地,我们把函数$f(x)$的原函数$F(x)$的图形称为函数$f(x)$的积分曲线;不定积分$\int f(x)\mathrm{d}x = F(x) + C$在几何上表示的是方程为$y = F(x) + C$的积分曲线族.

5.1.3 基本积分公式

从上节知道,求不定积分运算是求导数(微分)运算的逆运算.因此,根据这种互逆关系,可以从导数的基本公式推导出相应的基本积分公式.

例如,根据幂函数的导数公式

$$\left(\frac{1}{\mu+1}x^{\mu+1}\right)' = \frac{1}{\mu+1}(x^{\mu+1})' = x^\mu \qquad (\mu \neq -1),$$

可知

$$\int x^\mu \mathrm{d}x = \frac{1}{\mu+1}x^{\mu+1} + C \qquad (\mu \neq -1).$$

用同样的方法可以得到其他的不定积分公式. 现把基本积分公式列举如下.

(1) $\int k\mathrm{d}x = kx + C$($k$ 为常数); (2) $\int x^{\mu}\mathrm{d}x = \frac{1}{\mu+1}x^{\mu+1} + C(\mu \neq -1)$;

(3) $\int \frac{1}{x}\mathrm{d}x = \ln|x| + C$; (4) $\int \frac{1}{1+x^2}\mathrm{d}x = \arctan x + C$;

(5) $\int \frac{1}{\sqrt{1-x^2}}\mathrm{d}x = \arcsin x + C$; (6) $\int \sin x\mathrm{d}x = -\cos x + C$;

(7) $\int \cos x\mathrm{d}x = \sin x + C$; (8) $\int \sec^2 x\mathrm{d}x = \tan x + C$;

(9) $\int \csc^2 x\mathrm{d}x = -\cot x + C$; (10) $\int \sec x \cdot \tan x\mathrm{d}x = \sec x + C$;

(11) $\int \csc x \cdot \cot x\mathrm{d}x = -\csc x + C$; (12) $\int \mathrm{e}^x\mathrm{d}x = \mathrm{e}^x + C$;

(13) $\int a^x\mathrm{d}x = \frac{a^x}{\ln a} + C$.

这些公式可通过对等式右端的函数求导后等于左端的被积函数来直接验证. 基本积分公式是求不定积分的基础,必须熟记.

5.1.4 不定积分的性质

根据不定积分的定义和导数的运算法则,不定积分有如下性质:

(1) 设函数 $f(x)$及 $g(x)$的原函数存在,则

$$\int[f(x) \pm g(x)]\mathrm{d}x = \int f(x)\mathrm{d}x \pm \int g(x)\mathrm{d}x.$$

此性质可推广到有限多个函数的代数和的情况.

(2) 设函数 $f(x)$的原函数存在,k 为非零常数,则

$$\int kf(x)\mathrm{d}x = k\int f(x)\mathrm{d}x \quad (k \neq 0).$$

练习与作业 5-1

一、填空

1. $\cos x$ 的一个原函数为________.
2. x^2 的一个原函数为________.
3. e^x 的全体原函数为________.
4. 设 x^3 为 $f(x)$的一个原函数,则 $f(x)=$________.
5. 设 e^{2x} 为 $f(x)$的一个原函数,则 $f(x)=$________.
6. 设 $\ln(x^2+1)$为 $f(x)$的一个原函数,则 $f(x)=$________.
7. 设 $f(x)$的一个原函数是 $x\ln x - x$,则$\int f(x)\mathrm{d}x =$________.

8. $d[\int f(x)dx]=$________.

9. $\int df(x)=$________.

10. 设$\int f(x)dx=(1+x^2)\arctan x+c$，则 $f(x)=$________.

11. $\int 2\sqrt{x}dx=$________.

12. $\int \frac{2}{\sqrt{1-x^2}}dx=$________.

13. $\int \cos\frac{\pi}{5}dx=$________.

14. $\int 5\csc^2 x dx=$________.

15. $\int 7\sec x\tan x dx=$________.

16. 设 $f'(x)=1-x$，且 $f(0)=0$，则 $f(x)=$________.

17. 经过点(1,2)，且在每一点的切线斜率都等于 $3x^2$ 的曲线方程是________.

二、单选

1. 若函数 $F(x)$，$G(x)$均是函数 $f(x)$在区间 I 上的两个原函数，则 $F(x)$与 $G(x)$的关系是 (　　)

A. $F(x)=G(x)$；　　B. $F(x)=G(x)+1$；

C. $F(x)=G(x)+C$；　　D. 没有关系.

2. 若函数 $f(x)$在区间 I 上连续，则 $f(x)$在区间 I 上 (　　)

A. 一定存在原函数；　　B. 一定不存在原函数；

C. 可能存在原函数；　　D. 无法确定是否存在原函数.

3. 若 $y=k\sin 2x$ 的一个原函数是$\frac{2}{3}\cos 2x$，则 $k=$ (　　)

A. $\frac{4}{3}$；　　B. $\frac{2}{3}$；　　C. $-\frac{2}{3}$；　　D. $-\frac{4}{3}$.

4. 设$\int f(x)dx=\cos\frac{1}{x}+C$，则 $f(x)=$ (　　)

A. $\sin\frac{1}{x}$；　　B. $\frac{1}{x^2}\sin\frac{1}{x}$；

C. $-\sin\frac{1}{x}$；　　D. $-\frac{1}{x^2}\sin\frac{1}{x}$.

5. 若 $F'(x)=f(x)$，则(　　)成立.

A. $\int F'(x)dx=f(x)+C$；　　B. $\int f(x)dx=F(x)+C$；

C. $\int F(x)dx=f(x)+C$；　　D. $\int f'(x)dx=F(x)+C$.

6. 设 $f(x)=\frac{\sin x}{x}$，则 $[\int f(x)dx]'=$ (　　)

A. $\frac{\cos x}{x}$；　　B. $\frac{\sin x}{x}$；　　C. $\frac{\cos x}{x}+C$；　　D. $\frac{\sin x}{x}+C$.

7. 设 $f(x)=\frac{1}{x}$，则$\int f'(x)dx=$ (　　)

A. $\frac{1}{x}$；　　B. $\frac{1}{x}+C$；　　C. $\ln x$；　　D. $\ln x+C$.

8. 设$[\int f(x)\mathrm{d}x]'=\sin x$，则 $f(x)=$ （　）

A. $\sin x$；　B. $\sin x+C$；　C. $\cos x$；　D. $\cos x+C$.

9. $\int \sin x\mathrm{d}x=$ （　）

A. $\cos x$；　B. $-\cos x$；　C. $\cos x+C$；　D. $-\cos x+C$.

10. $\int \mathrm{e}^2\mathrm{d}x=$ （　）

A. e^2+C；　B. e^x+C；　C. e^2x；　D. e^2x+C.

11. $\int \left(\sin\frac{\pi}{4}+1\right)\mathrm{d}x=$ （　）

A. $-\cos\frac{\pi}{4}+x+C$；　B. $-\frac{4}{\pi}\cos\frac{\pi}{4}+x+C$；

C. $x\sin\frac{\pi}{4}+1+C$；　D. $x\sin\frac{\pi}{4}+x+C$.

12. 曲线 $y=f(x)$在点 x 处的切线斜率为$-x+2$，且曲线过点(2,5)，则该曲线方程为 （　）

A. $y=-x^2+2x$；　B. $y=-\frac{1}{2}x^2+2x$；

C. $y=-\frac{1}{2}x^2+2x+3$；　D. $y=-x^2+2x+5$.

5.2　不定积分的计算

5.2.1　直接积分法

利用基本积分公式和不定积分的性质，可以求解一些简单函数的不定积分，这种方法称为直接积分法.

例 5.2.1　求不定积分$\int \frac{1}{3\sqrt[3]{x^2}}\mathrm{d}x$.

解　先将被积函数整理成幂函数的形式，然后再套公式积分.

$$\int \frac{1}{3\sqrt[3]{x^2}}\mathrm{d}x=\frac{1}{3}\int x^{-\frac{2}{3}}\mathrm{d}x=x^{\frac{1}{3}}+C=\sqrt[3]{x}+C.$$

例 5.2.2　求不定积分$\int\left(\frac{1}{x^2}-3\cos x+\frac{2}{x}\right)\mathrm{d}x$.

解　利用不定积分的性质将被积函数拆分成几个积分，套积分公式即可.

$$\begin{aligned}\int\left(\frac{1}{x^2}-3\cos x+\frac{2}{x}\right)\mathrm{d}x&=\int x^{-2}\mathrm{d}x-3\int\cos x\mathrm{d}x+2\int\frac{1}{x}\mathrm{d}x\\&=-\frac{1}{x}-3\sin x+2\ln|x|+C.\end{aligned}$$

注意：逐项积分后，每个不定积分都含有一个任意常数，但结果仅需写出一个任意常数即可.

例 5.2.3 求不定积分$\int \frac{(x-\sqrt{x})(1+\sqrt{x})}{\sqrt[3]{x}}\mathrm{d}x$.

解 先将被积函数变形,拆分成若干项的和,然后再逐项积分.

$$\int \frac{(x-\sqrt{x})(1+\sqrt{x})}{\sqrt[3]{x}}\mathrm{d}x=\int \frac{x\sqrt{x}-\sqrt{x}}{\sqrt[3]{x}}\mathrm{d}x=\int (x^{\frac{7}{6}}-x^{\frac{1}{6}})\mathrm{d}x$$

$$=\int x^{\frac{7}{6}}\mathrm{d}x-\int x^{\frac{1}{6}}\mathrm{d}x=\frac{6}{13}x^{\frac{13}{6}}-\frac{6}{7}x^{\frac{7}{6}}+C.$$

例 5.2.4 求不定积分$\int \frac{x^4}{1+x^2}\mathrm{d}x$.

解 先将被积函数变形,拆分成若干项的和,然后再逐项积分.

$$\int \frac{x^4}{1+x^2}\mathrm{d}x=\int \frac{x^4-1+1}{1+x^2}\mathrm{d}x=\int \frac{(x^2+1)(x^2-1)+1}{1+x^2}\mathrm{d}x$$

$$=\int \left(x^2-1+\frac{1}{1+x^2}\right)\mathrm{d}x=\int x^2\mathrm{d}x-\int \mathrm{d}x+\int \frac{1}{1+x^2}\mathrm{d}x$$

$$=\frac{1}{3}x^3-x+\arctan x+C.$$

5.2.2 凑微分法

定理 5.2.1 设$\int f(u)\mathrm{d}u=F(u)+C$,又 $u=\varphi(x)$有连续导数.则

$$\int f[\varphi(x)]\varphi'(x)\mathrm{d}x=F[\varphi(x)]+C.$$

证 由假设知 $F'(u)=f(u)$.应用复合函数求导法,得

$$\frac{\mathrm{d}}{\mathrm{d}x}F[\varphi(x)]=F'(u)\varphi'(x)=f(u)\varphi'(x)=f[\varphi(x)]\varphi'(x),$$

故$\int f[\varphi(x)]\varphi'(x)\mathrm{d}x=F[\varphi(x)]+C$成立.

利用定理 5.2.1 来计算不定积分的方法称为**第一类换元法**,由于其积分的关键在于如何凑微分,因此更形象地称之为**凑微分法**,其解题过程可以归纳为

$$\int g(x)\mathrm{d}x\overset{\text{凑微分}}{=}\int f[\varphi(x)]\varphi'(x)\mathrm{d}x=\int f[\varphi(x)]\mathrm{d}\varphi(x)\ \underset{u=\varphi(x)}{\overset{\text{换元}}{=}}\int f(u)\mathrm{d}u$$

$$\overset{\text{积分}}{=}F(u)+C\overset{\text{回代}}{=}F[\varphi(x)]+C.$$

例 5.2.5 求$\int 2\cos 2x\mathrm{d}x$.

分析 因被积函数中含有 $\cos 2x$,所以积分的关键在于"凑"出 $2x$ 的微分 $\mathrm{d}(2x)$来.

解 $\int 2\cos 2x\mathrm{d}x=\int \cos 2x\cdot(2x)'\mathrm{d}x=\int \cos 2x\mathrm{d}(2x)$

$$\overset{令2x=u}{=}\int \cos u\mathrm{d}u=\sin u+C\overset{回代}{=}\sin 2x+C.$$

例 5.2.6 求 $\int \frac{1}{3x+1}\mathrm{d}x$.

分析 因被积函数中含有$\frac{1}{3x+1}$,所以积分的关键在于"凑"出 $3x+1$ 的微分 $\mathrm{d}(3x+1)$来.

解 $\int \frac{1}{3x+1}\mathrm{d}x=\int \frac{1}{3x+1}\cdot\frac{1}{3}\cdot(3x+1)'\mathrm{d}x=\frac{1}{3}\int \frac{1}{3x+1}\cdot\mathrm{d}(3x+1)$

$$\overset{令3x+1=u}{=}\frac{1}{3}\int \frac{1}{u}\mathrm{d}u=\frac{1}{3}\ln|u|+C\overset{回代}{=}\frac{1}{3}\ln|3x+1|+C.$$

例 5.2.7 求 $\int x\mathrm{e}^{x^2}\mathrm{d}x$.

分析 因被积函数中含有 e^{x^2},所以积分的关键在于"凑"出 x^2 的微分 $\mathrm{d}(x^2)$来.

解 $\int x\mathrm{e}^{x^2}\mathrm{d}x=\int \mathrm{e}^{x^2}\cdot\frac{1}{2}\cdot(x^2)'\mathrm{d}(x)=\frac{1}{2}\int \mathrm{e}^{x^2}\mathrm{d}(x^2)$

$$\overset{令x^2=u}{=}\frac{1}{2}\int \mathrm{e}^u\mathrm{d}u=\frac{1}{2}\mathrm{e}^u+C\overset{回代}{=}\frac{1}{2}\mathrm{e}^{x^2}+C.$$

对换元法运用熟练后,所设中间变量 u 可以不必写出.

例 5.2.8 求 $\int (2x+1)^{100}\mathrm{d}x$.

解 $\int (2x+1)^{100}\mathrm{d}x=\frac{1}{2}\int (2x+1)^{100}\mathrm{d}(2x+1)=\frac{1}{202}(2x+1)^{101}+C.$

例 5.2.9 求 $\int \frac{\mathrm{d}x}{a^2+x^2}$.

解 $\int \frac{\mathrm{d}x}{a^2+x^2}=\int \frac{1}{a^2}\cdot\frac{\mathrm{d}x}{1+\left(\frac{x}{a}\right)^2}=\frac{1}{a}\int \frac{\mathrm{d}\left(\frac{x}{a}\right)}{1+\left(\frac{x}{a}\right)^2}=\frac{1}{a}\arctan\frac{x}{a}+C.$

例 5.2.10 求 $\int \tan x\mathrm{d}x$.

解 $\int \tan x\mathrm{d}x=\int \frac{1}{\cos x}\sin x\mathrm{d}x=-\int \frac{1}{\cos x}\mathrm{d}(\cos x)=-\ln|\cos x|+C.$

同理可得

$$\int \cot x\mathrm{d}x=\ln|\sin x|+C.$$

例 5.2.11 求 $\int \sin^2 x\mathrm{d}x$.

解 $$\int \sin^2 x\mathrm{d}x = \int \frac{1-\cos 2x}{2}\mathrm{d}x = \frac{1}{2}\int \mathrm{d}x - \frac{1}{2}\int \cos 2x\mathrm{d}x$$

$$= \frac{1}{2}x - \frac{1}{4}\int \cos 2x\mathrm{d}(2x) = \frac{1}{2}x - \frac{1}{4}\sin 2x + C.$$

例 5.2.12 求 $\int \cos^3 x\mathrm{d}x$.

解 $$\int \cos^3 x\mathrm{d}x = \int \cos^2 x \cdot \cos x\mathrm{d}x = \int (1-\sin^2 x)\mathrm{d}(\sin x)$$

$$= \int \mathrm{d}(\sin x) - \int \sin^2 x\mathrm{d}(\sin x) = \sin x - \frac{1}{3}\sin^3 x + C.$$

要掌握凑微分法，首先要熟悉微分运算和基本积分公式，以便在凑微分后直接得出结果.同时，凑微分法也不是完全没规律，如果熟记一些常见的微分式，再经过一定的解题训练，就可以掌握解题技巧. 常见的微分式有

$\mathrm{d}x=\frac{1}{a}\mathrm{d}(ax+b)$； $x\mathrm{d}x=\frac{1}{2}\mathrm{d}(x^2)$；

$\frac{\mathrm{d}x}{\sqrt{x}}=2\mathrm{d}(\sqrt{x})$； $\mathrm{e}^x\mathrm{d}x=\mathrm{d}(\mathrm{e}^x)$；

$\frac{1}{x}\mathrm{d}x=\mathrm{d}(\ln|x|)$； $\sin x\mathrm{d}x=-\mathrm{d}(\cos x)$；

$\cos x\mathrm{d}x=\mathrm{d}(\sin x)$； $\sec^2 x\mathrm{d}x=\mathrm{d}(\tan x)$；

$\csc^2 x\mathrm{d}x=-\mathrm{d}(\cot x)$； $\frac{\mathrm{d}x}{\sqrt{1-x^2}}=\mathrm{d}(\arcsin x)$；

$\frac{\mathrm{d}x}{1+x^2}=\mathrm{d}(\arctan x)$.

5.2.3 分部积分法

设 $u(x)$，$v(x)$是两个可微函数，由乘积的微分法则

$$\mathrm{d}(uv)=u\mathrm{d}v+v\mathrm{d}u$$

移项整理，得

$$u\mathrm{d}v=\mathrm{d}(uv)-v\mathrm{d}u,$$

两边求不定积分

$$\int u\mathrm{d}v = \int \mathrm{d}(uv) - \int v\mathrm{d}u,$$

即得

$$\int u\mathrm{d}v = uv - \int v\mathrm{d}u.$$

这就是分部积分公式.

分部积分法的作用在于:如果 $\int v\mathrm{d}u$ 较 $\int u\mathrm{d}v$ 易于积分时,分部积分法可以化难为易.

例 5.2.13 求 $\int x\cos x\mathrm{d}x$.

解 为使用分部积分公式,将积分变形为 $\int x\mathrm{d}\sin x$,设 $u = x, v = \sin x$, 于是

$$\int x\cos x\mathrm{d}x = \int x\mathrm{d}\sin x = x\sin x - \int \sin x\mathrm{d}x = x\sin x + \cos x + C.$$

利用分部积分公式时,如何恰当地选取 u, v 是十分重要的,如果选得不当,可能使所求积分更加复杂.如在该例中,若将 $\cos x$ 选作 u, $\frac{x^2}{2}$ 选作 v,则由分部积分公式得

$$\int x\cos x\mathrm{d}x = \int \cos x\mathrm{d}\left(\frac{x^2}{2}\right) = \frac{x^2}{2}\cos x - \frac{1}{2}\int x^2\mathrm{d}(\cos x)$$

$$= \frac{x^2}{2}\cos x + \frac{1}{2}\int x^2\sin x\mathrm{d}x.$$

显然 $\int x^2\sin x\mathrm{d}x$ 比 $\int x\cos x\mathrm{d}x$ 更复杂,所以这样选取 u, v 是不恰当的.

一般地,使用分部积分法时,选取 $\int u\mathrm{d}v$ 中的 u 的先后顺序有一定规律:通常按反三角函数、对数函数、幂函数、指数函数、三角函数的顺序选取,即当被积函数是上述其中两种类型的函数乘积时,顺序在前的选为 u.

运用分部积分法熟练后,可不必写出如何选取 u, v 的,而直接套用公式.

例 5.2.14 求 $\int x^2\mathrm{e}^x\mathrm{d}x$.

分析 被积函数是幂函数与指数函数的乘积,选幂函数 x^2 为 u.

解 $\int x^2\mathrm{e}^x\mathrm{d}x = \int x^2\mathrm{d}(\mathrm{e}^x) = x^2\mathrm{e}^x - 2\int x\mathrm{e}^x\mathrm{d}x$,

再对 $\int x\mathrm{e}^x\mathrm{d}x$ 用一次分部积分法,继续选幂函数 x 为 u.

$$\int x\mathrm{e}^x\mathrm{d}x = \int x\mathrm{d}(\mathrm{e}^x) = x\mathrm{e}^x - \int \mathrm{e}^x\mathrm{d}x = x\mathrm{e}^x - \mathrm{e}^x + C,$$

最后求得

$$\int x^2\mathrm{e}^x\mathrm{d}x = x^2\mathrm{e}^x - 2x\mathrm{e}^x + 2\mathrm{e}^x + C = (x^2 - 2x + 2)\mathrm{e}^x + C.$$

分部积分法除了运用于被积函数为上述几类乘积形式的不定积分外,还可以求某些

被积函数并不明显属于乘积形式的不定积分.

例 5.2.15 求 $\int \ln x\mathrm{d}x$.

解 这种情况设 $u=\ln x, v=x$ 得

$$\int \ln x\mathrm{d}x = x\ln x - \int x\mathrm{d}(\ln x) = x\ln x - \int x \cdot \frac{1}{x}\mathrm{d}x$$

$$= x\ln x - \int \mathrm{d}x = x\ln x - x + C.$$

例 5.2.16 求 $\int \arccos x\mathrm{d}x$.

解 这种情况设 $u=\arccos x, v=x$ 得

$$\int \arccos x\mathrm{d}x = x\arccos x - \int x\mathrm{d}(\arccos x)$$

$$= x\arccos x + \int \frac{x}{\sqrt{1-x^2}}\mathrm{d}x$$

$$= x\arccos x - \frac{1}{2}\int (1-x^2)^{-\frac{1}{2}}\mathrm{d}(1-x^2)$$

$$= x\arccos x - \sqrt{1-x^2} + C.$$

练习与作业 5-2

第 1 部分:直接积分法

一、填空

1. $\int \sqrt[3]{x}\mathrm{d}x =$ ________.
2. $\int x\sqrt[3]{x}\mathrm{d}x =$ ________.
3. $\int \sqrt{x\sqrt{x}}\mathrm{d}x =$ ________.
4. $\int \frac{\sqrt{x}}{\sqrt[3]{x^2}}\mathrm{d}x =$ ________.
5. $\int (\sqrt{x} - \sqrt[3]{x})\mathrm{d}x =$ ________.
6. $\int (3\sin x + 2\cos x)\mathrm{d}x =$ ________.
7. $\int \left(2\sin x - \frac{1}{\sqrt{1-x^2}}\right)\mathrm{d}x =$ ________.
8. $\int \left(\frac{2}{x} + 4\mathrm{e}^x\right)\mathrm{d}x =$ ________.
9. $\int \left(\frac{1}{x^2} - 3\cos x + \frac{2}{x}\right)\mathrm{d}x =$ ________.
10. $\int (\sec^2 x - \cos x + 1)\mathrm{d}x =$ ________.
11. $\int (x + 3\csc x\cot x)\mathrm{d}x =$ ________.

二、单选

1. $\int (\cos x + 1)\mathrm{d}x =$ (　　)

A. $\sin x + x + C$;　　B. $-\sin x + x + C$;

C. $\cos x + x + C$;　　D. $-\cos x + x + C$.

2. $\int(\sin x+\sqrt[3]{x})\mathrm{d}x=$　　　　(　　)

A. $-\cos x+\frac{3}{4}x^{\frac{4}{3}}+C$；　　B. $\cos x+\frac{3}{4}x^{\frac{4}{3}}$；

C. $\cos x+\frac{1}{3}x^{-\frac{2}{3}}+C$；　　D. $-\cos x+\frac{1}{3}x^{-\frac{2}{3}}+C$.

3. $\int(x^2+a^2)\mathrm{d}x=$　　　　(　　)

A. $\frac{1}{3}x^3+a^2\ln a+C$；　　B. $\frac{1}{3}x^3+a^2x+C$；

C. $\frac{1}{3}x^3+\frac{1}{3}a^3+C$；　　D. $2x+2a+C$.

4. $\int\cos x\tan x\mathrm{d}x=$　　　　(　　)

A. $\sec x+C$；　　B. $-\sec x+C$；

C. $-\cos x+C$；　　D. $\cos x+C$.

三、计算解答

1. 计算不定积分$\int\frac{1-x^2}{x\sqrt{x}}\mathrm{d}x$.

2. 计算不定积分$\int(\sqrt[3]{x}-\sqrt{x})^2\mathrm{d}x$.

3. 计算不定积分$\int\frac{x^2-1}{x+1}\mathrm{d}x$.

4. 计算不定积分$\int\frac{x^3-27}{x-3}\mathrm{d}x$.

5. 计算不定积分$\int\frac{\cos 2x}{\cos x+\sin x}\mathrm{d}x$.

6. 计算不定积分$\int\frac{1}{x^2(1+x^2)}\mathrm{d}x$.

7. 计算不定积分$\int\frac{x^2}{1+x^2}\mathrm{d}x$.

8. 计算不定积分$\int\frac{1+2x^2}{x^2(x^2+1)}\mathrm{d}x$.

9. 计算不定积分$\int\left(\frac{2}{3x^2+3}+\frac{4}{\sqrt{9-9x^2}}\right)\mathrm{d}x$.

10. 计算不定积分$\int\frac{(x-\sqrt{x})(1+\sqrt{x})}{\sqrt[3]{x}}\mathrm{d}x$.

11. 计算不定积分$\int\tan^2x\mathrm{d}x$.

12. 计算不定积分$\int\frac{x^2-x+1}{x(1+x^2)}\mathrm{d}x$.

13. 计算不定积分$\int\frac{2x^2+1}{1+x^2}\mathrm{d}x$.

14. 计算不定积分$\int\sin^2\frac{x}{2}\mathrm{d}x$.

15. 计算不定积分$\int\cos x(\tan x-\sec x)\mathrm{d}x$.

第 2 部分:凑微分法

一、填空

1. $\int e^{3x}\mathrm{d}x=$______.

2. $\int \sin 4x\mathrm{d}x=$______.

3. $\int \cos(1-3x)\mathrm{d}x=$______.

4. $\int \sin(2x-1)\mathrm{d}x=$______.

5. $\int (x+2)^{11}\mathrm{d}x=$______.

6. $\int (5-2x)^{9}\mathrm{d}x=$______.

7. $\int \frac{1}{(2x-3)^2}\mathrm{d}x=$______.

8. $\int \frac{3}{x+4}\mathrm{d}x=$______.

9. $\int \frac{\mathrm{d}x}{3x-2}=$______.

10. $\int \sqrt[3]{3x-4}\mathrm{d}x=$______.

11. $\int \frac{1}{\sqrt{1-9x^2}}\mathrm{d}x=$______.

12. $\int \frac{1}{1+4x^2}\mathrm{d}x=$______.

二、单选

1. $\int e^{-2x}\mathrm{d}x=$ ( )

A. $2e^{-2x}+C$;
B. $\frac{1}{2}e^{-2x}+C$;
C. $-2e^{-2x}+C$;
D. $-\frac{1}{2}e^{-2x}+C$.

2. $\int \sin 2x\mathrm{d}x=$ ( )

A. $-\frac{1}{2}\cos 2x+C$;
B. $\frac{1}{2}\cos 2x+C$;
C. $-2\cos 2x+C$;
D. $2\cos 2x+C$.

3. $\int \frac{2}{x+1}\mathrm{d}x=$ ( )

A. $2\ln(x+1)+C$;
B. $\ln(x+1)+C$;
C. $-\frac{2}{(x+1)^2}+C$;
D. $\frac{2}{(x+1)^2}+C$.

4. $\int \frac{x}{\sqrt{1+x^2}}\mathrm{d}x=$ ( )

A. $\arctan x+C$;
B. $\ln|x+\sqrt{1+x^2}|+C$;
C. $\sqrt{1+x^2}+C$;
D. $\frac{1}{2}\ln(1-x^2)+C$.

5. $\int e^x\sin e^x\mathrm{d}x=$ ( )

A. $\frac{1}{2}e^x(\sin x+\cos x)+C$;
B. $\frac{1}{2}e^x(\sin x-\cos x)+C$;
C. $\cos e^x+C$;
D. $-\cos e^x+C$.

6. $\int \frac{\arctan x}{1+x^2}\mathrm{d}x=$ ( )

A. $\arctan x+C$;
B. $\frac{1}{2}(\arctan x)^2+C$;
C. $\frac{1}{2}(\arcsin x)^2+C$;
D. $-\frac{1}{2}(\arctan x)^2+C$.

7. $\int \frac{1+x}{\sqrt{1-x^2}} dx =$ （　　）

A. $\arcsin x + \sqrt{1-x^2} + C$；　　B. $\arcsin x - \sqrt{1-x^2} + C$；

C. $-\arcsin x + \sqrt{1-x^3} + C$；　　D. $-\arcsin x - \sqrt{1-x^2} + C$.

三、计算解答

1. 计算不定积分$\int \frac{x}{1+x^2} dx$.

2. 计算不定积分$\int \frac{x}{1+x^4} dx$.

3. 计算不定积分$\int x(3x^2+2)^2 dx$.

4. 计算不定积分$\int \frac{x}{\sqrt{1-2x^2}} dx$.

5. 计算不定积分$\int \frac{\ln^2 x}{x} dx$.

6. 计算不定积分$\int x e^{x^2} dx$.

7. 计算不定积分$\int \frac{e^x}{\sqrt{e^x+1}} dx$.

8. 计算不定积分$\int \frac{1}{\sqrt{x}} \cos\sqrt{x} dx$.

9. 计算不定积分$\int \sin^3 x dx$.

第3部分:分部积分法

一、填空

1. 设 u,v 为两个可微函数,则分部积分公式为$\int u dv =$________.

2. 设$\int f(x) dx = \ln(x+1) + c$,则$\int x f'(x) dx =$ ________.

3. 设 $f(x)$的一个原函数是 $\sin 5x$,则 $\int x f'(x) dx =$ ________.

二、单选

1. 若$\int x f(x) dx = x \cdot \cos x - \int \cos x dx$,则 $f(x) =$ （　　）

A. $-\sin x$；　　B. $-\cos x$；　　C. $\frac{\sin x}{x}$；　　D. $\frac{\cos x}{x}$.

2. 若$\int \arcsin x dx = x \cdot \arcsin x - \int f(x) dx$, 则 $f(x) =$ （　　）

A. $\arcsin x$；　　B. $-\arcsin x$；　　C. $\frac{x}{\sqrt{1-x^2}}$；　　D. $\frac{1}{\sqrt{1-x^2}}$.

三、计算解答

1. 计算不定积分$\int x \sin x dx$.

2. 计算不定积分$\int x e^x dx$.

3. 计算不定积分$\int x^2 \ln x dx$.

4. 计算不定积分$\int x\arctan x\mathrm{d}x$.

5. 计算不定积分$\int \arcsin x\mathrm{d}x$.

6. 计算不定积分$\int x\cos 2x\mathrm{d}x$.

7. 计算不定积分$\int \ln(1+x^2)\mathrm{d}x$.

课后品读:数学与哲学

一、关于数学哲学

数学哲学是一门古老而又新兴的学科.对于什么是数学哲学,它的对象、范围和意义是什么,人们至今还没有一致的看法.把数学哲学定义为对数学的哲学反思和分析,不免过于笼统、模糊,因此其只能算是一个统称.从历史上不难看到,对于数学和哲学的不同发展状况,依照人们选取不同的视角、采用不同的哲学路线和理论,数学哲学呈现出各种不同的形式,形成了多种多样的理论.

在古代,正像人们对科学与哲学不加区别一样,人们对数学与哲学的认识也没有分明的界线.例如,古希腊哲学家惊异于数(实际上只是有理数)的神通广大和无穷奥秘,提出了"万物皆数"的思想.毕达哥拉斯学派认为,"万物的始基是一元.从'一元'产生出'二元'进而产生出'各种数目',从数目产生出点,从点产生出线,从线产生出平面,从平面产生出立体,从立体产生出感觉所及的一切物体,产生出四种元素:水、火、土、空气,进而产生整个世界".

在古代的东方,中国的哲学家老子则说,"道生一,一生二,二生三,三生万物".可见,这些古代深刻的哲学世界图景都是用数学的语言来描绘的.古代的数学哲学奉行的是"数学即哲学,数理即哲理"的观念.毕氏主义在历史上影响深远.例如,直到20世纪,海森堡的数学实在论等都还包含着这一古代数学哲学的韵味.随着数学的发展,毕氏学派发现0和1没有公度的事实,导致了数学的第一次危机,此后,希腊人的数学研究往往避开数量关系,而专注于空间形式.应用了古希腊形式逻辑成果的演绎体系——欧几里得《几何原本》成为评判数学的唯一标准,甚至成了一切科学的典范.它统治了西方数学和科学思想长达几千年之久,也深深地影响了如笛卡儿、莱布尼茨、康德等哲学家.两千多年以来,欧几里得《几何原本》被当作人类唯一可能获得的几何学,唯一可靠的被严格证明的数学.在哲学上,康德认为欧氏几何是先天的、唯一的现实空间的观念.《几何原本》也可以说是这一时期数学哲学的经典.

19世纪是数学的一个伟大转折点,数学经历了它有史以来最剧烈的变革.非欧几何的产生,群论的出现,四元数的发现,布尔代数的产生,n维空间的引入……使得许多古典数学观念被摧垮.从那时以来,随着数学基础一次又一次"危机"的出现,数学哲学随之进入了一个新的发展时期.现代西方数学哲学偏重于对数学内部的考察和研究,被当作"数学基础"的代名词.罗素认为,"数学哲学是研究数学中尚未获得确定结论的那些问题和分析数学中的基本概念和命题的".其实,所谓元数学就是数学,它实质上只是一种数学的理论研究.数学基础包含着数学哲学问题,但不能代替之.我国学者一般认为,数学哲学是"一门独立的哲学学科",它是研究"数学的对象、性质、方法等方面的本体论、认识论、方法论以及其他诸问题的".

我们认为,如果数学哲学只对数学内部进行哲学考察,无论是整体的或局部的,宏观的或微观的,都是不够的.许多数学哲学问题不易澄清可以说就是"只缘身在此山中".数学哲学除了那种把哲学(结构、范畴)"用"到数学中去的研究途径之外,还应拓宽视野,把数学"提"到哲学的水平上来加以认识,对数学做一种整体的、"外部"的哲学考察.怀特海就曾指出:"许多数学家知道他们所研究的东西的细节,但对于表达数学科学的哲学特征却毫无所知."

二、数学的领域在扩大

哲学曾经把整个宇宙作为自己的研究对象.那时候,它是包罗万象的,数学却只不过是算术和几何.17世纪,自然科学的大发展使哲学退出了一系列研究领域,哲学的中心问题从"世界是什么样的"变成"人怎样认识世界".这个时候,数学扩大了自己的领域,它开始研究运动与变化.今天,数学的研究对象是一切抽象结构——所有可能的关系与形式.数学向一切科学渗透.但西方现代哲学却把注意力限制于意义的分析,把问题缩小到"人能说出些什么".

哲学,在某种意义上是望远镜,当旅行者到达一个地方时,他不再用望远镜观察这个地方了,而用它观察前方.数学则相反,它最容易进入成熟的科学,获得了足够丰富事实的科学,能够提出规律性的假设的科学,它好像是显微镜,只有把对象拿到手中,甚至切成薄片,经过处理,才能用显微镜观察它.哲学从一门科学退出,意味着这门学科的诞生.数学渗入到一门学科,甚至控制一门学科,意味着这门学科达到成熟的阶段.哲学的地盘在缩小,数学的领域在扩大,这是科学发展的结果,是人类智慧的胜利.但是,宇宙的奥秘是无穷的,向前看,望远镜的视野不受任何限制.新的科学将不断涌现,而在他们出现之前,哲学有许多事可做.而对着浩渺的宇宙,面对着人类的种种困难,哲学已经放弃的和数学已经占领的,都不过是沧海一粟.哲学在任何具体学科领域都无法与该学科一争高下,但它可以从事任何具体学科所无法完成的工作,它为学科的诞生创造条件.数学在任何具体学科领域都有可能出色地工作,但它离开具体学科之后却无法做出贡献,它必须利用具体学科为它创造的条件.模糊的哲学与精确的数学是人类的望远镜与显微镜.

三、数学始终影响着哲学

古代哲学家孜孜以求的是宇宙个体的奥秘.数学的对象曾被毕达哥拉斯当作宇宙的本质,曾被柏拉图当作理念世界的一部分.

数学的成功使哲学家重视逻辑的研究与运用.古代有亚里士多德的《工具论》,现代有西方的逻辑实证主义.现代数学把结构作为自己的研究对象,西方现代哲学的一个重要派别是结构主义.数学讲究定义的准确与清晰,现代西方哲学则用很大力气分析语言、概念的含义.为什么哲学家如此重视数学呢?当哲学家要说明世界上的一切时,他看到,万物都具有一定的量,呈现出具体的形,数学的对象寓于万物之中.当哲学家谈论怎样认识真理时,他不能注意到,数学真理是那么清晰而无可怀疑,那样必然而普遍.当哲学家谈论抽象的事物是否存在时，数学提供了最抽象而又最具体的东西，数、形、关系、结构. 它们有着似乎是不依赖于人的主观意志的性质. 当哲学家在争论中希望把概念弄得更清楚时，数学提供了似乎卓有成效的形式化的方法.

数学也受哲学家的影响，但不明显. 即使数学家本身也是哲学家，他的数学活动并不一定打上哲学观点的烙印，他的哲学观点往往被后人否定，而数学成果却与世长存. 数学太具体了，太明确了. 错误的东西易于被发现，被清除. 数学对哲学的影响，哪些是积极的? 哪些是消极的? 有待于哲学家研究.

第6章 >>> 定积分

课前导读:微积分的力量

马克思说过:"一种科学,只有在成功地运用数学时,才算达到了真正完善的地步."微积分是人类历史上的伟大思想成就之一,也是数学领域不可或缺的一个分支.从微积分创立的那天起,它就展示出了无限的魅力,为其他科学发展提供思想方法.从宇宙的深奥迷题,到科技的发明创造,再到日常的衣食住行,微积分的力量无处不在.

美国学者史蒂夫·斯托加茨在《微积分的力量》一书中写道:"没有微积分,我们就不会拥有手机、计算机和微波炉,也不会拥有收音机、电视、为孕妇做的超声检查,以及为迷路的旅行导航的GPS.我们更无法分裂原子、破解人类基因组或者将宇航员送上月球,甚至……"微积分真有这么大的力量吗?该书作者进一步举麦克斯韦发现电磁波的例子以说明他的这一观点.

19世纪60年代,苏格兰数学和物理学家詹姆斯·克拉克·麦克斯韦将电磁场的基本实验定律改写为一种可进行微积分运算的符号形式,经过一番变换,他得到了一个毫无意义的方程.显然有某种东西缺失了!于是他在自己的方程中加入了一个新项——可以化解矛盾的假象电流,然后又利用微积分做了一番运算,这次他得到了一个合理的结果——一个简洁的波动方程.于是,他预言了一种新波的存在,这种波由相互作用的电场和磁场产生.这一预测促使海因里希·赫兹在1887年做了一项实验,从而证明了电磁波的存在.10年后,尼古拉·特斯拉建造了第一个无线电通信系统;又过了5年,伽俐尔摩·马可尼发送了第一份跨越大西洋的无线电报.接下来,电视、手机和其他设备也陆续出现了.这个例子说明,没有微积分,这一切就不会发生,或者更准确地说,即使有可能,也要很久之后才会实现.

微积分一经创立就显示了非凡威力.例如,在天文学中,利于微积分能够精确地计算行星、彗星的运行轨道和它们的位置.哈雷(1656—1742)就是通过微积分的计算,断定在1531年、1607年和1682年出现过的彗星是同一颗彗星,并推断它将于1759年再次出现,这个预见后来被证实.后人为了纪念他,把这颗彗星命名为哈雷彗星.

海王星的发现当之无愧是微积分的功劳,这一发现被称为是"笔尖下的发现".1846

年，法国数学家刘维尔利用微积分建立微分方程，算出了海王星的存在及其准确位置，之后告知柏林天文台进行观测，结果，在1846年9月23日晚间，海王星被发现了，与刘维尔预测的位置相距不到1°.

1807年，法国数学物理学家傅立叶利用微积分揭开了热流之谜.他提出了一个偏微分方程，可用于预测物体在冷却过程中温度的变化情况.而且，无论冷却开始时物体各处的温度有多么不均匀，这个方程都能够轻松搞定，这就是著名的热传导方程.

第一次世界大战期间，英国工程师 F. W. Lanchester 利用微积分建立了预测战争结果的数学模型——兰切斯特方程.兰切斯特的战争模型后经二战中的美日硫磺岛战役检验，发现计算结果与事实非常接近.

中国数学家陈省身(1911—2004)利用微积分的理论研究空间几何取得震惊世界的成就.他因对整体微分几何的深远贡献影响了整个数学界，被公认为“20世纪伟大的几何学家”，先后获美国国家科学奖章、以色列沃尔夫奖、中国国际科技合作奖及首届邵逸夫数学科学奖等多项殊荣.

定积分是积分学的另一个重要内容，它在理论上和实际应用中都有十分重要的意义.本章主要介绍定积分概念、计算与简单应用.

6.1 定积分的概念

6.1.1 定积分概念的产生

定积分的雏形可以追溯到古希腊人阿基米德的穷竭法，源于计算由曲线所围成的图形的面积.17世纪下半叶，牛顿和莱布尼茨各自独立地创立了微积分.下面从两个实例引出定积分的概念.

引例 6.1.1 求曲边梯形的面积.

由连续函数 $y=f(x),x\in[a,b],(f(x)\geqslant 0)$，直线 $x=a,x=b$ 与 x 轴所围成的平面图形，称为曲边梯形.如图 6-1 所示.下面求曲边梯形的面积 A.

如果 $f(x)\equiv C$，则此图形为矩形，$A=(b-a)\cdot C$.

对于曲边梯形，由于它在底边上各点处的高 $f(x)$ 是变动的，因此，不能直接用矩形面积公式计算.但可以设想，若把 $[a,b]$ 分成许多小区间，将曲边梯形划分为以小区间为底的许多窄的小曲边梯形，由于 $f(x)$ 在 $[a,b]$ 上连续，在小区间上，小曲边梯形的高变化很小，所以，可把小曲边梯形看作矩形，然后，把所有小矩形面积加起来，得曲边梯形面积的近似值；易见，分割越细，误差越小，当所有小区间的长度趋近于零时，利用极限思想，这个面积近似值的极限就是曲边梯形的面积.这个思想可表述为：**化整为零取近似，积零为整取极限.**

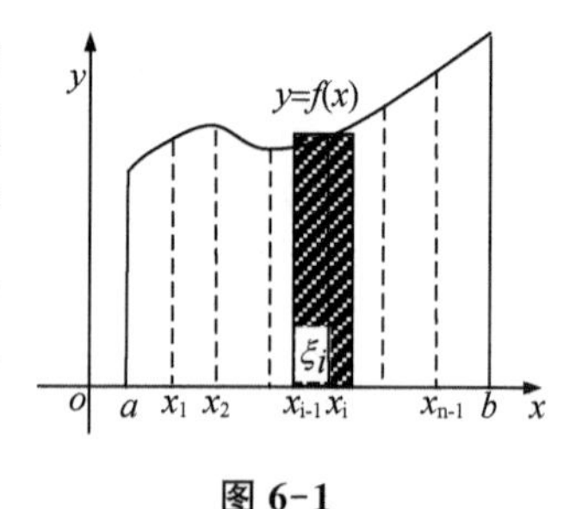

图 6-1

具体可分为以下四步：

(1) 分割：在区间 $[a,b]$ 中任意插入 $n-1$ 个分点 $a=x_0<x_1<\cdots<x_{n-1}<x_n=b$，把底

边分成 n 个小区间,每个小区间的长度记为

$$\Delta x_i = x_i - x_{i-1} \quad (i=1,2,\cdots,n),$$

过各分点作 x 轴的垂线,把曲边梯形分成 n 个窄曲边梯形(如图 6-1).

(2) 近似:在第 i 个小区间$[x_{i-1},x_i]$上任取一点 $\xi_i(x_{i-1}\leqslant\xi_i\leqslant x_i)$,以 Δx_i 为底,$f(\xi_i)$ 为高的小矩形面积近似代替第 i 个小曲边梯形面积 ΔA_i 的值,即

$$\Delta A_i \approx f(\xi_i)\Delta x_i \quad (i=1,2,\cdots,n),$$

这一步是“**以直代曲**”的数学思想的集中体现,也是解决问题的关键所在.

(3) 求和:把 n 个小矩形面积相加就得到整个曲边梯形面积 A 的近似值

$$A \approx \sum_{i=1}^{n} f(\xi_i)\Delta x_i \quad (i=1,2,\cdots,n).$$

(4) 取极限:记 $\lambda=\max\limits_{1\leqslant i\leqslant n}\{\Delta x_i\}$,当 $\lambda\to 0$ 时,每个小区间的长度都趋近于零. 此时,和式 $\sum\limits_{i=1}^{n} f(\xi_i)\Delta x_i$ 的极限就是曲边梯形的面积 A,即

$$A = \lim_{\lambda\to 0}\sum_{i=1}^{n} f(\xi_i)\Delta x_i.$$

引例 6.1.2 求变速直线运动的路程.

设某物体做直线运动,已知速度 $v=v(t)$ 是连续函数,$t\in[T_1,T_2]$,且 $v(t)\geqslant 0$,求物体在这段时间内所走过的路程.

如果 $v(t)\equiv v$,即物体做匀速直线运动,则路程 $s=v(T_2-T_1)$.

对于物体以变速 $v(t)$ 做直线运动时,可用引例 6.1.1 的思路和步骤求路程.

(1) 分割:在$[T_1,T_2]$中任意插入 $n-1$ 个分点,$T_1=t_0<t_1<\cdots<t_{n-1}<t_n=T_2$,把$[T_1,T_2]$分成 n 个小时间段,每小段长记为

$$\Delta t_i = t_i - t_{i-1} \quad (i=1,2,\cdots,n);$$

(2) 近似:在小时间段上,任取时刻 $\xi_i\in[t_i,t_{i-1}]$,以匀速 $v(\xi_i)$ 近似代替各点处的速度,于是,小时间段所走过的路程 Δs_i 的近似值可表示为

$$\Delta s_i \approx v(\xi_i)\Delta t_i \quad (i=1,2,\cdots,n);$$

这一步是“**以均匀代替非均匀**”的数学思想,是解决本题的关键.

(3) 求和:把 n 个小时间段上路程的近似值相加,就得到总路程 s 的近似值

$$s \approx \sum_{i=1}^{n} v(\xi_i)\Delta t_i;$$

(4) 取极限:记 $\lambda=\max\limits_{1\leqslant i\leqslant n}\{\Delta t_i\}$, 当 $\lambda\to 0$ 时,和式的极限就是变速直线运动的路程,即

$$s = \lim_{\lambda\to 0}\sum_{i=1}^{n} v(\xi_i)\Delta t_i.$$

从上面两个实例可看到，它们的实际意义虽然不同，但解决问题的思想方法，以及最后所得到的数学表达式都是相同的. 在科学技术和实际生活中还有许多这样的问题，如计算非均匀分布的曲线构件的质量等，都归结为求特定和式的极限. 由此，抽象出定积分的概念.

6.1.2 定积分的概念

定义 6.1.1 设函数 $f(x)$在区间$[a,b]$上有定义，任取分点

$$a=x_0<x_1<\cdots<x_{n-1}<x_n=b,$$

将区间$[a,b]$分为 n 个小区间，其长度记为

$$\Delta x_i=x_i-x_{i-1} \quad (i=1,2,\cdots,n),$$

在每个小区间上任取一点 $\xi_i(x_{i-1}\leqslant\xi_i\leqslant x_i)$，作乘积 $f(\xi_i)\Delta x_i$，并作和式

$$\sum_{i=1}^{n} f(\xi_i)\Delta x_i,$$

记 $\lambda=\max\limits_{1\leqslant i\leqslant n}\{\Delta x_i\}$，如果不论区间$[a,b]$如何分、点 ξ_i 如何取，极限 $\lim\limits_{\lambda\to 0}\sum\limits_{i=1}^{n} f(\xi_i)\Delta x_i$ 都存在，则称函数 $f(x)$在区间$[a,b]$上可积，该极限称为函数 $f(x)$在区间$[a,b]$上的定积分，记作

$$\int_a^b f(x)\mathrm{d}x=\lim_{\lambda\to 0}\sum_{i=1}^{n} f(\xi_i)\Delta x_i.$$

其中，$f(x)$称为被积函数，$f(x)\mathrm{d}x$ 称为被积表达式，x 称为积分变量，$[a,b]$称为积分区间，a，b 分别称为积分下限和积分上限，“$\int$”称为积分号.

由定积分的定义，两个引例可分别表示为

曲边梯形的面积：$A=\int_a^b f(x)\mathrm{d}x$；

变速直线运动的路程：$s=\int_{T_1}^{T_2} v(t)\mathrm{d}t$.

关于定积分的几点说明：

(1) 定积分是一个数，它只与被积函数，积分上、下限有关，而与积分变量的记号无关. 即

$$\int_a^b f(x)\mathrm{d}x=\int_a^b f(t)\mathrm{d}t.$$

(2) 定积分是和式的极限，不论区间$[a,b]$如何分法、点 ξ_i 如何取法，当 $\lambda\to 0$ 时，和式都趋于同一个常数；若对区间$[a,b]$不同的分法、点 ξ_i 不同的取法而导致和式趋于不同的常数，则称函数 $f(x)$在$[a,b]$上不可积.

函数可积的条件有哪些？即可积的函数应满足什么条件？满足什么条件的函数必

可积?

(1) 可积的必要条件:如果函数 $f(x)$ 在区间 $[a,b]$ 上可积,则 $f(x)$ 在区间 $[a,b]$ 上有界;

(2) 函数可积的两个充分条件:

如果函数 $f(x)$ 在区间 $[a,b]$ 上连续,则 $f(x)$ 在区间 $[a,b]$ 上可积;

有界函数 $f(x)$ 在区间 $[a,b]$ 上单调或只有有限个第一类间断点,则 $f(x)$ 在区间 $[a,b]$ 上可积.

6.1.3 定积分的几何意义

在计算曲边梯形的面积引例中可看到:

(1) 如果 $f(x)\geqslant 0$,图形在 x 轴上方,$\int_a^b f(x)\mathrm{d}x = A$ 表示曲边梯形的面积,如图 6-2(a);

(2) 如果 $f(x)\leqslant 0$,图形在 x 轴下方,$\int_a^b f(x)\mathrm{d}x$ 表示曲边梯形面积的负值,因此,$\int_a^b f(x)\mathrm{d}x = -A$,如图 6-2(b);

(3) 如果 $f(x)$ 在区间 $[a,b]$ 上有正、有负,则定积分值等于曲线 $y=f(x)$ 与 $x=a$,$x=b$ 以及 x 轴围成曲边梯形面积的代数和,如图 6-2(c),有

$$\int_a^b f(x)\mathrm{d}x = A_1 - A_2 + A_3.$$

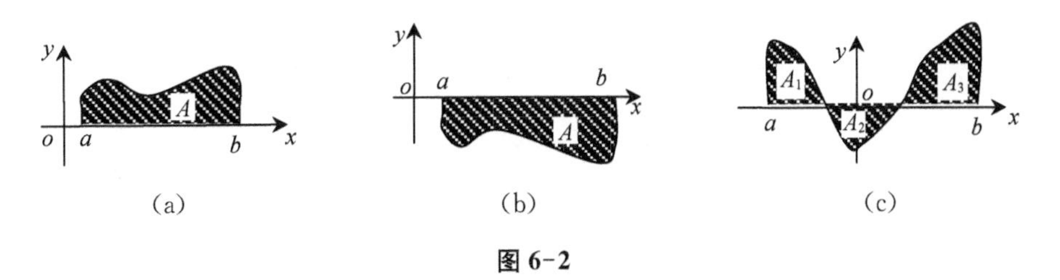

图 6-2

例如,对于定积分 $\int_0^1 \sqrt{1-x^2}\mathrm{d}x$,因为被积函数 $y=\sqrt{1-x^2}$,$x\in[0,1]$ 表示的是圆心在坐标原点、半径为1的圆 $x^2+y^2=1$ 在第一象限内的一段圆弧,所以 $\int_0^1 \sqrt{1-x^2}\mathrm{d}x$ 表示四分之一圆面积,即

$$\int_0^1 \sqrt{1-x^2}\mathrm{d}x = \frac{\pi}{4}.$$

又如,对于定积分 $\int_{-\pi}^{\pi} \sin x\mathrm{d}x$,因为被积函数 $y=\sin x$,$x\in[-\pi,+\pi]$ 的图象在第一、三象限内,且关于原点对称,所以 $\int_{-\pi}^{\pi} \sin x\mathrm{d}x = 0$ 表示两部分面积之差,值为零,即

$$\int_{-\pi}^{\pi} \sin x\mathrm{d}x = 0.$$

6.1.4 定积分的性质

先对定积分做两个规定：

(1) 当 $a=b$ 时，$\int_a^b f(x)\mathrm{d}x = 0$；

(2) 当 $a>b$ 时，$\int_a^b f(x)\mathrm{d}x = -\int_b^a f(x)\mathrm{d}x$.

设 $f(x)$ 和 $g(x)$ 在所讨论区间上可积，定积分有如下性质：

性质 1 $\int_a^b [f(x) \pm g(x)]\mathrm{d}x = \int_a^b f(x)\mathrm{d}x \pm \int_a^b g(x)\mathrm{d}x$.

此性质可推广到有限个函数的情形.

性质 2 $\int_a^b \mathrm{d}x = b-a$.

性质 3 $\int_a^b kf(x)\mathrm{d}x = k\int_a^b f(x)\mathrm{d}x$ (k 是任意常数).

性质 4 若 $a<c<b$，则

$$\int_a^b f(x)\mathrm{d}x = \int_a^c f(x)\mathrm{d}x + \int_c^b f(x)\mathrm{d}x.$$

该性质表明定积分对积分区间具有可加性. 事实上，不论 a,b,c 的相对位置如何，等式总成立.

性质 5 如果在区间$[a,b]$上恒有 $f(x)\leqslant g(x)$，则

$$\int_a^b f(x)\mathrm{d}x \leqslant \int_a^b g(x)\mathrm{d}x \quad (a<b).$$

性质 6(估值定理) 设 M 和 m 分别是函数 $f(x)$ 在区间$[a,b]$上的最大值与最小值，则

$$m(b-a) \leqslant \int_a^b f(x)\mathrm{d}x \leqslant M(b-a) \quad (a<b).$$

性质 7 $\left|\int_a^b f(x)\mathrm{d}x\right| \leqslant \int_a^b |f(x)|\mathrm{d}x \quad (a<b)$.

性质 8(积分中值定理) 如果函数 $f(x)$ 在区间$[a,b]$上连续，则至少存在一点 $\xi\in[a,b]$，使得

$$\int_a^b f(x)\mathrm{d}x = f(\xi)(b-a) \quad (a\leqslant\xi\leqslant b).$$

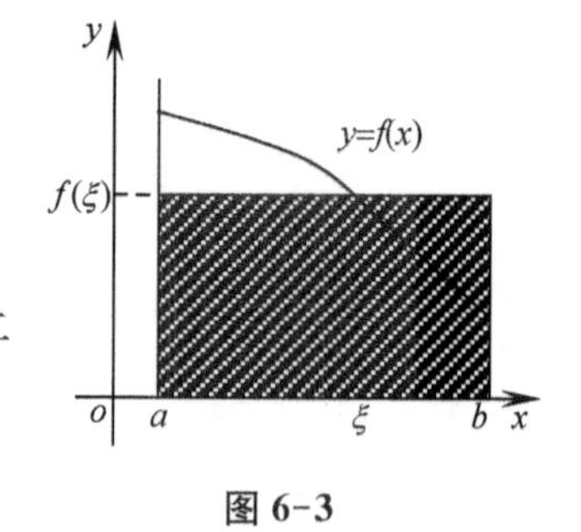

图 6-3

积分中值定理的几何解释为：设函数 $f(x)$ 在$[a,b]$上连续，则在$[a,b]$上至少存在一点 ξ，使得曲边梯形的面积等于同一底边、高为 $f(\xi)$ 的矩形面积(图 6-3).

一般地,把

$$f(\xi)=\frac{1}{b-a}\int_a^b f(x)\mathrm{d}x$$

称为函数 $f(x)$ 在 $[a,b]$ 上的**平均值**. 这是有限个数的算术平均值概念的推广.

例 6.1.1 比较下列各对积分值的大小:

(1) $\int_0^{\frac{\pi}{2}}\cos x\mathrm{d}x$ 和 $\int_0^{\frac{\pi}{2}}\cos^2 x\mathrm{d}x$; (2) $\int_{\mathrm{e}}^{2\mathrm{e}}\ln x\mathrm{d}x$ 和 $\int_{\mathrm{e}}^{2\mathrm{e}}(\ln x)^2\mathrm{d}x$.

解 (1) 因为在 $\left(0,\frac{\pi}{2}\right)$ 上, $0\leqslant\cos x\leqslant1$, 所以 $\cos x\geqslant\cos^2 x$. 由性质 5 知

$$\int_0^{\frac{\pi}{2}}\cos x\mathrm{d}x\geqslant\int_0^{\frac{\pi}{2}}\cos^2 x\mathrm{d}x;$$

(2) 因为在 $[\mathrm{e},2\mathrm{e}]$ 上, $\ln x\geqslant1$, 所以, $\ln x\leqslant(\ln x)^2$. 由性质 5 知

$$\int_{\mathrm{e}}^{2\mathrm{e}}\ln x\mathrm{d}x\leqslant\int_{\mathrm{e}}^{2\mathrm{e}}(\ln x)^2\mathrm{d}x.$$

例 6.1.2 估计定积分 $\int_{-1}^{1}\mathrm{e}^{-x^2}\mathrm{d}x$ 的值.

解 先求 $f(x)=\mathrm{e}^{-x^2}$ 在 $[-1,1]$ 上的最大值与最小值.
令 $f'(x)=-2x\mathrm{e}^{-x^2}=0$, 得驻点 $x=0$. 比较驻点和区间端点处的函数值,

$$f(0)=1,\quad f(\pm1)=\frac{1}{\mathrm{e}},$$

故 $f(x)=\mathrm{e}^{-x^2}$ 在 $[-1,1]$ 上的最大值 $M=f(0)=1$, 最小值 $m=f(\pm1)=\frac{1}{\mathrm{e}}$,

由性质 6 知

$$\frac{2}{\mathrm{e}}\leqslant\int_{-1}^{1}\mathrm{e}^{-x^2}\mathrm{d}x\leqslant2.$$

练习与作业 6-1

一、填空

1. 定积分概念的产生源自于计算曲边梯形面积,在建立曲边梯形面积表达式的过程中,其主要的 4 个步骤是________、________、________、________.

2. 定积分概念的产生源自于计算曲边梯形面积,通过分割、近似、求和、取极限等四个步骤,最终得到曲边梯形面积的表达式,这个思想可简要表述为:“化整为零取________,积零为整取________”.

3. 定积分概念的产生源自于计算曲边梯形面积,通过分割、近似、求和、取极限等四个步骤,最终得到曲边梯形面积的表达式,其中第二步取近似是解决问题的关键所在,这一步渗透的数学思想是________.

4. 定积分是一个数,只与________和________有关,而与________无关.

5. $\frac{\mathrm{d}}{\mathrm{d}x}\int_1^2 f(x)\mathrm{d}x=$________.

6. 如图，函数 $f(x)$ 在区间$[a,b]$上与 x 轴围成的三部分面积分别为A_1,A_2,A_3，则$\int_a^b f(x)\mathrm{d}x$与A_1，A_2,A_3 的关系是________________.

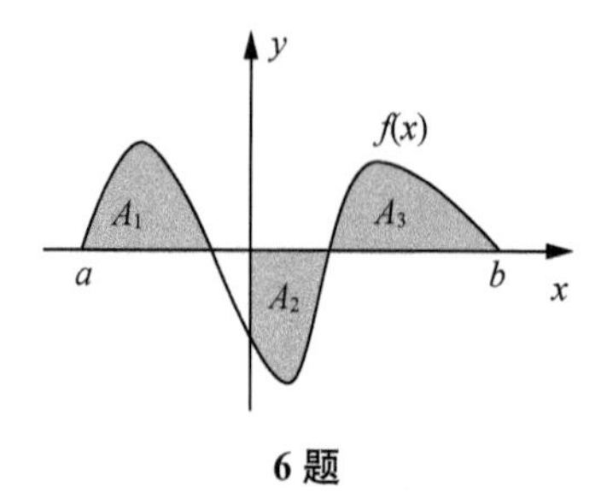

6 题

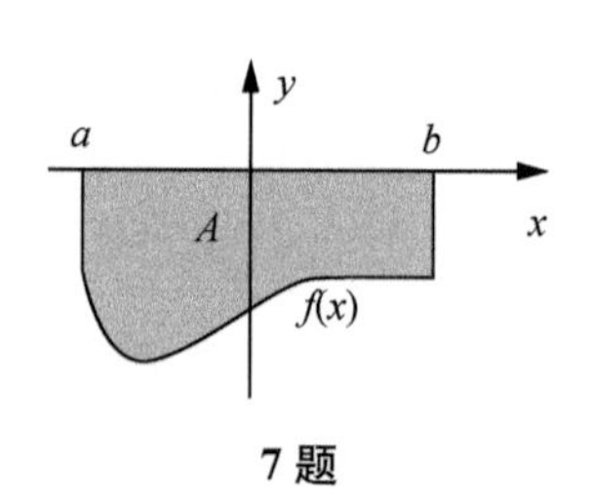

7 题

7. 如图，函数 $f(x)$在区间$[a,b]$上与 x 轴围成的面积为A，则 $\int_a^b f(x)\mathrm{d}x$ 与A 的关系是________________.

8. 定积分 $\int_0^2 2x\mathrm{d}x$ 在几何上表示________________.

9. 定积分 $\int_0^1 \sqrt{1-x^2}\mathrm{d}x$ 在几何上表示________________.

10. 若 $a=b$，则 $\int_a^b f(x)\mathrm{d}x=$________.

11. $\int_a^b f(x)\mathrm{d}x$ 与$\int_b^a f(x)\mathrm{d}x$ 的关系是________________.

12. $\int_a^b f(x)\mathrm{d}x$，$\int_a^c f(x)\mathrm{d}x$，$\int_c^b f(x)\mathrm{d}x$ 三者的关系是________________.

13. 设 M 和 m 分别是函数 $f(x)$在区间$[a,b]$上的最大值与最小值，则必有________$\leqslant \int_a^b f(x)\mathrm{d}x$ $\leqslant$________.

14. 如果函数 $f(x)$在区间$[a,b]$上连续，则至少存在一点 $\xi\in[a,b]$，使得________________.

15. $\dfrac{1}{b-a}\int_a^b f(x)\mathrm{d}x$ 称为函数 $f(x)$在$[a,b]$上的________.

二、单选

1. 定积分 $\int_a^b f(x)\mathrm{d}x$ 的值与下列哪个选项没有关系.　　(　　)

A. 积分下限 a；　　B. 积分上限 b；
C. 被积函数 $f(x)$；　　D. 积分变量 x.

2. 函数 $f(x)$在区间$[a,b]$上连续是定积分 $\int_a^b f(x)\mathrm{d}x$ 存在的　　(　　)

A. 必要条件；　　B. 充分条件；
C. 充分必要条件；　　D. 无关条件.

3. 函数 $f(x)$在区间$[a,b]$上有界是定积分 $\int_a^b f(x)\mathrm{d}x$ 存在的　　(　　)

A. 必要条件；　B. 充分条件；　C. 充分必要条件；　D. 无关条件.

4. 下列函数 $f(x)$在区间$[-1,1]$上不可积的是　　(　　)

A. $f(x)=x^2$；　B. $f(x)=\mathrm{e}^x$；　C. $f(x)=\dfrac{1}{x}$；　D. $f(x)=\sin x$.

5. 由定积分的几何意义可知，$\int_0^1 \sqrt{1-x^2}\mathrm{d}x=$　　(　　)

A. π; B. $\frac{\pi}{2}$; C. $\frac{\pi}{3}$; D. $\frac{\pi}{4}$.

6. 由定积分的几何意义可知，$\int_{-3}^{3}\sqrt{9-x^2}\,dx=$ （ ）

A. 9π; B. $\frac{9\pi}{2}$; C. $\frac{9\pi}{4}$; D. $\frac{9\pi}{8}$.

7. 设函数 $f(x),g(x)$在区间$[a,b]$上可积，则 $f(x)\geqslant g(x)$是 $\int_a^b f(x)dx\geqslant\int_a^b g(x)dx$ 的 （ ）

A. 必要条件； B. 充分条件； C. 充分必要条件； D. 无关条件.

8. 假设积分均可积，则等式 $\int_a^b f(x)dx=\int_a^c f(x)dx+\int_c^b f(x)dx$ 中的 c 位于 （ ）

A. a 的左侧； B. b 的右侧； C. a,b 的内部； D. 以上均可.

9. $\int_0^1 x^4dx$ 与 $\int_0^1 x^5dx$ 的大小关系是 （ ）

A. $\int_0^1 x^4dx>\int_0^1 x^5dx$； B. $\int_0^1 x^4dx=\int_0^1 x^5dx$；

C. $\int_0^1 x^4dx<\int_0^1 x^5dx$； D. 无法确定.

10. 函数 $f(x),g(x)$的图象如图所示，则下列选项错误的是 （ ）

A. $\int_a^b f(x)dx<\int_a^b g(x)dx$；

B. $\int_b^c f(x)dx>\int_b^c g(x)dx$；

C. $\int_a^c f(x)dx,\int_a^c g(x)dx$ 的值均为正数；

D. $\int_a^c f(x)dx=\int_a^c g(x)dx$.

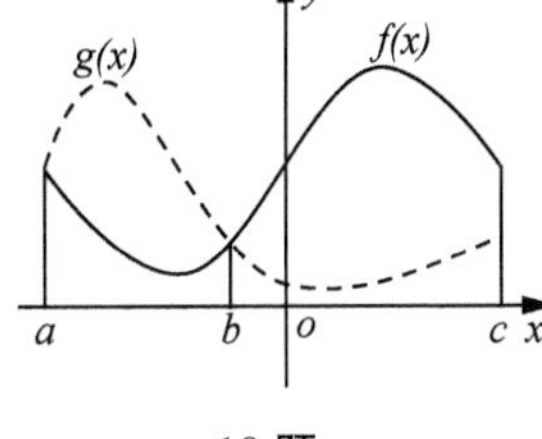

10题

11. 在区间$[a,b]$上，若 $\int_a^b f(x)dx>0$，则下列选项正确的是（ ）

A. $f(x)>0$； B. $f(x)<0$；

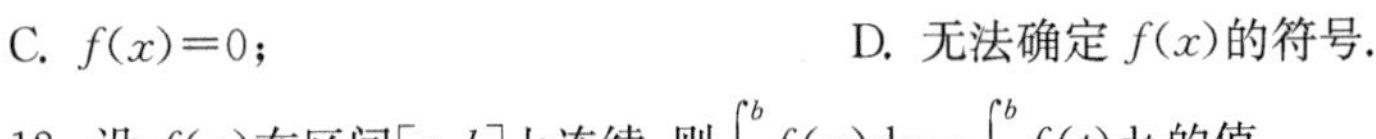

C. $f(x)=0$； D. 无法确定 $f(x)$的符号.

12. 设 $f(x)$在区间$[a,b]$上连续，则 $\int_a^b f(x)dx-\int_a^b f(t)dt$ 的值 （ ）

A. 小于0； B. 大于0； C. 等于0； D. 不能确定.

13. 定积分 $\int_a^b f(x)dx$ 是 （ ）

A. $f(x)$的一个原函数； B. $f(x)$的全体原函数；

C. 任意常数； D. 确定的常数.

14. $\frac{d}{dx}\int_1^2 \sin x\,dx=$ （ ）

A. 0； B. $\cos2-\cos1$；

C. $\sin1-\sin2$； D. $\sin2-\sin1$.

15. 积分中值定理 $\int_a^b f(x)dx=f(\xi)(b-a)$ 中的 ξ 是$[a,b]$上的 （ ）

A. 任意一点； B. 必定存在的某一点；

C. 唯一的某点； D. 中点.

16. 定积分 $\int_a^b dx$ 的值等于 （ ）

A. 0；　　B. $a-b$；　　C. $b-a$；　　D. 任意常数.

17. 如果 $f(x)$在区间$[a,b]$上可积，则 $\int_a^b f(x)\mathrm{d}x-\int_b^a f(x)\mathrm{d}x$ 值必定等于　（　）

A. 0；　　B. $-2\int_a^b f(x)\mathrm{d}x$；

C. $2\int_b^a f(x)\mathrm{d}x$；　　D. $2\int_a^b f(x)\mathrm{d}x$.

三、计算解答

1. 比较定积分的大小：$\int_0^{\frac{\pi}{2}} \cos x\mathrm{d}x$ 与 $\int_0^{\frac{\pi}{2}} \cos^2 x\mathrm{d}x$.

2. 比较定积分的大小：$\int_1^2 (\ln x)^2\mathrm{d}x$ 与 $\int_1^2 (\ln x)^3\mathrm{d}x$.

3. 估计定积分 $\int_0^{\pi} \frac{1}{3+\sin^3 x}\mathrm{d}x$ 值的范围.

6.2 定积分的计算

6.2.1 微积分基本公式

由上一节知道，若时刻 t 物体的位移为 $s(t)$、速度为 $v(t)$，则物体在时间间隔$[T_1,T_2]$内所经过的路程为

$$s=\int_{T_1}^{T_2} v(t)\mathrm{d}t.$$

另一方面，路程 s 又可通过位移函数 $s(t)$在时间间隔$[T_1,T_2]$内的增量表示为

$$s=s(T_2)-s(T_1).$$

所以

$$\int_{T_1}^{T_2} v(t)\mathrm{d}t=s(T_2)-s(T_1).$$

其中，$s'(t)=v(t)$. 由此可知，速度函数 $v(t)$在区间$[T_1,T_2]$上的定积分等于 $v(t)$的原函数 $s(t)$在区间$[T_1,T_2]$上的增量. 该结论是否具有普遍性呢？为此，先介绍一个重要函数——积分上限函数.

设函数 $f(x)$在区间$[a,b]$上连续，于是 $\int_a^x f(x)\mathrm{d}x$ 存在，将它记为$\int_a^x f(t)\mathrm{d}t$，显然，当 x 在$[a,b]$上变动时（如图 6-4），对于每一个 x 值，积分$\int_a^x f(t)\mathrm{d}t$ 都有唯一确定的值与之对应，因此，$\int_a^x f(t)\mathrm{d}t$ 是积分上限 x 的函数，称为积分上限函数，记作

$$\Phi(x)=\int_a^x f(t)\mathrm{d}t\quad(a\leqslant x\leqslant b).$$

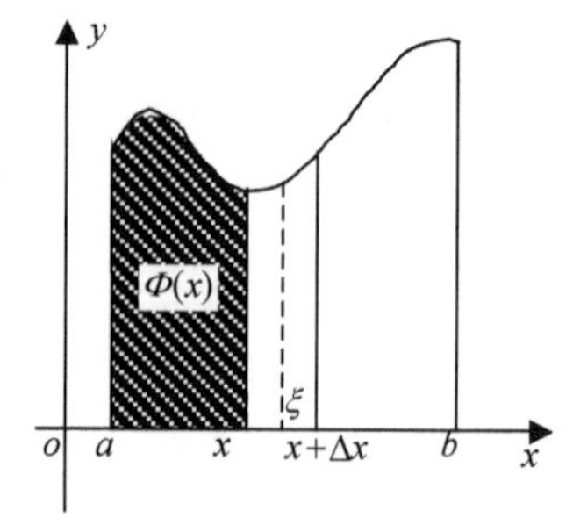

图 6-4

积分上限函数具有如下重要性质：

定理 6.2.1　如果函数 $f(x)$在区间$[a,b]$上连续，则积分上限函数 $\Phi(x)=\int_a^x f(t)\mathrm{d}t$ 在$[a,b]$上可导，且

$$\Phi'(x)=\frac{\mathrm{d}}{\mathrm{d}x}\int_a^x f(t)\mathrm{d}t=f(x)\quad(a\leqslant x\leqslant b).$$

证　因为

$$\Phi(x+\Delta x)-\Phi(x)=\int_a^{x+\Delta x}f(t)\mathrm{d}t-\int_a^x f(t)\mathrm{d}t=\int_x^{x+\Delta x}f(t)\mathrm{d}t,$$

由积分中值定理知，在 x 与 $x+\Delta x$ 之间存在 ξ，使得

$$\int_x^{x+\Delta x}f(t)\mathrm{d}t=f(\xi)\Delta x,$$

于是

$$\Phi'(x)=\lim_{\Delta x\to 0}\frac{\Phi(x+\Delta x)-\Phi(x)}{\Delta x}=\lim_{\Delta x\to 0}\frac{f(\xi)\Delta x}{\Delta x}=\lim_{\Delta x\to 0}f(\xi).$$

当 $\Delta x\to 0$ 时，有 $\xi\to x$，由 $f(x)$的连续性，得

$$\Phi'(x)=f(x).$$

定理 6.2.1 称为微积分基本定理. 其重要意义在于表明了区间 I 上的连续函数一定有原函数. $\Phi(x)$就是连续函 $f(x)$的一个原函数. 于是函数 $f(x)$的不定积分有

$$\int f(x)\mathrm{d}x=\Phi(x)+C=\int_a^x f(t)\mathrm{d}t+C.$$

例 6.2.1　设 $f(x)=\int_a^x \sin(2t^2)\mathrm{d}t$，求 $f'(x)$.

解　根据定理 6.2.1 知　　$f'(x)=\sin(2x^2)$.

例 6.2.2　求极限 $\lim\limits_{x\to 0}\dfrac{\int_0^x \arctan t\mathrm{d}t}{x^2}$.

解　这是$\dfrac{0}{0}$未定型极限，利用洛必达法则和等价无穷小代换得

$$\lim_{x\to 0}\frac{\int_0^x \arctan t\mathrm{d}t}{x^2}=\lim_{x\to 0}\frac{\arctan x}{2x}=\lim_{x\to 0}\frac{x}{2x}=\frac{1}{2}.$$

如果积分上限函数形如 $\Phi(x)=\int_a^{b(x)}f(t)\mathrm{d}t$，即积分上限是关于 x 的函数，则 $\Phi(x)$ 是由 $\Phi(u)=\int_a^u f(t)\mathrm{d}t$，$u(x)=b(x)$构成的复合函数，由复合函数求导法则得

$$\Phi'(x)=[\int_a^u f(t)\mathrm{d}t]'\cdot b'(x)=f(u)\cdot b'(x)=f[b(x)]\cdot b'(x).$$

如果 $\Phi(x)=\int_{a(x)}^{b(x)} f(t)\mathrm{d}t$，利用定积分的可加性，可将 $\Phi(x)$ 表示为

$$\Phi(x)=\int_0^{b(x)} f(t)\mathrm{d}t+\int_{a(x)}^0 f(t)\mathrm{d}t=\int_0^{b(x)} f(t)\mathrm{d}t-\int_0^{a(x)} f(t)\mathrm{d}t,$$

则

$$\Phi'(x)=f[b(x)]\cdot b'(x)-f[a(x)]\cdot a'(x).$$

例 6.2.3 求极限 $\lim\limits_{x\to 0^+}\dfrac{\int_0^{x^2} t^{\frac{3}{2}}\mathrm{d}t}{\int_0^x t(t-\sin t)\mathrm{d}t}$.

解 这是 $\dfrac{0}{0}$ 未定型极限，利用洛必达法则和等价无穷小代换得

$$\lim_{x\to 0^+}\frac{\int_0^{x^2} t^{\frac{3}{2}}\mathrm{d}t}{\int_0^x t(t-\sin t)\mathrm{d}t}=\lim_{x\to 0^+}\frac{x^3\cdot 2x}{x(x-\sin x)}=\lim_{x\to 0^+}\frac{2x^3}{x-\sin x}$$

$$=\lim_{x\to 0^+}\frac{6x^2}{1-\cos x}=\lim_{x\to 0^+}\frac{6x^2}{\frac{1}{2}x^2}=12.$$

定理 6.2.2 如果函数 $f(x)$ 在区间 $[a,b]$ 上连续，又 $F(x)$ 是 $f(x)$ 的任一原函数，则有

$$\int_a^b f(x)\mathrm{d}x=F(b)-F(a)=F(x)\big|_a^b.$$

证 由定理 6.2.1 知 $\Phi(x)=\int_a^x f(t)\mathrm{d}t$ 也是 $f(x)$ 的一个原函数，于是

$$\Phi(x)-F(x)=C\ (C\text{ 为任意常数})$$

即

$$\int_a^x f(t)\mathrm{d}t=F(x)+C,$$

令 $x=a$，有 $\int_a^a f(t)\mathrm{d}t=F(a)+C$，即 $C=-F(a)$，

因此有

$$\int_a^x f(t)\mathrm{d}t=F(x)-F(a),$$

再令 $x=b$ 得

$$\int_a^b f(t)\mathrm{d}t=F(b)-F(a).$$

因定积分与积分变量的记号无关，即得

$$\int_a^b f(x)\mathrm{d}x = F(b) - F(a) = F(x)\big|_a^b.$$

这便是著名的**牛顿—莱布尼茨公式**，也称为**微积分基本公式**.

牛顿—莱布尼茨公式是微积分学发展进程中的一座丰碑，它揭示了定积分与被积函数的原函数之间的联系，把定积分的计算转化为计算原函数的增量，找到了计算定积分的一条捷径.

例 6.2.4 计算下列定积分：

(1) $\int_0^{\frac{\pi}{3}} \cos x\mathrm{d}x$； (2) $\int_1^2 \left(x+\frac{1}{x}\right)^2 \mathrm{d}x$； (3) $\int_{-3}^4 |x|\mathrm{d}x$.

解 (1) $\int_0^{\frac{\pi}{3}} \cos x\mathrm{d}x = \sin x\big|_0^{\frac{\pi}{3}} = \frac{\sqrt{3}}{2}$.

(2) $\int_1^2 \left(x+\frac{1}{x}\right)^2 \mathrm{d}x = \int_1^2 \left(x^2+2+\frac{1}{x^2}\right)\mathrm{d}x = \left(\frac{x^3}{3}+2x-\frac{1}{x}\right)\Big|_1^2 = 4\frac{5}{6}$.

(3) $\int_{-3}^4 |x|\mathrm{d}x = \int_{-3}^0 (-x)\mathrm{d}x + \int_0^4 x\mathrm{d}x = -\frac{x^2}{2}\Big|_{-3}^0 + \frac{x^2}{2}\Big|_0^4 = 12\frac{1}{2}$.

例 6.2.5 设 $\int_0^a x^2\mathrm{d}x = 9$，求常数 a.

解 因为 $\int_0^a x^2\mathrm{d}x = \frac{x^3}{3}\Big|_0^a = \frac{a^3}{3}$，依题意 $\frac{a^3}{3}=9$，则 $a=3$.

例 6.2.6 设 $f(x)=\begin{cases} x+1, & x\geqslant 0 \\ 1, & x<0 \end{cases}$，求 $\int_{-1}^2 f(x)\mathrm{d}x$.

解

$$\begin{aligned}\int_{-1}^2 f(x)\mathrm{d}x &= \int_{-1}^0 f(x)\mathrm{d}x + \int_0^2 f(x)\mathrm{d}x = \int_{-1}^0 \mathrm{d}x + \int_0^2 (x+1)\mathrm{d}x \\ &= x\big|_{-1}^0 + \left(\frac{x^2}{2}+x\right)\Big|_0^2 = 5.\end{aligned}$$

例 6.2.7 已知 $\int_0^x f(t)\mathrm{d}t = \frac{x^4}{2}$，求 $\int_0^9 \frac{1}{\sqrt{x}} f(\sqrt{x})\mathrm{d}x$.

解 因为 $\int_0^x f(t)\mathrm{d}t = \frac{x^4}{2}$，两边同时对 x 求导数，有

$$f(x)=2x^3,$$

当 $x>0$ 时，

$$f(\sqrt{x})=2\sqrt{x^3},$$

所以

$$\int_0^9 \frac{1}{\sqrt{x}} f(\sqrt{x})\mathrm{d}x = \int_0^9 \frac{1}{\sqrt{x}}\cdot 2\sqrt{x^3}\mathrm{d}x = \int_0^9 2x\mathrm{d}x = x^2\big|_0^9 = 81.$$

6.2.2 定积分的换元法

定理 6.2.3 设函数 $f(x)$在区间$[a,b]$上连续，而 $x=\varphi(t)$满足下列条件：

(1) $x=\varphi(t)$在区间$[\alpha,\beta]$上具有连续导数；

(2) $\varphi(\alpha)=a,\varphi(\beta)=b$，且当 t 在区间$[\alpha,\beta]$上变化时，$x=\varphi(t)$的值在$[a,b]$上变化，则有

$$\int_a^b f(x)\mathrm{d}x=\int_\alpha^\beta f[\varphi(t)]\cdot\varphi'(t)\mathrm{d}t.$$

证明略.

运用定理 6.2.3 来求定积分的方法称为定积分的换元法，运用该方法时要注意换元同时换限. 下面通过几个例子进行说明.

例 6.2.8 计算 $\int_0^4\frac{x}{\sqrt{2x+1}}\mathrm{d}x$.

解 设$\sqrt{2x+1}=t$，即 $x=\frac{t^2-1}{2}(t>0)$，则 $\mathrm{d}x=t\mathrm{d}t$. 当 $x=0$ 时，$t=1$；当 $x=4$ 时，$t=3$，于是

$$\int_0^4\frac{x}{\sqrt{2x+1}}\mathrm{d}x=\int_1^3\frac{t^2-1}{2t}\cdot t\mathrm{d}t=\int_1^3\frac{t^2-1}{2}\mathrm{d}t=\left[\frac{1}{6}t^3-\frac{1}{2}t\right]_1^3=\frac{10}{3}.$$

例 6.2.9 计算 $\int_0^a\sqrt{a^2-x^2}\mathrm{d}x\quad(a>0)$.

解 令 $x=a\sin t$，则 $\mathrm{d}x=a\cos t\mathrm{d}t$. 当 $x=0$ 时，$t=0$；当 $x=a$ 时，$t=\frac{\pi}{2}$；

$$\int_0^a\sqrt{a^2-x^2}\mathrm{d}x=a^2\int_0^{\frac{\pi}{2}}\cos^2t\mathrm{d}t=\frac{a^2}{2}\int_0^{\frac{\pi}{2}}(1+\cos2t)\mathrm{d}t$$

$$=\frac{a^2}{2}\left[t+\frac{\sin2t}{2}\right]_0^{\frac{\pi}{2}}=\frac{\pi a^2}{4}.$$

例 6.2.10 计算 $\int_0^{\ln2}\sqrt{\mathrm{e}^x-1}\mathrm{d}x$.

解 设$\sqrt{\mathrm{e}^x-1}=t$，即 $x=\ln(t^2+1)$. 当 $x=\ln2$ 时，$t=1$，当 $x=0$ 时，$t=0$.

$$\int_0^{\ln2}\sqrt{\mathrm{e}^x-1}\mathrm{d}x=\int_0^1 t\mathrm{d}\ln(t^2+1)=\int_0^1 t\cdot\frac{2t}{t^2+1}\mathrm{d}t$$

$$=2\int_0^1\left(1-\frac{1}{t^2+1}\right)\mathrm{d}t=2\left[t-\arctan t\right]_0^1=2-\frac{\pi}{2}.$$

例 6.2.11 设 $f(x)$在对称区间$[-a,a]$上连续，试证明：

$$\int_{-a}^a f(x)\mathrm{d}x=\begin{cases}2\int_0^a f(x)\mathrm{d}x, & \text{当 } f(x)\text{ 为偶函数时}\\ 0. & \text{当 } f(x)\text{ 为奇函数时}\end{cases}.$$

证　$\int_{-a}^{a} f(x)\mathrm{d}x = \int_{-a}^{0} f(x)\mathrm{d}x + \int_{0}^{a} f(x)\mathrm{d}x$，

对积分 $\int_{-a}^{0} f(x)\mathrm{d}x$ 作变换 $x=-t$，得

$$\int_{-a}^{0} f(x)\mathrm{d}x = -\int_{a}^{0} f(-t)\mathrm{d}t = \int_{0}^{a} f(-t)\mathrm{d}t = \int_{0}^{a} f(-x)\mathrm{d}x,$$

所以

$$\int_{-a}^{a} f(x)\mathrm{d}x = \int_{0}^{a} [f(x)+f(-x)]\mathrm{d}x,$$

因此，若 $f(x)$ 是偶函数，即 $f(-x)=f(x)$，故

$$\int_{-a}^{a} f(x)\mathrm{d}x = 2\int_{0}^{a} f(x)\mathrm{d}x;$$

若 $f(x)$ 是奇函数，即 $f(-x)=-f(x)$，故

$$\int_{-a}^{a} f(x)\mathrm{d}x = 0.$$

该题几何意义是很明显的，如图 6-5 所示.

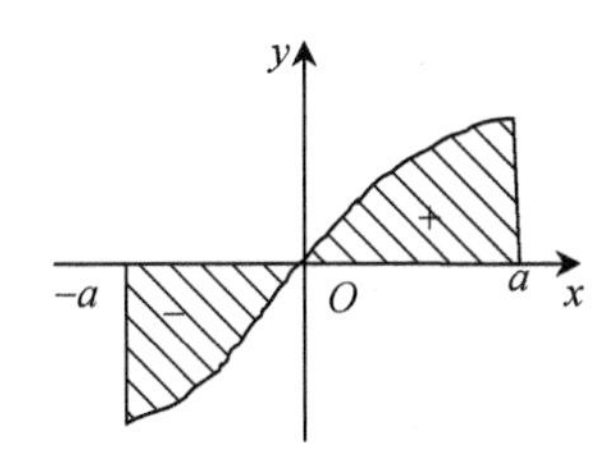

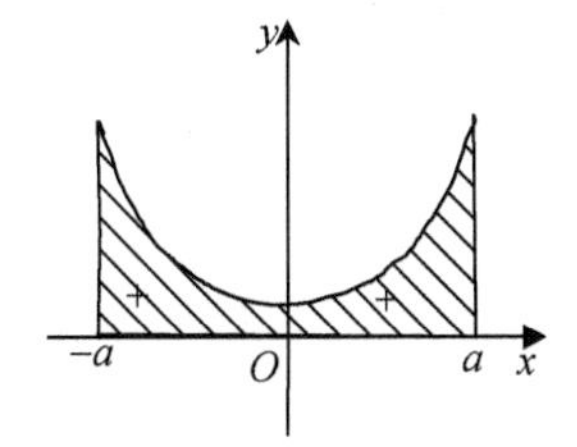

图 6-5

利用这一结果，可简化一些偶函数、奇函数在对称区间上的定积分计算.

例 6.2.12　计算 $\int_{-1}^{1} x^3\cos x\mathrm{d}x$.

解　因为 $f(x)=x^3\cos x$ 在$[-1,1]$上是奇函数，所以 $\int_{-1}^{1} x^3\cos x\mathrm{d}x = 0$.

例 6.2.13　计算 $\int_{-1}^{1} (1+x\cos x)\mathrm{d}x$.

解　虽然函数 $f(x)=1+x\cos x$ 在$[-1,1]$上是非奇非偶函数，但其中 $x\cos x$ 在$[-1,1]$上是奇函数，所以可将积分拆分成两个积分来处理，即

$$\int_{-1}^{1} (1+x\cos x)\mathrm{d}x = \int_{-1}^{1}\mathrm{d}x + \int_{-1}^{1} x\cos x\mathrm{d}x = 2+0 = 2.$$

例 6.2.14　计算 $I = \int_{-2}^{2} (x-2)\sqrt{4-x^2}\mathrm{d}x$.

解　$I = \int_{-2}^{2} (x-2)\sqrt{4-x^2}\mathrm{d}x = \int_{-2}^{2} x\sqrt{4-x^2}\mathrm{d}x - \int_{-2}^{2} 2\sqrt{4-x^2}\mathrm{d}x$,

因为 $x\sqrt{4-x^2}$ 是奇函数，$\sqrt{4-x^2}$ 是偶函数，于是有

$$I=-4\int_0^2\sqrt{4-x^2}\,\mathrm{d}x=-4\pi.\text{（定积分的几何意义）}$$

6.2.3 定积分的分部积分法

定理 6.2.4 设函数 $u(x)$，$v(x)$ 在区间 $[a,b]$ 上有连续的导数，则有**定积分的分部积分公式**

$$\int_a^b u(x)\mathrm{d}v(x)=[u(x)v(x)]\big|_a^b-\int_a^b v(x)\mathrm{d}u(x).$$

证明略.

当 $\int_a^b u(x)\mathrm{d}v(x)$ 不易积分，而 $\int_a^b v(x)\mathrm{d}u(x)$ 较易积分时，分部积分法达到由不易到易的转化.

例 6.2.15 计算 $\int_0^\pi x\cos x\mathrm{d}x$.

解 $\int_0^\pi x\cos x\mathrm{d}x=\int_0^\pi x\mathrm{d}(\sin x)=[x\sin x]_0^\pi-\int_0^\pi \sin x\mathrm{d}x=0+[\cos x]_0^\pi=-2.$

例 6.2.16 计算 $\int_0^4 \mathrm{e}^{\sqrt{x}}\mathrm{d}x$.

解 令 $\sqrt{x}=t$，则 $x=t^2$，$\mathrm{d}x=2t\mathrm{d}t$，当 $x=0$ 时，$t=0$，当 $x=4$ 时，$t=2$. 于是

$$\int_0^4 \mathrm{e}^{\sqrt{x}}\mathrm{d}x=2\int_0^2 t\mathrm{e}^t\mathrm{d}t=2\int_0^2 t\mathrm{d}(\mathrm{e}^t)=2t\mathrm{e}^t\big|_0^2-2\int_0^2\mathrm{e}^t\mathrm{d}t=4\mathrm{e}^2-2\mathrm{e}^t\big|_0^2=2\mathrm{e}^2+2.$$

例 6.2.17 已知 $f(0)=1$，$f(2)=4$，$f'(2)=2$，求 $\int_0^1 xf''(2x)\mathrm{d}x$.

解 利用分部积分法，有

$$\begin{aligned}\int_0^1 xf''(2x)\mathrm{d}x&=\frac{1}{2}\int_0^1 xf''(2x)\mathrm{d}(2x)=\frac{1}{2}\int_0^1 x\mathrm{d}[f'(2x)]\\&=\left[\frac{x}{2}f'(2x)\right]_0^1-\frac{1}{2}\int_0^1 f'(2x)\mathrm{d}x=\frac{1}{2}f'(2)-\frac{1}{4}\int_0^1 f'(2x)\mathrm{d}(2x)\\&=1-\left[\frac{1}{4}f(2x)\right]_0^1=1-\frac{1}{4}[f(2)-f(0)]=\frac{1}{4}.\end{aligned}$$

练习与作业 6-2

第 1 部分：微积分基本公式

一、填空

1. $\dfrac{\mathrm{d}\int_0^x \sin t^2\mathrm{d}t}{\mathrm{d}x}=$ ________.　　2. $\dfrac{\mathrm{d}\int_0^{x^2}\sqrt{1+t^2}\mathrm{d}t}{\mathrm{d}x}=$ ________.

3. $\dfrac{\mathrm{d}\int_{x}^{0} \mathrm{e}^{t}\sin 2t\mathrm{d}t}{\mathrm{d}x}=$________.

4. 设函数 $\varphi(x)=\int_{1}^{x^3} \mathrm{e}^{-t}\mathrm{d}t$,则 $\varphi'(x)=$________.

5. 设函数 $\varphi(x)=\int_{x^2}^{x^3} \sqrt{1+t^3}\mathrm{d}t$,则 $\varphi'(x)=$________.

6. 设函数 $f(x)=\int_{0}^{x^2} t^2\cdot\sqrt[3]{1+t^3}\mathrm{d}t$,则 $f'(x)=$________.

7. $\int_{0}^{1} x^2\mathrm{d}x=$________.

8. $\int_{-1}^{1} (x-1)^3\mathrm{d}x=$________.

9. $\int_{\mathrm{e}}^{\mathrm{e}^2} \dfrac{\ln^2 x}{x}\mathrm{d}x=$________.

10. 设 $f(x)=\begin{cases}2x & 0\leqslant x\leqslant 1\\ 5 & 1<x\leqslant 2\end{cases}$,则 $\int_{0}^{2} f(x)\mathrm{d}x=$________.

11. $\int_{-2}^{-1} \dfrac{1}{(11+5x)^3}\mathrm{d}x=$________.

二、单选

1. 设 $\int_{0}^{x} f(x)\mathrm{d}x=x\sin x$,则 $f(x)$等于 ( )

A. $\sin x+x\cos x$;　　B. $\sin x-x\cos x$;

C. $x\cos x-\sin x$;　　D. $-(\sin x+x\cos x)$.

2. 设 $f(x)$在$[a,b]$上连续,则下式中是 $f(x)$的一个原函数的是 ( )

A. $\int f(x)\mathrm{d}x$;　　B. $\int_{a}^{b} f(x)\mathrm{d}x$;　　C. $\int_{a}^{x} f(t)\mathrm{d}t$;　　D. $\int_{a}^{x} f'(x)\mathrm{d}x$.

3. 设连续函数 $f(x)$ 满足等式 $\int_{0}^{x} f(t)\mathrm{d}t=\cos^2 x-1,x\geqslant 0$,则 $f\left(\dfrac{\pi}{4}\right)=$ ( )

A. $\sqrt{2}$;　　B. $-\sqrt{2}$;　　C. 1;　　D. -1.

4. 下列等式中不正确的是 ( )

A. $\dfrac{\mathrm{d}[\int_{a}^{b} f(x)\mathrm{d}x]}{\mathrm{d}x}=f(x)$;　　B. $\dfrac{\mathrm{d}[\int_{a}^{b(x)} f(t)\mathrm{d}t]}{\mathrm{d}x}=f[b(x)]b'(x)$;

C. $\dfrac{\mathrm{d}[\int_{a}^{x} f(t)\mathrm{d}t]}{\mathrm{d}x}=f(x)$;　　D. $\dfrac{\mathrm{d}[\int_{a}^{x} F'(t)\mathrm{d}t]}{\mathrm{d}x}=F'(x)$.

5. 积分上限函数 $\int_{a}^{x} f(t)\mathrm{d}t$ 是 ( )

A. $f'(x)$的一个原函数;　　B. $f'(x)$的全体原函数;

C. $f(x)$的一个原函数;　　D. $f(x)$的全体原函数.

6. 设 $F(x)=\int_{x}^{2} \sin t\mathrm{d}t$,则 $F'(x)=$ ( )

A. $\sin x+\sin 2$;　　B. $-\sin x+\sin 2$;

C. $\sin x$;　　D. $-\sin x$.

7. 设 $f(x)=\int_{2x}^{x^2} g(t)\mathrm{d}t$,则 $f'(x)=$ ( )

A. $g(x^2)-g(2x)$;　　B. $x^2 g(x^2)-2xg(2x)$;

C. $(x^2-2x)-g(x)$； D. $2xg(x^2)-2g(2x)$.

8. 已知 $f(x)$为连续函数，$F(x)=\int_0^x xf(t)\mathrm{d}t$，则 $F'(x)=$ （　）

A. $\int_0^x f(t)\mathrm{d}t+xf(x)$； B. $xf(x)$；

C. $\int_0^x f(t)\mathrm{d}t$； D. $xf(t)$.

9. $\int_0^1 \frac{1}{1+x^2}\mathrm{d}x=$ （　）

A. 0； B. $\frac{\pi}{4}$； C. $\frac{\pi}{2}$； D. π.

10. 设$\int_0^a x^3\mathrm{d}x=4$，则 $a=$ （　）

A. 1； B. 2； C. 3； D. 4.

11. $\int_0^1 \mathrm{e}^{-x}\mathrm{d}x=$ （　）

A. e^{-1}； B. $\mathrm{e}^{-1}-1$； C. $-\mathrm{e}^{-1}$； D. $1-\mathrm{e}^{-1}$.

12. 设 $0<a<b$，则$\int_a^b \frac{\ln x}{x}\mathrm{d}x=$ （　）

A. $\frac{1}{2}(\ln^2 a-\ln^2 b)$； B. $\frac{1}{2}(\ln^2 b-\ln^2 a)$；

C. $(\ln^2 a-\ln^2 b)$； D. $(\ln^2 b-\ln^2 a)$.

13. $\int_0^1 x\sqrt{1-x^2}\mathrm{d}x=$ （　）

A. $\frac{1}{2}$； B. $\frac{1}{3}$； C. $\frac{1}{4}$； D. $\frac{1}{5}$.

三、计算解答

1. 求极限 $\lim\limits_{x\to 0}\frac{\int_0^x \sin 2t\mathrm{d}t}{x^2}$.

2. 求极限 $\lim\limits_{x\to 0}\frac{\int_0^x \arctan t\mathrm{d}t}{x^2}$.

3. 求极限 $\lim\limits_{x\to 0}\frac{\int_0^{x^2} \arcsin 2\sqrt{t}\mathrm{d}t}{x^3}$.

4. 求极限 $\lim\limits_{x\to 0}\frac{\int_0^{x^2} t\mathrm{e}^t\mathrm{d}t}{\int_0^x t^2\sin t\mathrm{d}t}$.

5. 计算定积分 $\int_0^1 \sqrt{x}(1+\sqrt{x})\mathrm{d}x$.

6. 计算定积分 $\int_{-1}^1 |x|\mathrm{d}x$.

7. 计算定积分 $\int_0^3 \frac{1}{3+x^2}\mathrm{d}x$.

8. 设 $f(x)=\begin{cases}x+1, & x\leqslant 1\\ \frac{x^2}{2}, & x>1\end{cases}$，求$\int_0^2 f(x)\mathrm{d}x$.

9. 计算定积分 $\int_0^{\frac{\pi}{2}} \cos^3 x \mathrm{d}x$.

第 2 部分:定积分换元法与分部积分法

一、填空

1. 对积分 $\int_0^1 f(-x)\mathrm{d}x$ 作令 $-x=t$ 的换元,则所得新积分的表达式为________.

2. 对积分 $\int_0^3 f(\sqrt{x+1})\mathrm{d}x$ 作令 $\sqrt{x+1}=t$ 的换元,则所得新积分的表达式为________.

3. 对积分 $\int_0^a \sqrt{a^2-x^2}\mathrm{d}x$ 作令 $x=a\sin t$ 的换元,则所得新积分的表达式为________.

4. $\int_{-2}^2 \frac{x}{x^2+2}\mathrm{d}x=$________.

5. $\int_{-\pi}^{\pi} \frac{x^2\sin x}{1+x^2}\mathrm{d}x=$________.

6. $\int_{-\pi}^{\pi}(x^2+\sin^3 x)\mathrm{d}x=$________.

二、单选

1. 对积分 $\int_0^3 \frac{x}{\sqrt{x+1}}\mathrm{d}x$ 作令 $\sqrt{x+1}=t$ 的换元,则所得新积分的表达式为　(　　)

A. $\int_0^3 \frac{x}{t}\mathrm{d}x$;　B. $\int_0^3 \frac{t^2-1}{t}\mathrm{d}x$;　C. $\int_0^3 2(t^2-1)\mathrm{d}t$;　D. $\int_1^2 2(t^2-1)\mathrm{d}t$.

2. 下列定积分所作换元法不可行的是　(　　)

A. $\int_1^4 \frac{1}{\sqrt{x}+1}\mathrm{d}x$,令 $\sqrt{x}=t$;　B. $\int_{-3}^0 \frac{x+1}{\sqrt{x+4}}\mathrm{d}x$,令 $\sqrt{x+4}=t$;

C. $\int_0^1 \sqrt{1-x^2}\mathrm{d}x$,令 $\sqrt{1-x^2}=t$;　D. $\int_0^{\sqrt{2}} \sqrt{2-x^2}\mathrm{d}x$,令 $x=\sqrt{2}\sin t$.

3. 设 $f(x)$ 在 $[-1,1]$ 为连续的偶函数,则 $\int_{-1}^1 xf(x)\mathrm{d}x$ 的值为　(　　)

A. 0;　B. $2\int_0^1 xf(x)\mathrm{d}x$;

C. $2\int_{-1}^0 xf(x)\mathrm{d}x$;　D. 无法确定.

4. 设 $f(x)$ 在 $[-1,1]$ 为连续的奇函数,则 $\int_{-1}^1 [1+x^2 f(x)]\mathrm{d}x$ 的值为　(　　)

A. 0;　B. 2;

C. $2\int_0^1 [1+x^2 f(x)]\mathrm{d}x$;　D. $2\int_{-1}^0 [1+x^2 f(x)]\mathrm{d}x$.

5. 若函数 $f(x)=x^3+x^{\frac{1}{3}}$,则 $\int_{-2}^2 f(x)\mathrm{d}x$ 的值等于　(　　)

A. 0;　B. 8;　C. $\int_0^2 f(x)\mathrm{d}x$;　D. $2\int_0^2 f(x)\mathrm{d}x$.

三、计算解答

1. 计算定积分 $\int_1^4 \frac{1}{\sqrt{x}+1}\mathrm{d}x$.

2. 计算定积分 $\int_0^3 \frac{x}{\sqrt{x+1}+1}\mathrm{d}x$.

3. 计算定积分 $\int_0^4 \frac{x}{\sqrt{2x+1}+1}\mathrm{d}x$.

4. 计算定积分$\int_{\frac{3}{4}}^{1}\frac{1}{\sqrt{1-x}-1}\mathrm{d}x$.

5. 计算定积分$\int_{-1}^{1}\frac{x}{\sqrt{5+4x}}\mathrm{d}x$.

6. 计算定积分$\int_{0}^{3}\frac{x+1}{\sqrt{4-x}}\mathrm{d}x$.

7. 计算定积分$\int_{1}^{4}\frac{1}{x(1+\sqrt{x})}\mathrm{d}x$.

8. 计算定积分$\int_{0}^{1}\frac{x^2}{\sqrt{1-x^2}}\mathrm{d}x$.

9. 计算定积分$\int_{0}^{1}x\mathrm{e}^{x}\mathrm{d}x$.

10. 计算定积分$\int_{1}^{\mathrm{e}}\ln x\mathrm{d}x$.

11. 计算定积分$\int_{0}^{\frac{\pi}{2}}x\sin x\mathrm{d}x$.

12. 计算定积分$\int_{1}^{\mathrm{e}}x\ln x\mathrm{d}x$.

6.3 定积分的应用

定积分不仅能求曲边梯形的面积和变速直线运动的路程，也是求某种总量的数学模型，而微元法是用定积分解决实际问题的数学分析方法，在几何、物理和其他自然科学方面都有广泛的应用.

6.3.1 微元法

对于某些实际问题，我们可按“分割、近似、求和、取极限”四个步骤，把所求量U用定积分来求解. 在四个步骤中，关键是第二步，即在每个小区间上，以直代曲，用均匀变化代替非均匀变化，得到部分量的近似值$\Delta U_i\approx f(\xi_i)\Delta x_i$，由它对应定积分的被积表达式$f(x)\mathrm{d}x$. 由此得到启发：

为求与$f(x)$ ($x\in[a,b]$)有关的某总量U，首先选取具有代表性的小区间$[x,x+\mathrm{d}x]\subseteq[a,b]$，用小区间左端点$x$处的函数值$f(x)$与区间长$\mathrm{d}x$作乘积$f(x)\mathrm{d}x$，即为部分量$\Delta U$的近似值，

$$\Delta U\approx f(x)\mathrm{d}x,$$

$f(x)\mathrm{d}x$就是总量U的积分微元，记为

$$\mathrm{d}U=f(x)\mathrm{d}x.$$

再以积分微元$f(x)\mathrm{d}x$为被积表达式，在区间$[a,b]$上做定积分，即得所求的全量U，

$$U=\int_{a}^{b}f(x)\mathrm{d}x.$$

这种建立定积分表达式的方法，称为**微元法**.

微元法的一般步骤可归纳为：

(1) 选变量：根据问题的具体情况，选取积分变量，如 x，并确定它的变化区间，如 $x\in[a,b]$.

(2) 算微元：选取具有代表性的小区间 $[x,x+\mathrm{d}x]\subseteq[a,b]$，求出所求量 U 在该小区间上的微元的表达式，如 $\mathrm{d}U=f(x)\mathrm{d}x$.

(3) 求积分：将所求量的微元 $\mathrm{d}U$ 在 a 到 b 上积分便得到 $U=\int_a^b f(x)\mathrm{d}x$.

关于微元法的说明：

(1) 使用微元法的前提，要求所求量 U 对区间具有可加性. 换言之，在区间 $[a,b]$ 上的总量 U 等于该区间的各小区间上的部分量之和.

(2) 在小区间 $[x,x+\mathrm{d}x]$ 上，用"以直代曲""以均匀代非均匀"的数学思想，写出所求量 U 的微元 $\mathrm{d}U=f(x)\mathrm{d}x$ 作为 ΔU 的近似值，其差是关于 Δx 的高阶无穷小.

下面通过几个实例说明微元法的思想.

例 6.3.1　设有一长为 l、质量为 M 的均匀细杆，另有一质量为 m 的质点和杆在一条直线上，它到杆的近端的距离为 a，计算细杆对质点的引力.

解　取坐标系如图 6-6 所示.

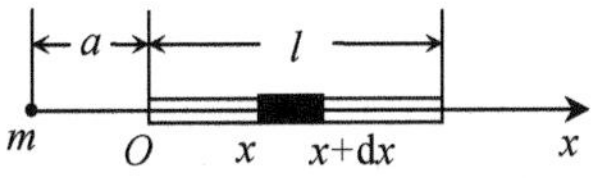

图 6-6

(1) 选变量：以 x 为积分变量，它的变化区间为 $[0,l]$.

(2) 算微元：在杆上任取一小区间 $[x,x+\mathrm{d}x]$，此段杆长 $\mathrm{d}x$，质量为 $\frac{M}{l}\mathrm{d}x$. 由于 $\mathrm{d}x$ 很小，可以近似地看作是一个质点，它与质点 x 间的距离为 $x+a$，根据万有引力定律，这一小段细杆对质点的引力的近似值，即引力元素为

$$\mathrm{d}F=k\frac{m\cdot\frac{M}{l}\mathrm{d}x}{(x+a)^2}.$$

(3) 求积分：在 $[0,l]$ 上做定积分，便得到细杆对质点的引力

$$\begin{aligned}F&=\int_0^l k\frac{m\cdot\frac{M}{l}}{(x+a)^2}\mathrm{d}x=\frac{kmM}{l}\int_0^l\frac{1}{(x+a)^2}\mathrm{d}x\\&=\frac{kmM}{l}\left[-\frac{1}{x+a}\right]_0^l\\&=\frac{kmM}{l}\cdot\frac{l}{a(l+a)}=\frac{kmM}{a(l+a)}.\end{aligned}$$

例 6.3.2　已知某型直升机的副油箱是一个半径为 R 的圆柱形油桶，如图 6-7(a)所示，桶内盛有半桶油. 设油的密度为 ρ，试计算油箱的一个断面上所受的压力.

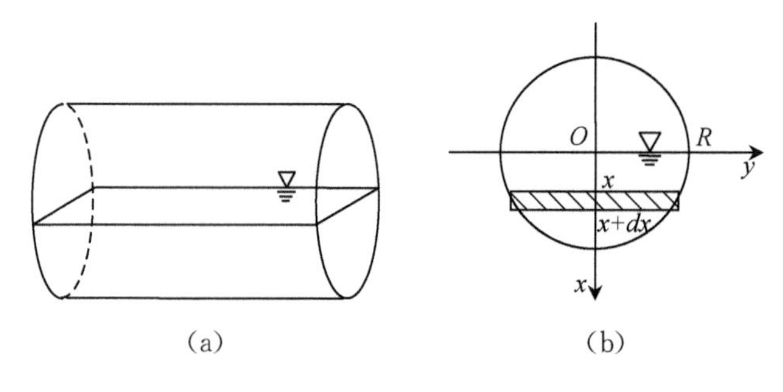

图 6-7

解 油箱的断面是圆形,由题意可知,要求的是油箱断面内侧所受的压力.取坐标系如图 6-7(b)所示.

(1) 选变量:在此坐标系中,受到压力的半圆可表示为 $x^2+y^2\leqslant R^2(0\leqslant x\leqslant R)$.取 x 为积分变量,它的变化区间为 $[0,R]$.

(2) 算微元:对应于 $[0,R]$ 上任一小区间 $[x,x+\mathrm{d}x]$,断面上相应的窄条上各点处的压强近似于 $\rho g x$,这窄条的面积近似于

$$2\sqrt{R^2-x^2}\,\mathrm{d}x.$$

因此,这窄条所受油的压力的近似值,即压力元素为

$$\mathrm{d}P=2\rho g x\sqrt{R^2-x^2}\,\mathrm{d}x.$$

(3) 求积分:在闭区间 $[0,R]$ 上做定积分,便得所求压力为

$$P=\int_0^R 2\rho g x\sqrt{R^2-x^2}\,\mathrm{d}x=-\rho g\int_0^R (R^2-x^2)^{\frac{1}{2}}\,\mathrm{d}(R^2-x^2)$$

$$=-\rho g\left[\frac{2}{3}(R^2-x^2)^{\frac{3}{2}}\right]_0^R=\frac{2\rho g R^3}{3}.$$

例 6.3.3 某军用油库的储油井呈圆柱形,如图 6-8 所示,井深 5 m,底圆半径为 3 m,井内盛满了航空煤油,试问要把井内的煤油全部吸出需做多少功?(航空煤油密度为 803 kg/m³)

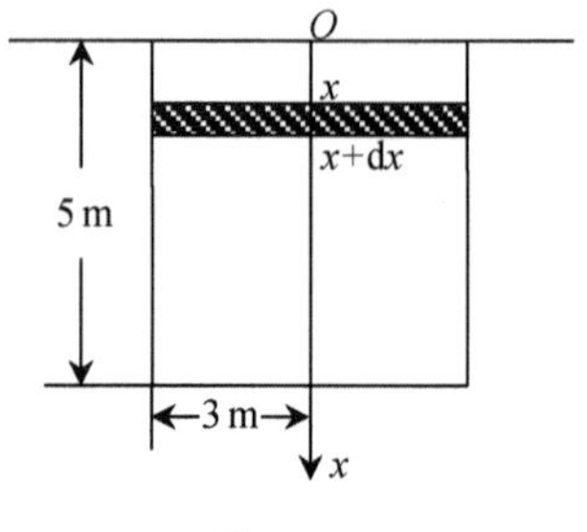

图 6-8

解 取坐标系如图 6-8 所示.

(1) 选变量:取深度 x 为积分变量,它的变化区间为 $[0,5]$.

(2) 算微元:在 $[0,5]$ 上任一小区间 $[x,x+\mathrm{d}x]$ 的一薄层煤油可看作高度为 $\mathrm{d}x$、底半径为 3 的圆柱,其体积为 $\mathrm{d}V=9\pi\mathrm{d}x$,把这薄层煤油吸出井外时,需要提升的高度为 x,因此需做的功(功微元)为

$$\mathrm{d}W=x\rho g\,\mathrm{d}V=9\rho g\pi x\,\mathrm{d}x.$$

(3) 求积分:在 $[0,5]$ 上做定积分,便得所求的功为

$$W=\int_0^5 9\rho g\pi x\mathrm{d}x=9\rho g\pi\left[\frac{x^2}{2}\right]_0^5=\frac{225}{2}\rho g\pi$$
$$=\frac{225}{2}\times 803\times 9.8\pi$$
$$\approx 2.78\times 10^6(\mathrm{J}).$$

6.3.2　平面图形的面积

设平面图形由上、下两条曲线 $y=f(x)$，$y=g(x)$ 及 $x=a$，$x=b$ 所围成，如图 6-9 所示.

选取 x 为积分变量，在区间$[a,b]$上任取一小区间$[x,x+\mathrm{d}x]$，在此区间上的窄条面积近似地看作高为$[f(x)-g(x)]$、底为 $\mathrm{d}x$ 的矩形面积，得面积微元

$$\mathrm{d}A=[f(x)-g(x)]\mathrm{d}x,$$

所以

$$A=\int_a^b[f(x)-g(x)]\mathrm{d}x.$$

即所围成图形的面积等于上方曲线减去下方曲线的积分.

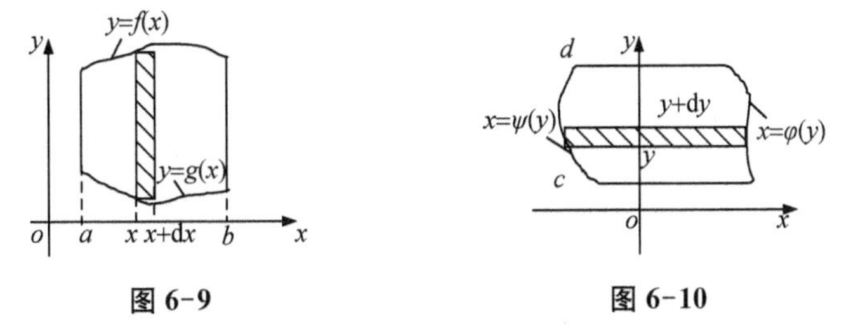

图 6-9　　图 6-10

若平面图形由左、右两条曲线 $x=\psi(y)$，$x=\varphi(y)$和直线 $y=c$，$y=d$ 围成，如图 6-10 所示，其面积微元为

$$\mathrm{d}A=[\varphi(y)-\psi(y)]\mathrm{d}y,$$

所以

$$A=\int_c^d[\varphi(y)-\psi(y)]\mathrm{d}y.$$

即所围成图形的面积等于右边曲线减去左边曲线的积分.

例 6.3.4　求由抛物线 $y^2=x$，$y=x^2$ 所围成的图形的面积.

解　解方程组$\begin{cases}y^2=x\\y=x^2\end{cases}$，即$\begin{cases}y=\sqrt{x}\\y=x^2\end{cases}$，得两曲线交点为(0,0)和(1,1)，如图 6-11 所示，

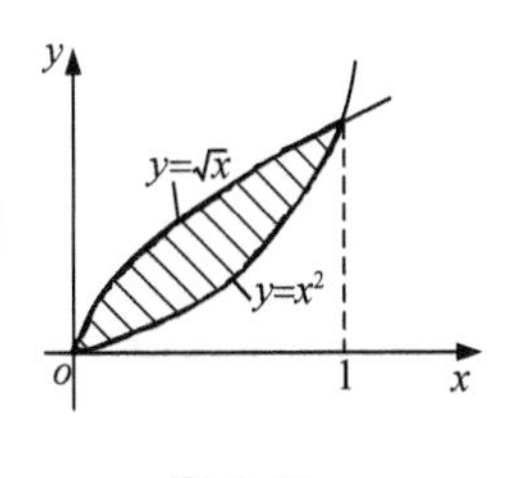

图 6-11

所求面积为

$$A=\int_0^1(\sqrt{x}-x^2)\mathrm{d}x=\left[\frac{2}{3}x^{\frac{3}{2}}-\frac{1}{3}x^3\right]_0^1=\frac{1}{3}.$$

例 6.3.5 求由抛物线 $y^2=2x$ 与直线 $y=x-4$ 围成的图形的面积.

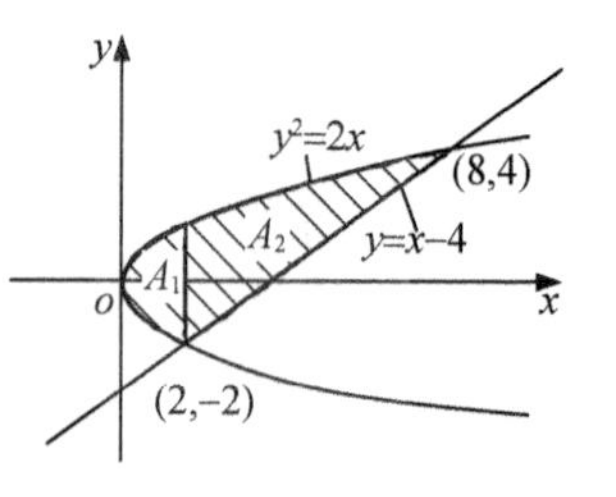

图 6-12

解 (一) 解方程组 $\begin{cases}y^2=2x\\ y=x-4\end{cases}$,得交点(2,−2)和(8,4),如图 6-12 所示,若取 x 为积分变量,所求面积 A 可看作 A_1 与 A_2 两部分之和,其中 A_1 是在 $x\in[0,2]$ 上由曲线 $y=\sqrt{2x}$、$y=-\sqrt{2x}$ 及 $x=2$ 围成的图形的面积,A_2 是在 $x\in[2,8]$ 上由曲线 $y=\sqrt{2x}$、$y=x-4$ 及 $x=2$ 围成的图形的面积,则

$$A=A_1+A_2=\int_0^2[\sqrt{2x}-(-\sqrt{2x})]\mathrm{d}x+\int_2^8[\sqrt{2x}-(x-4)]\mathrm{d}x$$

$$=4\left[\frac{\sqrt{2}}{3}x^{\frac{3}{2}}\right]_0^2+\left[\frac{2}{3}\sqrt{2}x^{\frac{3}{2}}-\frac{1}{2}x^2+4x\right]_2^8=\frac{16}{3}+\frac{38}{3}=18.$$

(二) 求出交点(2,−2)和(8,4),若选 y 为积分变量,$y\in[-2,4]$,所求面积 A 由直线方程为 $x=y+4$,抛物线方程为 $x=\frac{1}{2}y^2$ 围成. 所以

$$A=\int_{-2}^4\left[(y+4)-\frac{1}{2}y^2\right]\mathrm{d}y=\left[\frac{1}{2}y^2+4y-\frac{1}{6}y^3\right]_{-2}^4=18.$$

由本例可以看出,解法(二)比解法(一)简单. 因此,求平面图形的面积时要注意图形的结构,适当选取积分变量可以简化计算.

6.3.3 旋转体的体积

旋转体是由平面内一个图形绕该平面内的一条直线旋转一周而成的立体,定直线称为旋转体的轴. 圆柱体、圆锥体是特殊的旋转体. 日常生活中加工的工件、土陶产品等有些就是旋转体.

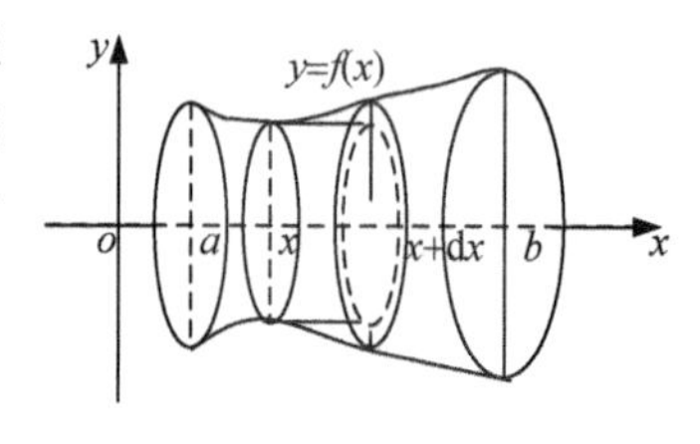

图 6-13

设旋转体是由曲线 $y=f(x)$ 与直线 $x=a$,$x=b(a<b)$ 及 x 轴所围成的曲边梯形绕 x 轴旋转一周而成,如图 6-13 所示,取 x 为积分变量,$x\in[a,b]$,过点 x 的截面面积为

$$A(x)=\pi y^2=\pi f^2(x).$$

在 $[a,b]$ 上任意取小区间 $[x,x+\mathrm{d}x]$,立于小区间上的立体薄片可近似地看作是以 $A(x)$ 为底、$\mathrm{d}x$ 为高的小圆柱体,则得体积微元

$$\mathrm{d}v=A(x)\mathrm{d}x=\pi f^2(x)\mathrm{d}x,$$

于是旋转体的体积为

$$V=\int_a^b\pi f^2(x)\mathrm{d}x.$$

类似地，如图 6-14 所示，由连续曲线 $x=\varphi(y)$ 与直线 $y=c$，$y=d$ 及 y 轴围成的曲边梯形绕 y 轴旋转一周而成的旋转体的体积为

$$V=\int_c^d \pi\varphi^2(y)\mathrm{d}y.$$

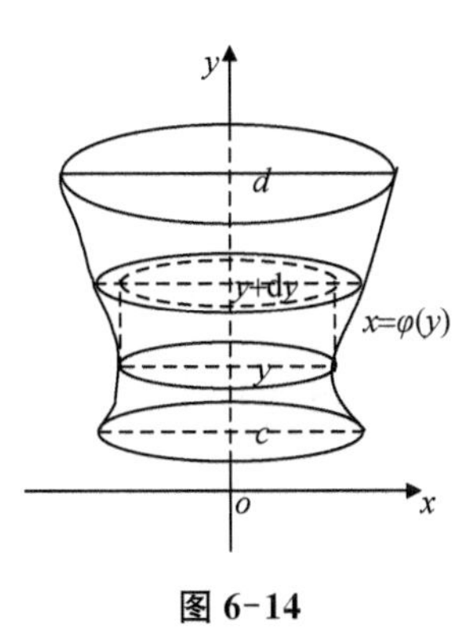

图 6-14

例 6.3.6 求由椭圆$\frac{x^2}{a^2}+\frac{y^2}{b^2}=1$ 所围成的图形绕 x 轴旋转一周而成的旋转椭球体的体积.

解 如图 6-15 所示，旋转椭球体可看作由上半椭圆 $y=\frac{b}{a}\sqrt{a^2-x^2}$ 及 x 轴围成的图形绕 x 轴旋转一周而成. 则

$$V=\int_{-a}^{a}\pi y^2\mathrm{d}x=\int_{-a}^{a}\pi\left(\frac{b}{a}\sqrt{a^2-x^2}\right)^2\mathrm{d}x=2\pi\cdot\frac{b^2}{a^2}\int_0^a(a^2-x^2)\mathrm{d}x$$

$$=2\pi\cdot\frac{b^2}{a^2}\left[a^3-\frac{x^3}{3}\Big|_0^a\right]=\frac{4}{3}\pi ab^2.$$

当 $a=b$ 时，便得到半径为 a 的球体体积 $V=\frac{4}{3}\pi a^3$.

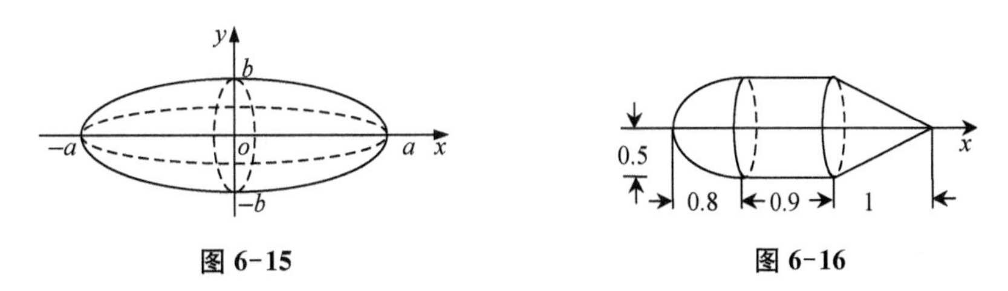

图 6-15　　图 6-16

例 6.3.7 某型直升机副油箱可看作由三部分图形组成，头部是旋转抛物面（由抛物线 $y^2=\frac{0.625}{2}x$ 绕 x 轴旋转一周得到），中部是圆柱面，尾部是圆锥面. 设副油箱的尺寸（单位：m）如图 6-16 所示，求它的体积.

解 副油箱的头部是旋转体，根据旋转体的体积计算公式可得

$$V_1=\int_0^{0.8}\pi\cdot\frac{0.625}{2}x\mathrm{d}x\approx 0.314(\mathrm{m}^3).$$

副油箱的中部是圆柱体,由圆柱体的体积公式可得

$$V_2=\pi r^2 h=\pi\times 0.5^2\times 0.9\approx 0.707(\mathrm{m}^3).$$

副油箱的尾部是圆锥体,由圆锥体的体积公式可得

$$V_3=\frac{1}{3}\pi r^2 h=\frac{1}{3}\pi\times 0.5^2\times 1\approx 0.262(\mathrm{m}^3),$$

所以该型直升机副油箱的体积为

$$V=V_1+V_2+V_3=0.314+0.707+0.262=1.283(\mathrm{m}^3).$$

练习与作业 6-3

一、填空

1. 如图,平面曲线 $y=f(x)$,$y=g(x)$及直线 $x=1$,$x=4$ 所围成平面图形的面积是________.

2. 如图,平面曲线 $x=f_1(y)$,$x=f_2(y)$及直线 $y=a$,$y=b$ 所围成平面图形的面积是________.

3. 如图,平面曲线 $y=f(x)$,$y=g(x)$及直线 $x=a$,$x=c$ 所围成平面图形的面积是________.

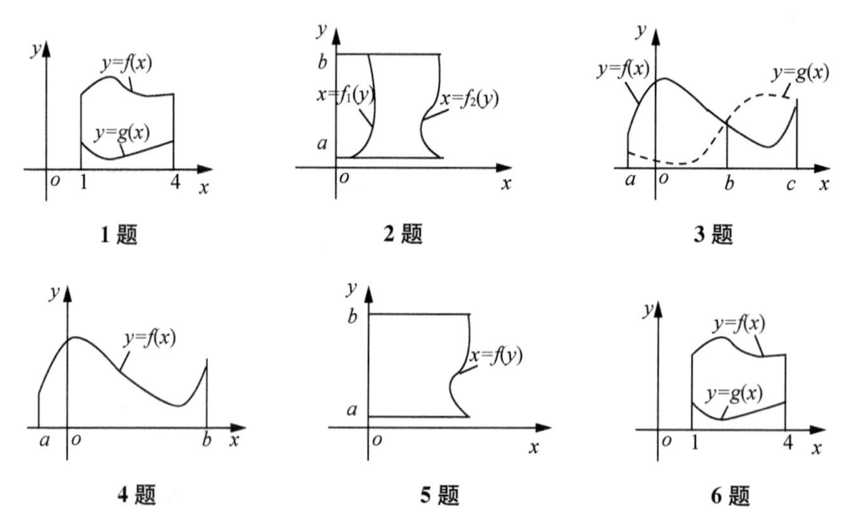

1 题　2 题　3 题

4 题　5 题　6 题

4. 如图,平面曲线 $y=f(x)$及直线 $x=a$,$x=b$,$y=0$ 所围成平面图形绕 x 轴旋转形成的旋转体体积是________.

5. 如图,平面曲线 $x=f(y)$及直线 $y=a$,$y=b$,$x=0$ 所围成平面图形绕 y 轴旋转形成的旋转体体积是________.

6. 如图,平面曲线 $y=f(x)$,$y=g(x)$及直线 $x=1$,$x=4$ 所围成平面图形绕 x 轴旋转形成的旋转体体积是________.

二、单选

1. 曲线 $y=\sin x$,$x\in[0,2\pi]$与 x 轴所围图形的面积为　(　　)

A. 0;　B. 2;　C. 4;　D. 6.

2. 曲线 $y=1-x^2$ 与 x 轴所围图形的面积为　(　　)

A. $\frac{1}{3}$;　B. $\frac{2}{3}$;　C. 1;　D. $\frac{4}{3}$.

3. 曲线 $y=\sqrt{\sin x}, x\in\left[0,\frac{\pi}{2}\right]$ 与 x 轴，$x=\frac{\pi}{2}$ 所围图形绕 x 轴旋转形成的旋转体体积为 （　）

A. π；　B. 2π；　C. 3π；　D. 4π.

4. 曲线 $y=1-x^2$ 与 x 轴所围图形绕 x 轴旋转形成的旋转体体积为 （　）

A. $\frac{2\pi}{15}$；　B. $\frac{4\pi}{15}$；　C. $\frac{8\pi}{15}$；　D. $\frac{16\pi}{15}$.

5. 曲线 $y=2-x^2$ 与 x 轴所围图形绕 y 轴旋转形成的旋转体体积为 （　）

A. $\frac{\pi}{2}$；　B. π；　C. 2π；　D. 3π.

三、计算解答

1. 求由 $y=e^x, y=e$ 及 y 轴所围成图形的面积.
2. 求由 $y=e^x, y=e, y=-x+1$ 所围成图形的面积.
3. 求由 $y=\frac{1}{x}, y=x, x=2$ 所围成图形的面积.
4. 求由 $y=x^2, y=2x$ 所围成图形的面积.
5. 求由 $y=x^2, y=x, y=2x$ 所围成图形的面积.
6. 求由 $y=3-x^2, y=2x$ 所围成图形的面积.
7. 抛物线 $y^2=ax(a>0)$ 及 $x=1$ 所围成图形的面积为 $\frac{4}{3}$，求 a 的值.
8. 求由 $y^2=2x, x=2$ 所围成图形绕 x 轴旋转一周所得旋转体的体积.
9. 求由 $y^2=4x, y=x$ 所围成图形绕 y 轴旋转一周所得旋转体的体积.
10. 求由 $x=\sqrt{y}, y=2, x=0$ 所围成图形绕 y 轴旋转一周所得旋转体的体积.
11. 求由 $y=x^2, y=1$ 所围成图形绕 x 轴旋转一周所得旋转体的体积.
12. 求由 $y=2x, y=x, x=1$ 所围成图形绕 y 轴旋转一周所得旋转体的体积.

课后品读：数学之美

美是客观事物的一种自然属性，数学同各门自然学科一样，也有其独特的美学特征. 数学美本质上反映的是数学对象蕴涵的美学属性. 著名数学家波莱尔指出：数学在很大程度上是一门艺术，它的发展总是起源于美学准则，受其指导，据以评价的. 对数学美的欣赏是人类的共同爱好，数学中既有精确性的美，也存在模糊的美，既有渐变之美，也有突变之美. 此外，数学美是科学语言与艺术语言的有机结合，形象思维与逻辑思维的相互补充，抽象美感与美感直觉的相辅相成，数学美是现实美的反映，是现实肯定实践的一种自由形式，它既有社会性，又有物质性. 欣赏数学就是欣赏思想的美丽，思想在什么地方产生，在什么地方因什么原因而转换，思想是如何用最初的砖块构起理论大厦的框架和结构的. 欣赏数学就是欣赏人类理智的创造力，就是对人类伟大理解力的体验. 哲学家亚里士多德也认为：美的主要形式就是秩序、匀称和确定性，这些就是数学所要研究的范畴.

一、数学美的简洁性

自从数学符号被引入数学以来,数学公式和结论的简洁性便一直贯穿数学的发展.数学美的简洁性是指通过最少的符号和内容,给出一个尽可能完美的结论和结果.对于一些抽象的数学概念,结论和概念的简洁性往往有助于理解.当然,简洁的概念和结论不一定简单,但是当理解消化这些内容后,往往给人的感觉又特别奇妙,给人以美的享受.例如,著名的欧拉公式(简单多面体的顶点数 V、面数 F 及棱数 E 间有关系式:$V+F-E=2$,这个公式就叫欧拉公式)描述了简单多面体顶点数、面数、棱数特有的规律,表达式简洁明了,但包含的意思却比较广泛.它的意义在于证明的思想方法创新,揭示了图形从立体图到拉开图,虽然各面的形状、长度、距离、面积等与度量有关的量发生了变化,但顶点数、面数、棱数等不变的特点.

二、数学美的对称性

客观世界中处处有对称.人体外观左右对称;鸟类具有对称的翅膀;翩翩飞舞的彩蝶不仅仅双翅是对称的,翅膀上的美丽的花纹图案也是对称的.五重对称形在花卉世界是常见的,雪花的花纹呈六角对称形,对称从形式上给人以美感.高等数学中的对称性既是一种思想,又是一种方法.例如由于微分与积分这两个过程构成了微分学与积分学的核心,而它们是互逆的运算,因此自然出现了导数公式与积分公式的对称、微分中值定理与积分中值定理的对称等.利用数学的对称性往往在解决问题时会产生出人意料的结果.它的主要作用在于,对于处理一些关于对称性的数学问题时,我们往往可以只考虑其局部的性质和结论,而不必考虑整个复杂的整体性质,这样就达到了化繁为简的目的.例如利用奇偶函数在对称区间求定积分的特点,可以快速地得到 $\frac{\sigma}{\sqrt{2\pi}}\int_{-\infty}^{+\infty} t\mathrm{e}^{-\frac{t^2}{2}}\mathrm{d}t$ 的值为零.

三、数学美的统一性

统一性是数学美的又一重要特征,数学上的很多结论和公式都可统一为一个比较简单的形式.数学家希尔伯特曾经指出:数学是一个有机整体,它的生命力正是在于各个部分之间的联系.数学的有机统一,是这门科学固有的特点,因为它是一切精确自然科学知识的基础.因此,我们可以这样理解数学的统一性,即统一性是数学发现与创造的重要方法之一.例如,牛顿-莱布尼兹公式、格林公式、高斯公式、斯托克斯公式这四个微积分学中的重要公式,都描述了“区域内”的积分与“区域边界”上相应积分的统一关系.通过对这些统一性的理解与掌握,可以很清楚地理解积分的本质,即所有的积分都是和式的极限.同时,也给出了各种积分之间的联系,说明了任何知识点都不是孤立地单独地存在,而是与其他知识密切相关的.利有高等数学解题时,也常常体现出数学的统一美,如判断函数的单调性与求极值,判断曲线的凹凸性与求拐点等题目都有统一的步骤;重积分、曲线积分、曲面积分的计算都统一化成定积分来计算;线性方程组的解、向量组的线性相关性、二次型的简化等问题都统一转化为矩阵的相应问题来解决.

四、数学美的和谐性

数学理论知识是一个庞大的知识网络体系,各个知识体系之间相互独立,又依靠一定的逻辑关系相互贯通,表现出高度的和谐统一.自古至今,人们对数学内容的和谐美都有着深刻的认识.比如,哲学家毕达哥拉斯从数与数的比例出发,论述了数学美的形式,提出了"美是和谐与比例"的观点;数学家欧几里得阐述了数学的严谨美与演绎美,采用公理化方法演绎出一套完整的、系统化的几何理论. 在高等数学领域,和谐美也是一种极为常见的数学现象. 例如,函数以微积分为研究对象,而微积分的定义又是极限的概念与推论,这使函数与微积分紧密联系起来,变得和谐完美. 多元微积分中格林公式确立了平面闭区域上二重积分和边界曲线上曲线积分的关系,高斯公式确立了空间闭区域三重积分和边界曲面上曲面积分的关系,这两个公式既相互区别又相互联系,在向量场中展现出较大的实用价值,带给人们一种高层次的数学美.

第 7 章 >>> 数学实验

课前导读:不掌握核心技术,迟早会被别人“卡脖子”!

2020 年上半年,我国有不少高校的师生先后发现在使用被称作“工科神器”的 MATLAB 软件时,被显示授权许可无效.经过与MATLAB开发公司 MathWorks 交涉后才得知,原来自己所在的院校已经被美国政府列入了受限制的实体名单,相关授权已被中止.消息在中国网络社群中传播开来,引发了学术界和技术界的广泛讨论,并迅速发酵而登上了知乎的热搜榜.

当前世界上有数百万工程师与数学家都在使用 MATLAB,中国的各大高校也都相继引进了 MATLAB 校园版.有业内人士指出,这些高校被禁用 MATLAB,则意味着这些学校的师生或研究人员发表的学术论文或者从事的商业项目,其成果原则上都不能够再包含任何基于 MATLAB 的内容.例如,不应该出现利用 MATLAB 得到的数据、图、表等,无论使用的是正版还是盗版,否则将面临被起诉的风险.这对国内相关企业和研究学者带来的影响不可小觑.

这一事件背后的原因无疑是美国政府千方百计地想遏制我国科技领域的发展.众所周知,华为技术有限公司(以下简称华为)是我国通信领域拥有顶尖科技、业务范围遍及全球的企业,其业务范围覆盖了通信设备、5G 和各种软硬件服务等领域.美国政府不惜动用国家的力量拿华为开刀,实际上就是拿中国科技开刀,为的就是限制我国科技发展的速度,因为它们认为我们的科技发展速度过快,一定程度上威胁了美国企业和国家安全,特别是 5G 通信设备方面的技术已经远远超过美国的技术.

不掌握核心技术,迟早会被别人“卡脖子”!当前,一些不确定因素的存在、外部条件的变化,加深了我们被“卡脖子”的痛感,加剧了掌握关键核心技术的紧迫性.据工信部调研显示,全国 30 多家大型企业所需的 130 多种关键基础材料中,32%的关键材料仍为空白,52%依赖进口.总体来看,我国在工业母机、高端芯片、基础软硬件、开发平台、基本算法、基础元器件、基础材料等方面的瓶颈仍然突出,关键核心技术受制于人的局面没有得到根本改变.

“关键核心技术必须牢牢掌握在我们自己手中.”2020 年 9 月 17 日,习近平总书记在湖南长沙考察调研时,再次强调了一个国家、一个民族掌握关键核心技术的重要性.尤其是在科学家座谈会上,总书记提出我国科技事业发展要坚持"四个面向",并对科技事业体制机制创新、人才培养、弘扬科学家精神等重要事项进行了全面的规划部署. 这些规划部署对"牢牢掌握关键核心技术"这一目标的指向性,是非常明显且强有力的.

"卡脖子"让人难受,却也是绝地反击的强大驱动力."北斗三号"全球卫星导航系统正式开通,5G商用率先大规模铺开,"嫦娥五号"探测器月球取样返回,"天问一号"探测器着陆火星,天宫空间站建设迅速推进,特高压输电技术领先世界,超级计算机技术领跑全球,量子通信技术"雄霸天下"……我国在掌握关键核心技术、开启科技事业新局面的征程上已迈出了坚实的步伐. 既然选择了前行,就唯有风雨兼程!

随着科学技术的发展和进步,数学的应用越来越广泛. 对于一个实际问题,当人们用数学方法解决它的时候,首先要进行数学建模,然后再对模型进行求解,从而解决该问题. 而大多数模型的求解都涉及计算问题. 随着问题规模的增大,计算量也不断变大. 为了从繁重的计算任务中解脱出来,人们需要研究相应的计算方法,并借助计算机进行求解.

随着计算机技术的飞速发展,各种数学计算软件也应运而生,其功能也越来越强. 这些强有力的计算工具为数学的学习与应用提供了极大的帮助. 对于我们军士学员来说,学习一些数学计算软件的使用,掌握利用软件实现数学复杂计算的方法,能够开阔我们的视野、拓展我们的思维,进而提高动手实践操作能力.

鉴于此,本章主要简单介绍如何利用 MATLAB 软件实现微积分中的一些基本运算.

7.1 认识MATLAB软件

实验目的:

(1) 熟悉 MATLAB 软件的基本操作;

(2) 掌握 MATLAB 作为计算器的应用方法;

(3) 会用函数化简命令;

(4) 学习 MATLAB 一元函数绘图命令.

7.1.1 MATLAB 环境及使用方法

1. MATLAB 软件介绍

MATLAB 是矩阵实验室(Matrix Laboratory)的简称,是美国 MathWorks 公司开发的一款商业软件,主要用于数据计算、分析和可视化等. 该软件最早起源于 20 世纪 70 年代后期,时任美国新墨西哥大学计算机系主任的克里夫·莫勒尔博士在讲授"线性代数"课程时,发现应用某些高级语言极为不便,于是他和他的同事构思并为学生设计了一组调用 LINPACK 和 EISPACK 程序库的"通用接口",这两个程序库的主要功能是求解线性方程和特征值,这就是 FORTRAN 语言编写的早期的 MATLAB. 随后几年,MATLAB 作为免费软件在大学里被广泛使用,深受大学生欢迎.

1984 年,杰克·莱特、克里夫·莫勒和史蒂文·班格特合作成立了 MathWorks 公司,专门从事 MATLAB 软件的开发,并把 MATLAB 正式推向市场.从那时起,MATLAB 的内核采用 C 语言编写,并增加了数据透视功能.之后,MathWorks 公司又不断改进并推出新版本,使 MATLAB 拥有了强大的、成系列的交互式界面.

2. MATLAB 窗口管理

MATLAB启动后显示三个窗口,如图 7-1 所示.左上窗口为工作区间窗口,显示用户定义的变量及其属性类型及变量长度.工作区间窗口也可显示为当前目录窗口,显示MATLAB所使用的当前目录及该目录下的全部文件名.左下窗口为历史窗口,显示每个工作周期(指 MATLAB 启动至退出的工作时间间隔)在命令窗口输入的全部命令,这些命令还可重新获取应用.右侧窗口为 MATLAB 命令窗口,可在里面输入相关运算命令,完成相应计算.三个窗口中的记录除非通过 Edit 菜单下的清除操作删除,否则将一直保存.

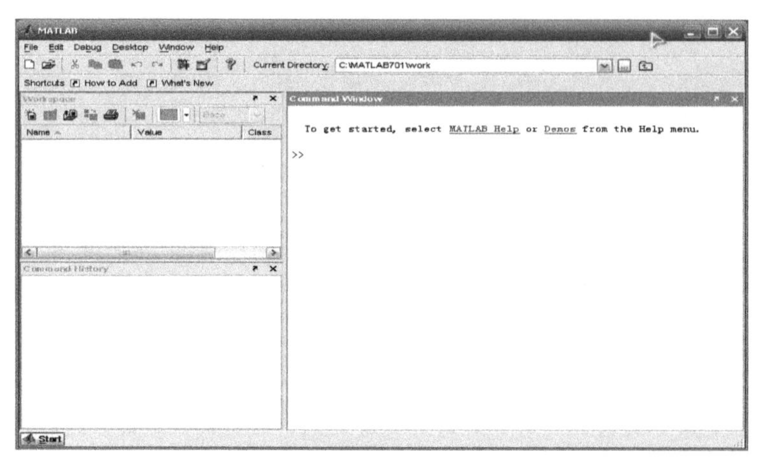

图 7-1

MATLAB运行期间(即程序退出之前),除非调用 Clear 函数,否则 MATLAB 会在内存中保存全部变量值,包括命令输入的变量以及执行程序文件所引入的变量.清除工作空间变量值也可以通过 Edit 下拉菜单中的 Clear Workspace 命令实现.Clear 函数可以清除内存中的所有变量.

MATLAB 命令窗口输入的信息会保持在窗口中,并可通过滚动条重新访问.一旦信息量超出其滚动内容容量,则最早输入的信息将会丢失.可以通过在命令窗口中输入 clc 命令来清除命令窗口中的内容,也可以通过 Edit 下拉菜单中的 Clear Command Window 子菜单清除,但这个操作仅清除命令窗口中的内容,不能删除变量,要删除变量,只能通过 Clear.

为在命令窗口中能够更加清晰地显示字母及数字,MATLAB 提供了 format 函数的几种功能:

format	默认的设置.
format short	短固定十进制小数点格式,小数点后面含 4 位数,short 可省略.
format long	长固定十进制小数点格式.

format short e　　短科学记数法.

format long e　　长科学记数法.

format short g　　显示格式转换为短位数字的显示格式.

format long g　　显示格式转换为长位数字的显示格式.

format compact　　命令将剔除显示中多余的空行或空格.

format rat　　用有理分式的形式表示.

这些属性值也可通过单击 File 菜单的 Preferences 子菜单弹出的 Preferences 设置窗口后选择 Command Window 项进行设置，如图 7-2 所示.

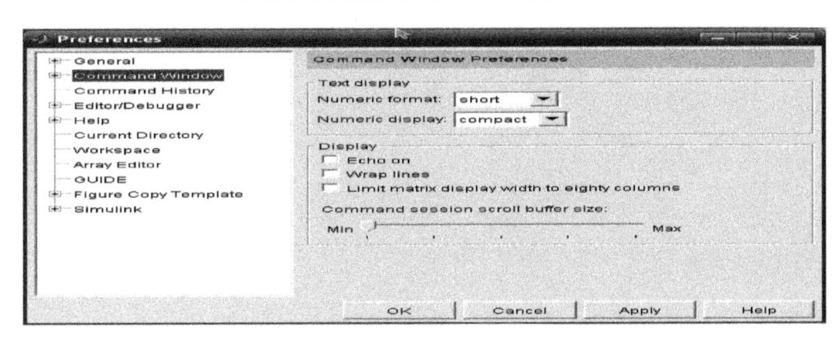

图 7-2

使用 MATLAB 过程中有两个有用的组合键："^c"(Crtl+c)用于终止程序或函数的执行，也可用于退出暂停的程序或函数；"^p"(Ctrl+p)用于将最近键入的信息显示在 MATLAB 命令窗口中，按 Enter 键可再次执行该命令，连续按两次"^p"，可调用上两次的输入信息，以此类推.

3. MATLAB 基本语法

MATLAB 允许用户创建的变量名不超过 63 个字符，多余部分将被忽略掉. 变量名要求以大写或小写字母开头，后面跟大小写字母、数字或下划线. 字符间不允许有空格. 变量名区分大小写，例如变量名 A1 与 a1 表示不同变量. 此外，不能使用希腊字母，或者上下标字符作为变量名，但可以拼写希腊字母，或在下标字符前加入下划线表示变量. 例如，λ_1 可写为 lamda_1.

MATLAB 在命令窗口运行时，要求首先在"≫"提示符后定义一个或多个变量，并进行赋值，然后表达式才能够使用变量. 赋值运算符为"="，输入变量名和等号后，按 Enter 表示结束. 例如要实现 $a=2$，则要在命令窗口中进行以下信息交互：

```
≫ a=2            用户输入
a=               系统响应
  2
```

注：表达式后加分号(;)可省略系统响应信息的显示.

MATLAB 允许在一行中输入多个表达式，表达式间以逗号或分号进行分隔，行尾以 Enter 键结束. 用逗号分隔时系统会回显输入的值，如果用分号分隔表达式，不会输出响应信息. 例如按如下格式输入信息：

```
≫ a=2;b=2.5,c=3;
```

运行得：

```
b =
     2.5000
```

此时变量 a 和 c 的值不显示,但内存中存在.

数的加、减、乘、除和幂运算分别用+,－ ,*,/,^表示,默认的运算次序为:幂运算为最高,其次为乘除,最后为加减.同时在表达式中可用圆括号来确定运算次序.

例 7.1.1 计算当 $a=2,b=3,c=6$,时 $t=\left(\frac{3}{1+2ab}\right)^c$ 的值.

解 输入命令:

```
>> a=2;b=3;c=6;t=(3/(1+2*a*b))^c
```

运行得:

```
t=
0.00015103145784306
```

表 7-1 列出了一些常用的数学表达式在 MATLAB 中的表示.

表 7-1 数学表达式在 MATLAB 中的表示

数学表达式	MATLAB 表示	数学表达式	MATLAB 表示	数学表达式	MATLAB 表示
e^x	exp(x)	$\sin x$	sin(x)	$\arccos x$	acos(x)
$\sqrt{x}$	sqrt(x)	$\cos x$	cos(x)	$\arctan x$	atan(x)
$\ln x$	log(x)	$\tan x$	tan(x)	$\operatorname{arccot} x$	acot(x)
$\lg x$	log10(x)	$\cot x$	cot(x)	π	pi
$\|x\|$	abs(x)	$\arcsin x$	asin(x)	∞	inf

表 7-2 列出了一些特殊字符在 MATLAB 中特殊的功能.

表 7-2 特殊字符及其功能说明

符号	名称	功　能
.	句号	(a) 小数点 (b) 向量或矩阵的一种操作类型.例如 $c=a\cdot b$
,	逗号	(a) 参数分隔符 (b) 几个表达式在同一行时放在每个表达式之后
;	分号	(a) 放在表达式末尾不显示计算结果 (b) 在创建矩阵的语句中指示一行的结束,例如:$\boldsymbol{m}=[x\quad y\quad z;a\quad b\quad c]$
:	冒号	(a) 创建向量表达式分隔符,例如:$x=a:b:c$ (b) 对矩阵 A 而言,$A(:,k)$表示第 k 列所有元素;$A(k,:)$表示第 k,行所有元素
( )	圆括号	(a) 矩阵 $\boldsymbol{z}$ 中某一元素的下标指示,如 $\boldsymbol{z}(j,k)$表示矩阵 j 行 k 列的元素 (b) 算术表达式分隔符,如 a^$(b+c)$ (c) 函数参数分隔符,如 sin(x)

续表

符号	名称	功　能
[ ]	方括号	创建一组数值、向量、矩阵或字符串(字母型)
{ }	大括号	创建单元矩阵或结构
%	百分号	注释分隔符．用于指示注释的开始，MATLAB编译器会忽略其右边的内容，但用于一对引号内部定义字符串时除外，如：a='pl=14% of the totle'
'	引号	(a) 'Expression'表明 Expression 为字符串(字母型) (b) 表示向量或矩阵的转置
	空格	作为数据创建语句的分隔符，如 **c**=[a　b]；或者作为字符串语句的一个字符

有了上述基本知识后，我们就可以利用MATLAB进行一些简单的运算了．

7.1.2　函数的化简与运算

例7.1.2　计算 $\sin\frac{\pi}{3}+\arcsin 1-e^2\ln 7$.

解　输入命令：

```
>> sin(pi/3)+asin(1)-exp(2)*log(7)
```

运行得：

```
ans=-11.9416175242689
```

注：命令窗口作为计算器应用且未将计算结果分配给表达式时，MATLAB默认将计算结果分配给变量名ans.

例7.1.3　化简 $\sin(\pi+x)\sin(-x)-\cos(\pi-x)\cos(-x)$.

解　输入命令：

```
>> syms x                    %设置x为符号变量
>> simplify(sin(pi+x)*sin(-x)-cos(pi-x)*cos(-x))
```

运行得：

```
ans=1
```

例7.1.4　验证 $\frac{1+\sin 2x-\cos 2x}{1+\sin 2x+\cos 2x}=\tan x$.

解　输入命令：

```
>> syms x
>> simplify((1+sin(2*x)-cos(2*x))/(1+sin(2*x)+cos(2*x))-tan(x))
```

运行得：

```
ans=0
```

7.1.3 函数图象的描绘

1. 在直角坐标系中绘制单根二维曲线

调用格式为：

```
plot(x,y)
```

其中 x 和 y 为长度相同的向量，分别用于存储 x 坐标和 y 坐标数据. 在 MATLAB 命令窗口中的提示符“≫”后输入语句，每输入完一行后要按“Enter”（回车）键结束，运行程序时“%”号后的注释语句也可以不输入. 后同，不再说明.

例 7.1.5 作出 $y=x^2$ 在$[-2,2]$上的图象.

解 在命令窗口中输入如下语句：

```
≫ x=-2:0.01:2;            %取 x 值从-2 到 2,步长为 0.01
≫ y=x.^2;                 %点幂算出对应的 y 值
≫ plot(x,y)
```

例 7.1.6 作出 $y=x\sin\dfrac{1}{x}$在$(0,0.1]$内的图象.

解 单击主窗口的“file”菜单，选“new”再选“m-file”命令单击，打开 M 文件编辑窗口，输入下面语句：

```
≫ x=0:0.001:0.1;
≫ y=x.*sin(1./(x+eps));            %加 eps 避免 0 作分母
≫ plot(x,y);
≫ title('y=xsin(1/x)');            %加标题
≫ xlabel('x 轴');                  %给 x 坐标轴加标注
≫ ylabel('y 轴');                  %给 y 坐标轴加标注
≫ grid on                          %添加网格
```

上面内容输完后，单击“保存”命令，给 M 文件取名（如 exa6），单击“保存”按钮.

在命令行中输入文件名（如 exa6），按回车键运行程序.

说明：x 的取值范围可做适当调整，以便更好地反映函数的特征.

2. 在直角坐标系中绘制多根二维曲线

调用格式为：

```
plot(x1,y1,x2,y2,…,xn,yn)
```

例 7.1.7 在同一坐标系中作出 $y=\cos x$，$y=\sin x$ 在$[-2\pi,2\pi]$上的图象.

解 在命令窗口中输入如下语句：

```
≫ x=-2*pi:pi/100:2*pi;
≫ y1=sin(x);
≫ y2=cos(x);
≫ plot(x,y1,x,y2);
≫ legend('y=sinx','y=cosx');        %图例标注
```

上机实验 7-1

1. 用 help 命令查看函数 plot,polar 等的用法.
2. 上机验证本节各例题.
3. 利用图形命令分别在同一坐标系下画出下列基本初等函数的图形,并观察图形特征.
(1) $y=x,y=x^2,y=x^3,y=x^4$;
(2) $y=2^x,y=10^x,y=\left(\frac{1}{3}\right)^x,y=e^x$;
(3) $y=\ln x,y=\lg x,y=\log_2 x$;
(4) $y=\arcsin x,y=\arccos x$.
4. 利用图形命令画出下列函数的图形
(1) $y=3x^2-x^3,x\in[-5,5]$;
(2) $y=\cos 4x,x\in[-\pi,\pi]$;
(3) $y=x+\cos x,x\in[-\pi,\pi]$;
(4) $f(x)=\begin{cases}x^2, & |x|\leqslant 1\\ x, & |x|>1\end{cases}$.

7.2　求极限

实验目的:学会用 MATLAB 求函数极限和单侧极限.

7.2.1　求极限

调用格式为:

```
syms x                          %设置符号变量
limit(f(x),x,a)                 %求函数 f(x)当 x 趋于 a 时的极限
```

例 7.2.1　$\lim\limits_{x\to 0}\frac{\sin x}{x}$.

解　输入命令:

```
>> syms x
>> limit(sin(x)/x,x,0)
```

运行得:

```
ans=1
```

即$\lim\limits_{x\to 0}\frac{\sin x}{x}=1$.

例 7.2.2　求 $\lim\limits_{x\to-\infty}\arctan x$.

解　输入命令:

```
>> syms x
>> limit(atan(x),x,-inf)
```

运行得：

```
ans =-1/2*pi
```

即 $\lim\limits_{x\to-\infty}\arctan x=-\dfrac{\pi}{2}$.

例 7.2.3 求$\lim\limits_{x\to\infty}\left(1-\dfrac{2}{x}\right)^x$.

解 输入命令：

```
>> syms x
>> limit((1-2/x)^x,x,inf)
```

运行得：

```
ans = exp(-2)
```

即$\lim\limits_{x\to\infty}\left(1-\dfrac{2}{x}\right)^x=e^{-2}$.

7.2.2 求单侧极限

调用格式为：

左极限

```
syms x
limit(f(x),x,a,'left')
```

右极限

```
syms x
limit(f(x),x,a,'right')
```

例 7.2.4 求$\lim\limits_{x\to1}\dfrac{x-1}{|x-1|}$的单侧极限.

解 输入命令：

```
>> syms x
>> limit((x-1)/abs(x-1),x,1,'left')
```

运行得：

```
ans =-1
```

再输入命令：

```
>> limit((x-1)/abs(x-1),x,1,'right')
```

运行得：

```
ans =1
```

即 $\lim\limits_{x\to1^-}\dfrac{x-1}{|x-1|}=-1$，$\lim\limits_{x\to1^+}\dfrac{x-1}{|x-1|}=1$.

上机实验 7-2

1. 计算下列极限

(1) $\lim\limits_{x\to 0}\dfrac{\sin 2x}{\sin 3x}$；　(2) $\lim\limits_{x\to 0}\dfrac{1-\cos x}{x\sin x}$；　(3) $\lim\limits_{x\to\infty}\left(1+\dfrac{1}{x}\right)^{x+3}$；

(4) $\lim\limits_{x\to 0}\dfrac{\sin x}{x^2+x}$；　(5) $\lim\limits_{x\to 0}(1+x^2)^{\cos^2 x}$；　(6) $\lim\limits_{x\to+\infty}\dfrac{\sqrt{x+\sqrt{x+\sqrt{x}}}}{\sqrt{x+1}}$；

(7) $\lim\limits_{x\to\infty}\sqrt{n}/(\sqrt{n+1}-\sqrt{n})$；　(8) $\lim\limits_{x\to 0}\dfrac{\ln(2+x)-\ln 2}{x}$.

2. 计算下列极限

(1) $\lim\limits_{x\to 0^+}\dfrac{\sin x}{\sqrt{1-\cos x}}$；　(2) $\lim\limits_{x\to 2^+}\dfrac{\sqrt{x}-2+\sqrt{x-2}}{\sqrt{x^2-4}}$.

7.3 求导数

实验目的：学会用 MATLAB 求函数导数.

7.3.1 用导数定义求导数

由导数的定义 $f'(x_0)=\lim\limits_{h\to 0}\dfrac{f(x_0+h)-f(x_0)}{h}$ 知，函数在一点处的导数就是函数在该点处的增量与自变量增量比值的极限，因此只要计算极限即可.

例 7.3.1 设 $f(x)=e^x$，，用定义计算 $f(x)$ 在 $x=0$ 处的导数.

解 在命令行中输入：

```
>> syms h
>> limit((exp(0+h)-exp(0))/h,h,0)
```

运行得：

```
ans=1
```

即 $f'(0)=1$.

7.3.2 显函数求导数

调用格式为：

```
syms x              %设置符号变量
diff(f(x))          %求函数 f(x)的一阶导数
diff(f(x),n)        %求函数 f(x)的 n 阶导数
```

例 7.3.2 求 $y=\frac{\sin x}{x}$的导数.

解 输入命令：

```
>> syms x
>> diff(sin(x)/x)
```

运行得：

```
ans = cos(x)/x-sin(x)/x^2
```

即 $y'=\frac{\cos x}{x}-\frac{\sin x}{x^2}$.

例 7.3.3 求 $y=\ln(\sin x)$的导数.

解 输入命令：

```
>> syms x
>> diff(log(sin(x)))
```

运行得：

```
ans = cos(x)/sin(x)
```

即 $y'=\frac{\cos x}{\sin x}$.

注意：在 MATLAB 中，函数 $\ln x$ 用 $\log(x)$表示，函数 $\lg x$ 用 $\log10(x)$表示.

例 7.3.4 求 $y=(x^2+2x)^{20}$的二阶导数.

解 输入命令：

```
>> syms x
>> diff((x^2+2*x)^20,2)      %2*x 表示 2x,x^2 表示 x²
```

运行得：

```
ans = 380*(x^2+2*x)^18*(2*x+2)^2+40*(x^2+2*x)^19
```

即 $y''=380\,(x^2+2x)^{18}(2x+2)^2+40\,(x^2+2x)^{19}$.

利用 MATLAB 命令 diff 可以一次求出若干个函数的导数.

例 7.3.5 求下列函数的导数：

(1) $y=(x^2-2x+5)$；　　(2) $y=4^{\sin x}$；　　(3) $y=\ln\ln x$.

解 输入命令：

```
>> syms x
>> diff([(x^2-2*x+5),4^(sin(x)),log(log(x))])
```

运行得：

```
ans = [2*x-2,   4^sin(x)*cos(x)*log(4),   1/x/log(x)]
```

即(1) $y'=2x-2$； (2) $y'=4^{\sin x}\cdot\ln4\cdot\cos x$； (3) $y=\frac{1}{x\ln x}$.

上机实验7-3

1. 求下列函数的导数：

(1) $y=\log_a(x+x^3)$；　　(2) $y=\ln x^2$；

(3) $y=\log_2\cos x^2$；　　(4) $y=\ln[(x^2+3)(x^3+1)]$；

(5) $y=\left(\arcsin\frac{x}{2}\right)^2$；　　(6) $y=\ln\tan\frac{x}{2}$；

2. 求下列函数的二阶导数：

(1) $y=x^{10}+3x^5+\sqrt{2}x^3+\sqrt[5]{7}$；　　(2) $y=(x+3)^4$；

(3) $y=e^x+x^2$；　　(4) $y=e^x+\ln x$；

(5) $y=x\sqrt{1+x}$；　　(6) $y=\frac{x^2}{\sqrt{1+x^2}}$；

7.4 求单调区间、极值与最值

实验目的：

(1) 学习MATLAB自定义函数；

(2) 学会用MATLAB求函数的单调区间、极值与最值.

7.4.1 自定义函数简介

函数关系是指变量之间的对应法则，这种对应法则需要表示成计算机语言. 这样，当我们在计算机中输入自变量时，才会得出函数值. MATLAB软件包含了大量的函数，比如常用的正弦、余弦函数等. MATLAB允许用户自定义函数，即允许用户将自己的新函数加到已存在的MATLAB函数库中，显然这为MATLAB提供了扩展的功能，毋庸置疑，这也正是MATLAB的精髓所在. 因为MATLAB的强大功能就源于这种为解决用户特殊问题的需要而创建新函数的能力. MATLAB自定义函数是一个指令集合，第一行必须以单词function作为引导词，存为具有扩展名“.m”的文件，故称之为函数M-文件.

函数M-文件的定义格式为：

```
function 输出参数=函数名(输入参数)
函数体
……
函数体
```

一旦函数被定义，就必须将其存为M-文件，以便今后可随时调用. 比如我们希望建立函数$f(x)=x^2+2x+1$，我们可以点选菜单Fill\New\M-fill打开MATLAB文本编辑器，输入：

```
function y=f1(x)
y=x^2+2*x+1;
```

存为 f1.m. 调用该函数时,在命令窗口输入:

```
≫ syms x;
≫ y=f1(x)
```

如输入:

```
≫ y1=f1(3)
```

运行得:

```
y1=16
```

即 $f(3)=16$.

7.4.2 求单调区间与极值

求可导函数的单调区间与极值,就是求导函数的正负区间与正负区间的分界点,利用 MATLAB 解决该问题,我们可以先求出导函数的零点,再画出函数图象,根据图象可以直观看出函数的单调区间与极值.

例 7.4.1 求函数 $f(x)=x^3-6x^2+9x+3$ 的单调区间与极值.

解 输入命令:

```
≫ syms x;
≫ f=x^3-6*x^2+9*x+3;
≫ df=diff(f,x);                    %求函数 f 的一阶导数
≫s=solve(df)'                       %解出函数 f 的所有驻点
```

运行得:

```
s=[1,3]
```

即函数 $f(x)$有两个驻点,$x=1$ 和 $x=3$.

画出函数图象.

```
≫ ezplot(f,[0,4]) ;                 %画出函数 f 在[0,4]上的图象
≫ grid on                           %显示网格线
```

从图上看,$f(x)$的单调增区间为$(-\infty,1)\cup(3,+\infty)$,单调减区间是$(1,3)$,极大值 $f(1)=7$,极小值 $f(3)=3$.

我们可以建立一个名为 monotone.m 的 M 文件,用来求函数的单调区间. 在命令窗口输入 edit 打开编辑器窗口,输入以下内容:

```
disp('输入函数(自变量为 x)')
syms x
f=input('函数 f(x)=')
df=diff(f);
s=solve(df)
ezplot(f)
grid on
```

单击“保存”按钮，将文件保存为 monotone.m，则可用此程序求函数的单调区间和极值. 例如要求函数 $y=x-\ln(1+x)$的单调区间与极值，可调用 monotone.m，输入：

```
≫ monotone
```

在 MATLAB 工作区出现以下提示：

```
输入函数(自变量为 x)
函数 f(x)=
```

在光标处输入：

```
≫ x-log(1+x)
```

可得结果 s=0，并画出函数图象.

从图上看，$f(x)$的单调增区间为$(0,+\infty)$，单调减区间是$(-\infty,0)$，极小值 $f(x)=0$.

7.4.3 求最值

MATLAB 求最小值的命令为 fminbnd，调用格式为：

```
x=fminbnd('f',a,b)             %给出 f(x)在(a,b)上的最小值点
[x,fval]=fminbnd('f',a,b)      %给出 f(x)在(a,b)上的最小值点及最小值
```

调用求函数最小值命令 fminbnd 时，可得出函数的最小值点，为求最小值，必须建立函数 M-文件.

例 7.4.2 求函数 $f(x)=(x-3)^2-1$ 在区间$(0,5)$上的最小值.

解 我们可以建立一个名为 f.m 的函数 M-文件.

```
function y=f(x)
y=(x-3).^2-1;
```

调用 fminbnd 求最小值：

```
≫ [x,fval]=fminbnd('f',0,5)
```

运行得：

```
x=3,fval=-1
```

即 $f(x)$在 $x=3$ 处取得最小值 $f(3)=-1$.

求最大值时可用：

```
[x,fval]=fminbnd(-'f',a,b)
```

上机实验 7-4

1. 建立函数 $f(x,a)=a\sin x+\frac{1}{3}\sin 3x$，当 a 为何值时，该函数在 $x=\frac{\pi}{3}$处取得极值，它是极大值还

是极小值？并求出.

2. 确定下列函数的单调区间：

(1) $y=x^4-2x^2-5$；　(2) $y=x+\sqrt{1-x}$；

(3) $y=x-e^x$；　(4) $y=\ln(x+\sqrt{1+x^2})$；

(5) $y=2x^2-\ln x$；　(6) $y=x-2\sin x(0\leqslant x\leqslant 2\pi)$.

3. 求下列函数的极值：

(1) $y=x-\ln(1+x)$；　(2) $y=x^3e^{-x}$；

(3) $y=x+\dfrac{1}{x}$；　(4) $y=x+\tan x$；

(5) $y=2x^3-6x^2-18x+7$.

7.5 求积分

实验目的:学会用 MATLAB 求不定积分和定积分.

7.5.1 求不定积分

调用格式为：

```
syms x                %设置符号变量
int(f(x))             %计算不定积分∫f(x)dx
int(f(x,y),x)         %计算不定积分∫f(x,y)dx
```

例 7.5.1 计算 $\int x^2\ln x\mathrm{d}x$.

解 输入命令：

```
>> syms x
>> int(x^2 * log(x))
```

运行得：

```
ans= 1/3 * x^3 * log(x)-1/9 * x^3
```

即 $\int x^2\ln x\mathrm{d}x=\dfrac{1}{3}x^3\ln x-\dfrac{1}{9}x^3+C$.

例 7.5.2 计算 $\int \cos^2(at+b)\mathrm{d}t$.

解 输入命令：

```
>> syms t a b
>> int(cos(a * t+b)^2,t)
```

运行得：

```
ans=t/2+sin(2 * b+2 * a * t)/(4 * a)
```

即$\int \cos^2(at+b)\mathrm{d}t = \frac{t}{2} + \frac{1}{4a}\sin(2at+2b) + C.$

例 7.5.3 计算下列不定积分：

(1) $\int \frac{3}{(1-2x)^2}\mathrm{d}x$； (2) $\int \frac{1}{\sin x \cdot \cos x}\mathrm{d}x.$

解 我们可以利用函数向量一次求出多个函数的不定积分，在命令窗口输入：

```
>> syms x
>> int([3/(1-2*x)^2, 1/(sin(x)*cos(x))])
```

运行得：

```
ans=[ 3/2/(1-2*x), log(tan(x))]
```

即(1) $\int \frac{3}{(1-2x)^2}\mathrm{d}x = \frac{3}{2(1-2x)} + C$； (2) $\int \frac{1}{\sin x \cdot \cos x}\mathrm{d}x = \ln\tan x + C.$

7.5.2 求定积分

调用格式为：

```
syms x                  %设置符号变量
int(f(x),a,b)           %计算定积分∫_a^b f(x)dx
int(f(x,y),x,a,b)       %计算定积分∫_a^b f(x,y)dx
```

例 7.5.4 计算 $\int_0^1 e^x \mathrm{d}x.$

解 输入命令：

```
>> syms x
>> int(exp(x),0,1)
```

运行得：

```
ans= exp(1)-1
```

即 $\int_0^1 e^x \mathrm{d}x = e - 1.$

例 7.5.5 计算 $\int_0^2 |x-1|\mathrm{d}x.$

解 输入命令：

```
>> syms x
>> int(abs(x-1),0,2)          %其中命令 abs(x)为求 x 的绝对值
```

运行得：

```
ans=1
```

即 $\int_0^2 |x-1|\mathrm{d}x = 1.$

上机实验 7-5

1. 验证本节各例题.

2. 计算下列不定积分：

(1) $\int \frac{dx}{\sqrt{1-25x^2}}$； (2) $\int \frac{x^2}{x^3+1}dx$； (3) $\int \frac{dx}{x^2\sqrt{x^2+1}}$； (4) $\int x \cdot \sin x dx$.

3. 计算下列定积分：

(1) $\int_0^{\pi}(1-\sin^3 x)dx$； (2) $\int_0^5 \frac{2x^2+3x-5}{x+3}dx$；

(3) $\int_0^1 x(1-x^4)^{\frac{3}{2}}dx$； (4) $\int_0^{\sqrt{2}a} \frac{x}{\sqrt{3a^2-x^2}}dx$.

4. 求由下列曲线所围成的图形的面积：

(1) $y=\frac{1}{x}, y=x$ 与 $x=2$；

(2) $y=e^x, y=e^{-x}$ 与 $x=1$；

(3) $y=\ln x, y=\ln a, y=\ln b(b>a>0)$ 与 y 轴；

(4) $y=x^2, y=x$ 与 $y=2x$.

5. 求下列旋转体的体积：

(1) $y=x^2, x=1$ 和 x 轴所围图形绕 x 轴旋转；

(2) $y=x^2$ 和 $y=1$ 所围图形绕 x 轴旋转；

(3) $x^2+(y-5)^2=16$ 绕 x 轴旋转.

课后品读:数学建模——解决现实难题的强有力方法

一、数学模型与数学建模

在现实世界中，我们经常会遇到大量的实际问题，这些问题往往不会直接地以现成的数学形式出现，这就需要我们把实际问题抽象出来，再将其尽可能地简化，通过假设变量和参数，运用一些数学方法建立变量和参数间的数学关系. 这样抽象出来的数学问题就是我们所说的**数学模型**.

数学模型其实并不高深，我们在学习初等数学的时候就已经接触过数学模型了. 比如关于“航行问题”的应用题：

甲乙两地相距 750 km，船从甲地到乙地顺水航行需要 30 h，从乙地到甲地逆水航行需要 50 h，问船速、水速各为多少？

求解时，用 x,y 分别代表船速和水速，则可列出方程组 $\begin{cases}30(x+y)=750\\50(x-y)=750\end{cases}$.

这里，这个方程组就是上述航行问题的数学模型. 通过列出方程组，原问题已转化为纯粹的数学问题，方程组的解 $x=20$(km/h)，$y=5$(km/h)最终给出了航行问题的答案.

当然，真正实际问题的数学模型通常要复杂得多，但是建立数学模型的基本内容已经包含在解这个代数应用题的过程中了. 那就是：

根据建立数学模型的目的和问题的背景做出必要的简化假设(航行中假设船速和水速为常数);用字母表示待求的未知量(x,y 分别代表船速和水速);利用相应的物理或其他规律(物体匀速运动的距离等于速度乘以时间),列出数学式子(二元一次方程组);求出数学上的解答($x=20$,$y=5$);用这个答案解释原问题(船速和水速分别为 20 km/h 和 5 km/h);最后还要用实际现象来验证上述结果.

上述建立数学模型来解决实际问题的过程就称为**数学建模**.中国科学院李大潜院士在《数学建模的教育是数学与工业间最重要的教育界面》一文中对什么是数学建模做了深刻的描述:"要用数学方法解决一个实际问题,无论这个问题是来自工程、经济、金融还是社会领域,都必须设法在实际问题与数学之间架设一个桥梁,首先要将这个实际问题转化为一个相应的数学问题,然后对这个数学问题进行分析和计算,最后将所求得的解回归实际,看能不能有效地回答原先的实际问题.这个全过程,特别是其中的第一步,就称为数学建模,即为所考察的实际问题建立数学模型."

其实数学建模并不是新事物,早在公元前约 300 年,欧几里得所著的《几何原本》就包含了很多数学模型,在以后的一千多年里帮助人们解决了许多问题.三百多年前,牛顿、莱布尼茨发明了微积分,基于此,牛顿建立了万有引力定理,这又是一个极其伟大的数学模型,它不仅解释了行星的运动规律,而且对航天事业的发展也产生了巨大的影响.近半个世纪来,随着电子计算机的迅速发展,数学建模如虎添翼,逐渐发展成为数学科学中一个相对独立的分支.

二、数学建模的一般步骤

数学建模要经过哪些步骤并没有统一的模式,通常与问题性质、建模目的等有关.一般来说,数学建模有如下一般步骤:

(1) 形成问题.要建立现实问题的数学模型,第一步是对要解决的问题有一个十分清晰的认识.我们遇到某个实际问题时,在开始阶段对问题的认识是比较模糊的,这些问题又往往与一些相关问题交织在一起,所以需要查阅有关文献,与熟悉具体情况的人们讨论,并深入现场调查研究.只有掌握有关的数据资料,明确问题的背景,确切地了解建立数学模型究竟要达到什么目的,才能形成一个比较清晰的"问题".

(2) 假设与简化.现实世界的问题往往比较复杂,在从实际中抽象出数学问题的过程中,我们必须抓住主要因素,忽略一些次要因素,做必要的简化,使抽象所得到的数学问题变得越来越清晰.实际现象中哪些因素是主要的和起支配作用的,哪些因素是次要的,认识也就越来越清楚了.由于问题的复杂性,抓住本质因素,忽略次要因素,即对现实问题做一些简化或理想化,应该说是十分困难,也是建模过程中十分关键的一步,往往不可能一次完成,需要经过多次反复才能完成.

(3) 模型构成与求解.根据所做的假设,分析研究对象的因果关系,用数学语言加以刻画,就可得到所研究问题的数学描述,即构成所研究问题的数学模型.很多情况下,我们很难得到数学模型的解析解,而只能得到它的数值解.这就需要应用各种数值方法,包括各种数值最优化方法,线性与非线性方程组的数值方法,微分方程的数值法,各种预测、决策和概率统计方法等,以及各种应用软件系统.当现有的数学方法还不能很好解决所归结的数学问题时,就需要针对数学模型的特点,对现有的方法进行改进或者提出新的方法以适应需要.

模型若能得到封闭式的解的表达式固然很好,但多数场合模型必须依靠计算机数值求解.在电子计算机相当普及的今天,数值求解是一种行之有效的方法.因此有时对同一问题有两个模型可供选择:一个是比较简单的模型,但找不到解的解析表达式,只能采用数值求解;另一个模型比较复杂,通过细致的数学处理有可能得到解的精确表达式.在这两个模型中,有时宁可选择前者,或者,即便有了精确表达式,也常常需要数值或图示结果来说明问题.

(4) 模型的检验与评价.建立数学模型的主要目的在于解决现实问题,因此必须通过多种途径检验所建立的模型.实际上,在整个数学建模乃至解决问题的过程中,模型都在不断地受到检验,还要检验数学模型是否自相容并符合通常的数学逻辑规律,是否适合求解,是否会有多解或者无解等等.

最重要和困难的问题是检验模型是否反映了原来的现实问题.模型必须反映现实,但又不等于现实.模型必须简化,如果不做简化,模型十分复杂甚至难以建立模型,而过分简化则使模型远离现实,无法用来解释现实问题.物理学家用“单摆”来理想化摆的运动,得到模型求解后的结论是摆将永远做规则的往复运动.这个模型是否符合实际呢?实际的摆经过相当长一段时间后最终必将静止.从这一点来看似乎不符合实际.但如果我们感兴趣的是摆在不太长时间内的运动情况,那么单摆简化的模型完全可以满足要求,考虑阻力等次要因素而把模型复杂化是大可不必的.

评价模型的根本标准是它能否准确地解决现实问题,但模型是否容易求解也是评价模型优劣的一个重要标准.

(5) 模型的改进.模型在检验中不断被修正、走向完善,除了十分简单的情形外,模型的修改几乎是不可避免的.一旦在检验中发现问题,必须去考虑在建模时所做的假设和简化是否合理,这需要检查是否正确地描述了关于数学对象之间的相互关系和服从的客观规律.针对发现的问题相应地修改模型,然后再次重复检验、修改,直到满意为止.

三、数学建模示例一:“关云长温酒斩华雄”的数学模型

《三国演义》里有一个“关云长温酒斩华雄”的故事,描述了关羽的英雄气概.大意是说,关羽正要迎战华雄,曹操斟上一杯热酒为其壮行,关羽说:“酒且斟下,某去便来!”于是,关羽提刀上马应战,待关羽斩了华雄回来时,那杯斟好的酒还是温热的.故事精彩,但有人对这个故事的真实性表示质疑,想知道整个过程可能用了多长时间.

1. 模型准备与假设

(1) 牛顿冷却定律:物体的冷却率正比于物体温度与该物体所处的环境温度之差.

(2) 收集信息:在20℃的气温下,75℃的酒在 3 min 后降至60℃.

(3) 假设当时的环境温度约为20℃,在斩华雄之前酒的温度为60℃,之后酒的温度为40℃,忽略其他因素影响.

2. 模型建立与求解

这是一个热力学中的冷却问题,设 t 时刻酒的温度为 W(℃),即 $W=W(t)$,则酒温下降的速度为$\frac{\mathrm{d}W}{\mathrm{d}t}$,根据牛顿冷却定律得

$$\frac{dW}{dt}=k(W-20)$$

其中,常数 k 为比例系数,并且方程满足初始条件 $W(0)=75$,$W(3)=60$.

方程为可分离变量方程,解得 $W(t)=20+55e^{-0.1t}$.

从而,当 $W=W(t)=40$ 时,得 $t\approx10$.

这就是说,酒温从75℃降到60℃用了 3 min,从75℃降到40℃至少用了 10 min. 因此,从60℃降到40℃至少用了 7 分钟,也就是说关羽斩华雄的整个过程至少有 7 分钟的时间可用.

3. 模型检验应用

所得到的这个结论,从理论上思考以及从现实上判断,是可信且可行的;从冷却实验得出的数据上看,又是高度相符的. 虽然,模型是针对事件中酒的冷却问题建立的,但其结果可以适用于一般物体的冷却问题、物体受阻运动问题以及自由振动问题等.

三、数学建模示例二:椅子能在不平的地面上放稳吗

把椅子往不平的地面上一放,通常只有三只脚着地,放不稳,然而只需稍挪动几次,就可以使四只脚同时着地,放稳了. 这个看来似乎与数学无关的现象能用数学语言加以表述,并用数学工具来证实吗?

1. 模型假设

对椅子和地面应该作一些必要的假设:

(1) 椅子四条腿一样长,椅脚与地面接触处可视为一个点,四脚的连线呈正方形.

(2) 地面高度是连续变化的,沿任何方向都不会出现间断(不考虑存在台阶那样的情况),即地面可视为数学上的连续曲面.

(3) 对于椅脚的间距和椅腿的长度而言,地面是相对平坦的,使椅子在任何位置至少有三只脚同时着地.

假设(1)显然是合理的. 假设(2)相当于给出了椅子能放稳的条件,因为如果地面高度不连续,譬如在有台阶的地方是无法使四只脚同时着地的. 至于假设(3)是要排除这样的情况:地面上与椅脚间距和椅腿长度的尺寸大小相当的范围内,出现深沟或凸峰(即使是连续变化的),致使三只脚无法同时着地.

2. 模型构成

中心问题是用数学语言把椅子四只脚同时着地的条件和结论表示出来.

首先要用变量表示椅子的位置. 注意到椅脚连线呈正方形,以中心为对称点,正方形绕中心的旋转正好代表了椅子位置的改变,于是可以用旋转角度(θ)这一变量表示椅子的位置. 在图 1 中,椅脚连线为 $ABCD$,对角线 AC 与 x 轴重合,椅子绕中心点 O 旋转角度 θ 后,正方形 $ABCD$ 转至 $A'B'C'D'$ 的位置,所以对角线 AC 与 x 轴的夹角 θ 表示了椅子的位置. 如图 7-3 所示.

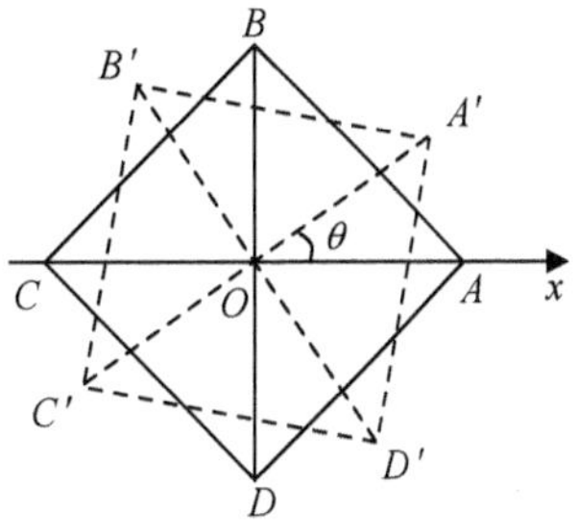

图 7-3

其次要把椅脚着地用数学符号表示出来. 如果用某个变量表示椅脚与地面的竖直距离,那么当这个距离为零时就是椅脚着地了. 椅子在不同位置时椅脚与地面的距离不同,所以这个距离是椅子位置变量 θ 的函数.

虽然椅子有四只脚,因而有四个距离,但是由于正方形的中心对称性,只要设两个距离函数就行了,记 A,C 两脚与地面距离之和为 $f(\theta)$,B,D 两脚与地面距离之和为 $g(\theta)$ $(f(\theta),g(\theta)\geqslant 0)$. 由假设(2),$f$ 和 g 都是连续函数. 由假设(3),椅子在任何位置至少有三只脚着地,所以对于任意的 θ,$f(\theta)$ 和 $g(\theta)$ 中至少有一个为零. 当 $\theta=0$ 时不妨设 $g(\theta)=0$,$f(\theta)>0$. 这样,改变椅子的位置使四只脚同时着地,就归结为证明如下的数学命题:

已知 $f(\theta)$ 和 $g(\theta)$ 是 θ 的连续函数,对任意 θ,$f(\theta)\cdot g(\theta)=0$,且 $g(0)=0$,$f(0)>0$. 证明存在 θ_0,使 $f(\theta_0)=g(\theta_0)=0$.

3. 模型求解

上述命题有多种证明方法,这里介绍其中比较简单,但是有些粗糙的一种.

将椅子旋转 $90^\circ\left(=\frac{\pi}{2}\right)$,对角线 AC 与 BD 互换. 由 $g(0)=0$ 和 $f(0)>0$ 可知 $g\left(\frac{\pi}{2}\right)>0$ 和 $f\left(\frac{\pi}{2}\right)=0$.

令 $h(\theta)=f(\theta)-g(\theta)$,则 $h(0)>0$ 和 $h\left(\frac{\pi}{2}\right)<0$. 由 f 和 g 的连续性知 h 也是连续函数. 根据连续函数的基本性质,必存在 $\theta_0\in\left(0,\frac{\pi}{2}\right)$,使 $h(\theta_0)=0$,即 $f(\theta_0)=g(\theta_0)$.

最后,因为 $f(\theta)\cdot g(\theta)=0$,所以 $f(\theta_0)=g(\theta_0)=0$.

由于这个实际问题非常直观和简单,模型解释和验证就略去了.

这个模型的巧妙之处在于用一元变量 θ 表示椅子的位置,用 θ 的两个函数表示椅子四脚与地面的距离,进而把模型假设和椅脚同时着地的结论用简单、精确的数学语言表达出来,构成了这个实际问题的数学模型.

附录 >>> 微积分常用公式

一、一元二次方程 $ax^2+bx+c=0(a\neq 0)$ 相关公式

1. 根的判别式：$\Delta=b^2-4ac$，有

$\Delta>0$，方程有两个不相等实根；

$\Delta=0$，方程有两个相等实根；

$\Delta<0$，方程有两个共轭复数根.

2. 求根公式：$x_{1,2}=\dfrac{-b\pm\sqrt{b^2-4ac}}{2a}$.

3. 根与系数关系：$x_1+x_2=-\dfrac{b}{a}$，$x_1\cdot x_2=\dfrac{c}{a}$.

二、代数运算相关公式

1. 平方差：$a^2-b^2=(a+b)(a-b)$.
2. 立方和(差)：$a^3\pm b^3=(a\pm b)(a^2\mp ab+b^2)$.
3. 完全平方公式：$(a\pm b)^2=a^2\pm 2ab+b^2$.
4. 完全立方公式：$(a\pm b)^3=a^3\pm 3a^2b+3ab^2\pm b^3$.
5. 幂运算：$a^0=1$；$a^ma^n=a^{m+n}$；$(a^m)^n=a^{mn}$；

$$(ab)^n=a^nb^n;\ a^{\frac{m}{n}}=\sqrt[n]{a^m};\ a^{-n}=\frac{1}{a^n}.$$

三、对数运算相关公式

1. 对数性质：

(1) $\log_a a=1$；(2) $\log_a 1=0$；(3) $\log_a b^m=m\cdot\log_a b$；(4) $a^{\log_a b}=b$.

2. 对数换底公式：$\log_a N=\dfrac{\log_m N}{\log_m a}$.

3. 对数运算法则：

(1) $\log_a(MN)=\log_a M+\log_a N$；

(2) $\log_a\dfrac{M}{N}=\log_a M-\log_a N$；

(3) $\log_a M^n=n\log_a M(n\in\mathbf{R})$.

4. 指数、对数的互化：$\log_a N=b\Leftrightarrow a^b=N(a>0,a\neq 1,N>0)$.

四、数列相关公式

1. 等差数列：

通项公式：(1) $a_n=a_1+(n-1)d$；(2) $a_n=a_k+(n-k)d$；

前 n 项和：(1) $S_n=\dfrac{n(a_1+a_n)}{2}$；(2) $S_n=na_1+\dfrac{n(n-1)}{2}d$.

2. 等比数列：

通项公式：(1) $a_n=a_1q^{n-1}=\dfrac{a_1}{q}\cdot q^n(n\in\mathbf{N}^*)$；　(2) $a_n=a_k\cdot q^{n-k}$.

前 n 项和：(1) $S_n=\begin{cases}na_1, & q=1\\ \dfrac{a_1(1-q^n)}{1-q}, & q\neq 1\end{cases}$.

五、三角函数相关公式

1. 同角三角函数基本关系式：

倒数关系：$\sin\alpha\cdot\csc\alpha=1$；　$\cos\alpha\cdot\sec\alpha=1$；　$\tan\alpha\cdot\cot\alpha=1$.

商的关系：$\tan\alpha=\dfrac{\sin\alpha}{\cos\alpha}$；　$\cot\alpha=\dfrac{\cos\alpha}{\sin\alpha}$.

平方关系：$\sin^2\alpha+\cos^2\alpha=1$；$1+\tan^2\alpha=\sec^2\alpha$；$1+\cot^2\alpha=\csc^2\alpha$.

2. 两角和与差的三角函数公式：

$\sin(\alpha\pm\beta)=\sin\alpha\cos\beta\pm\cos\alpha\sin\beta$；

$\cos(\alpha\pm\beta)=\cos\alpha\cos\beta\mp\sin\alpha\sin\beta$；

$\tan(\alpha\pm\beta)=\dfrac{\tan\alpha\pm\tan\beta}{1\mp\tan\alpha\tan\beta}$.

3. 二倍角公式：

$\sin2\alpha=2\sin\alpha\cos\alpha$；

$\cos2\alpha=\cos^2\alpha-\sin^2\alpha=2\cos^2\alpha-1=1-2\sin^2\alpha$；

$\tan2\alpha=\dfrac{2\tan\alpha}{1-\tan^2\alpha}$.

4. 半角公式：

$\sin^2\dfrac{\alpha}{2}=\dfrac{1-\cos\alpha}{2}$；

$\cos^2\dfrac{\alpha}{2}=\dfrac{1+\cos\alpha}{2}$.

5. 三角函数的积化和差公式：

$\sin\alpha\cdot\cos\beta=\dfrac{1}{2}[\sin(\alpha+\beta)+\sin(\alpha-\beta)]$；

$\cos\alpha\cdot\sin\beta=\dfrac{1}{2}[\sin(\alpha+\beta)-\sin(\alpha-\beta)]$；

$\cos\alpha\cdot\cos\beta=\dfrac{1}{2}[\cos(\alpha+\beta)+\cos(\alpha-\beta)]$；

$\sin\alpha\cdot\sin\beta=-\dfrac{1}{2}[\cos(\alpha+\beta)-\cos(\alpha-\beta)]$.

6. 三角函数的和差化积公式：

$\sin\alpha+\sin\beta=2\sin\frac{\alpha+\beta}{2}\cdot\cos\frac{\alpha-\beta}{2}$；

$\sin\alpha-\sin\beta=2\cos\frac{\alpha+\beta}{2}\cdot\sin\frac{\alpha-\beta}{2}$；

$\cos\alpha+\cos\beta=2\cos\frac{\alpha+\beta}{2}\cdot\cos\frac{\alpha-\beta}{2}$；

$\cos\alpha-\cos\beta=-2\sin\frac{\alpha+\beta}{2}\cdot\sin\frac{\alpha-\beta}{2}$.

7. 正弦定理：$\frac{a}{\sin A}=\frac{b}{\sin B}=\frac{c}{\sin C}=2R$（$R$ 为 ΔABC 外接圆的半径）.

8. 余弦定理：$a^2=b^2+c^2-2bc\cos A$；

$b^2=c^2+a^2-2ca\cos B$；

$c^2=a^2+b^2-2ab\cos C$.

9. 诱导公式：

$2k\pi+\alpha(k\in\mathbf{Z}),-\alpha,2\pi-\alpha,\pi\pm\alpha$ 的三角函数值等于 α 的同名函数值，前面加上一个把 α 看成锐角时原来函数值的符号.

六、极限运算相关公式

1. 两个重要极限：

(1) $\lim\limits_{x\to0}\frac{\sin x}{x}=1$；　(2) $\lim\limits_{x\to\infty}(1+\frac{1}{x})^x=\mathrm{e}$.

2. 常见等价无穷小：当 $x\to0$ 时，

$\sin x\sim x,\tan x\sim x,\arcsin x\sim x,\arctan x\sim x,\ln(1+x)\sim x$，

$\mathrm{e}^x-1\sim x,1-\cos x\sim\frac{x^2}{2},(1+x)^\alpha-1\sim\alpha x$.

3. 洛必达法则：$\lim\limits_{x\to x_0}\frac{f(x)}{g(x)}\left(\frac{0}{0}\text{或}\frac{\infty}{\infty}\right)=\lim\limits_{x\to x_0}\frac{f'(x)}{g'(x)}$.

七、导数相关公式

1. 导数定义式：$f'(x_0)=y'|_{x=x_0}=\lim\limits_{\Delta x\to0}\frac{\Delta y}{\Delta x}=\lim\limits_{\Delta x\to0}\frac{f(x_0+\Delta x)-f(x_0)}{\Delta x}$.

2. 和、差、积、商的求导法则：

(1) $(u\pm v)'=u'\pm v'$；(2) $(uv)'=u'v+uv'$；(3) $\left(\frac{u}{v}\right)'=\frac{u'v-uv'}{v^2}(v\neq0)$.

3. 基本导数公式：

(1) $(c)'=0$；　(2) $(x^\alpha)'=\alpha x^{\alpha-1}$；

(3) $(a^x)'=a^x\cdot\ln a\ (a>0,a\neq1)$；　(4) $(\mathrm{e}^x)'=\mathrm{e}^x$；

(5) $(\log_a x)'=\frac{1}{x\ln a}(a>0,a\neq1)$；　(6) $(\ln x)'=\frac{1}{x}$；

(7) $(\sin x)'=\cos x$；　(8) $(\cos x)'=-\sin x$；

(9) $(\tan x)'=\sec^2 x$；　(10) $(\cot x)'=-\csc^2 x$；

(11) $(\sec x)'=\sec x\cdot\tan x$；　(12) $(\csc x)'=-\csc x\cdot\cot x$；

(13) $(\arcsin x)'=\dfrac{1}{\sqrt{1-x^2}}$； (14) $(\arccos x)'=-\dfrac{1}{\sqrt{1-x^2}}$；

(15) $(\arctan x)'=\dfrac{1}{1+x^2}$； (16) $(\operatorname{arccot} x)'=-\dfrac{1}{1+x^2}$.

4. 复合函数导数公式：$(f[\varphi(x)])'=f'(u)\cdot\varphi'(x)$.

5. 曲线切线、法线公式：

曲线 $y=f(x)$ 在点 $M_0(x_0,y_0)$ 处切线：$y-y_0=f'(x_0)(x-x_0)$；

曲线 $y=f(x)$ 在点 $M_0(x_0,y_0)$ 处法线：$y-y_0=-\dfrac{1}{f'(x_0)}(x-x_0)$.

6. 微分运算法则：

(1) $d(u\pm v)=du\pm dv$； (2) $d(uv)=udv+vdu$；

(3) $d(Cu)=Cdu$（C 为常数）； (4) $d\left(\dfrac{u}{v}\right)=\dfrac{vdu-udv}{v^2}(v\neq 0)$.

7. 微分公式：

(1) $d(C)=0$； (2) $d(x^\alpha)=\alpha x^{\alpha-1}dx$；

(3) $d(a^x)=a^x\ln a dx(a>0,a\neq 1)$； (4) $d(e^x)=e^x dx$；

(5) $d(\log_a x)=\dfrac{1}{x\ln x}dx(a>0,a\neq 1)$； (6) $d(\ln x)=\dfrac{1}{x}dx$；

(7) $d(\sin x)=\cos x dx$； (8) $d(\cos x)=-\sin x dx$；

(9) $d(\tan x)=\sec^2 x dx$； (10) $d(\cot x)=-\csc^2 x dx$；

(11) $d(\sec x)=\sec x\tan x dx$； (12) $d(\csc x)=-\csc x\cot x dx$；

(13) $d(\arcsin x)=\dfrac{1}{\sqrt{1-x^2}}dx$； (14) $d(\arccos x)=-\dfrac{1}{\sqrt{1-x^2}}dx$；

(15) $d(\arctan x)=\dfrac{1}{1+x^2}dx$； (16) $d(\operatorname{arccot} x)=-\dfrac{1}{1+x^2}dx$.

八、积分相关公式：

1. 基本积分公式：

(1) $\int k dx = kx + C$（k 为常数）； (2) $\int x^\mu dx = \dfrac{1}{\mu+1}x^{\mu+1}+C(\mu\neq 1)$；

(3) $\int \dfrac{1}{x}dx = \ln|x|+C$； (4) $\int \dfrac{1}{1+x^2}dx = \arctan x + C$；

(5) $\int \dfrac{1}{\sqrt{1-x^2}}dx = \arcsin x + C$； (6) $\int \sin x dx =-\cos x + C$；

(7) $\int \cos x dx = \sin x + C$； (8) $\int \sec^2 x dx = \tan x + C$；

(9) $\int \csc^2 x dx =-\cot x + C$； (10) $\int \sec x\cdot\tan x dx = \sec x + C$；

(11) $\int \csc x\cdot\cot x dx =-\csc x + C$； (12) $\int e^x dx = e^x + C$；

(13) $\int a^x dx = \dfrac{a^x}{\ln a}+C$.

2. 积分上限函数性质：$\left[\int_a^x f(t)\mathrm{d}t\right]' = f(x)(a \leqslant x \leqslant b)$．

3. 牛顿—莱布尼茨公式：$\int_a^b f(x)\mathrm{d}x = [F(x)]_a^b = F(b) - F(a)(F'(x) = f(x))$．

4. 分部积分公式：$\int u\mathrm{d}v = uv - \int v\mathrm{d}u$； $\int_a^b u\mathrm{d}v = [uv]|_a^b - \int_a^b v\mathrm{d}u$.

5. 对称区间上奇偶函数的积分：$\int_{-a}^a f(x)\mathrm{d}x = \begin{cases} 2\int_0^a f(x)\mathrm{d}x, & \text{当 } f(x) \text{ 为偶函数时} \\ 0, & \text{当 } f(x) \text{ 为奇函数时} \end{cases}$．

参考文献

[1]邓东皋,孙小礼,张祖贵. 数学与文化[M]. 北京:北京大学出版社,1990 年.
[2]张建波. 大学数学实验(MATLAB 版). 北京:人民邮电出版社,2020.
[3]张苍. 九章算术[M]. 黄道明,译. 天津:天津科学技术出版社,2020.
[4]徐传胜. 数海拾贝——数学和数学家的故事[M]. 山东:山东科学技术出版社,2019.
[5]钱宝琮. 中国数学史[M]. 北京:商务印书馆,2019.
[6]陈信传,张文材,段应全,等. 中国古代数学精粹[M]. 贵州:贵州教育出版社,1992.
[7]孙剑. 数学家的故事[M]. 湖北:长江文艺出版社,2017.
[8]张景中. 数学与哲学[M]. 辽宁:大连理工大学出版社,2008.
[9]顾沛. 数学文化[M]. 北京:高等教育出版社,2008.
[10]斯托加茨. 微积分的力量[M]. 任烨,译. 北京:中信出版集团,2021.

练习与作业参考答案

练习与作业 1-1

一、填空

1. $[3,6)$　2. 5　3. 1;2　4. x^2-11　5. $(x-2)^2$　6. $[1,+\infty)$　7. $[-2,1)\cup(1,2]$　8. 否

9. 是　10. $y=x^2+2, x\in[0,+\infty)$　11. $y=\dfrac{x}{1-x}, x\in(-\infty,1)\cup(1,+\infty)$　12. π

二、单选

1. A　2. B　3. A　4. C　5. D　6. D　7. A　8. C　9. B　10. D　11. B　12. D　13. D
14. D　15. A

练习与作业 1-2

一、填空

1. $>$　2. $>$　3. $(2,+\infty)$　4. $>$　5. 2　6. $\left(\dfrac{1}{2},1\right)\cup(1,+\infty)$

7. $\left(\dfrac{2}{3},1\right]$　8. $y=\log_2(x-1)-1$　9. 奇函数　10. 7;-3;4π

11. $\dfrac{1}{2}$;$-\dfrac{1}{2}$;π　12. $x\in\mathbf{R}$ 且 $x\neq\dfrac{k\pi}{4}+\dfrac{5\pi}{24}, k\in\mathbf{Z}$　13. 三　14. $-\dfrac{\pi}{4}$

15. $\dfrac{24}{25}$　16. 0　17. $1-2a^2$　18. $-\dfrac{\pi}{3}$　19. $\dfrac{2\pi}{3}$　20. $-\dfrac{\sqrt{3}}{2}$

二、单选

1. C　2. D　3. A　4. D　5. D　6. C　7. D

练习与作业 1-3

一、填空

1. $y=\cos u, u=2x+1$　2. $y=\sqrt{u}, u=\ln v, v=1+x^2$

3. $y=u^2, u=\cos v, v=3x+1$　4. $y=e^u, u=\arctan v, v=\sqrt{w}, w=x^2+1$

5. $y=2^u, u=v^2, v=\sin w, w=\dfrac{1}{x}$　6. $y=u^2, u=\arctan v, v=\dfrac{1-x}{1+x}$

7. $y=f(u), u=\sin v, v=\dfrac{x}{1+x^2}$　8. 0　9. 1　10. 1;2;$\dfrac{1}{2}$

11. $y=\begin{cases}1+x, & x\leqslant 0\\ 1-x, & x>0\end{cases}$　12. $y=1\,020+4x, x\in[0,+\infty)$

13. $y=\dfrac{x-25}{45}, x\in[25,+\infty)$　14. $y=a\,(1+10\%)^{x-1}, x\in\mathbf{Z}^*$

15. $S=2\pi r^2+\dfrac{2V}{r}, r\in(0,+\infty)$　16. $y=\begin{cases}1.2x, & 0\leqslant x\leqslant 10\\ 1.2\times 10+1.8(x-10), & x>10\end{cases}$

二、单选

1. B　2. B　3. D　4. C　5. D　6. B　7. D　8. D　9. D

练习与作业 2-1

一、填空

1. 3^{n-1}　2. $\dfrac{n+(-1)^{n+1}}{n}$　3. $-\dfrac{1-\left(-\frac{1}{2}\right)^n}{3}$　4. $2n-3$　5. $\dfrac{n}{n+1}$

6. 6;8;10　7. 3　8. 1　9. 0　10. $\lim\limits_{x\to x_0^-}f(x)=\lim\limits_{x\to x_0^+}f(x)=A$　11. ∞

12. 不存在　13. 不存在　14. 不存在　15. 不存在　16. 3　17. 0

二、单选

1. D　2. C　3. B　4. B　5. B　6. C　7. D　8. D　9. B　10. D　11. C　12. C　13. B

练习与作业 2-2

第 1 部分:极限的四则运算

一、填空

1. $\dfrac{4}{3}$　2. ∞　3. 3　4. $\dfrac{5}{2}$　5. $\dfrac{1}{4}$　6. 0　7. ∞　8. $\dfrac{4}{5}$　9. $\dfrac{1}{2}$

二、单选

1. D　2. C　3. A　4. C　5. A　6. A　7. C　8. A

三、计算解答

1. $\dfrac{7}{5}$　2. -3　3. $\dfrac{1}{4}$　4. -1　5. $\dfrac{4}{3}$　6. (1) $\begin{cases}a=-4\\ b=-4\end{cases}$;(2) $\begin{cases}a=-4\\ b=-2\end{cases}$;(3) $a\neq -4$

第 2 部分:两个重要极限

一、填空

1. $\dfrac{3}{2}$　2. $\dfrac{5}{2}$　3. $\dfrac{1}{2}$　4. e^2　5. e^{-2}　6. e^2　7. 5

二、单选

1. C　2. A　3. D　4. D　5. D　6. C

三、计算解答

1. $\dfrac{1}{4}$　2. e^{-2}　3. e^{-2}　4. e^2　5. e^{-1}

第 3 部分:无穷小的比较

一、填空

1. $\dfrac{1}{4}$　2. 2　3. $\dfrac{5}{3}$　4. 3　5. 2　6. 1

二、单选

1. D　2. C　3. B　4. C　5. A

三、计算解答

1. $\frac{1}{2}$　2. $\frac{2}{3}$　3. $-\frac{1}{4}$　4. $\frac{1}{2}$　5. $\frac{1}{2}$　6. $\frac{1}{4}$

练习与作业 2-3

一、填空

1. $\lim\limits_{x\to x_0^-} f(x)=\lim\limits_{x\to x_0^+} f(x)=f(x_0)$　2. 0　3. 2　4. 1　5. $x=1$　6. $x=\frac{\pi}{2}$

二、单选

1. B　2. A　3. B　4. A　5. C　6. B　7. C　8. D　9. A　10. C

三、计算解答

1. $a=2$　2. $a=-\frac{1}{2}, b=-1$　3. $x=0$ 为可去间断点　4. $x=0$ 为无穷间断点

练习与作业 3-1

一、填空

1. $\lim\limits_{\Delta x\to 0}\frac{f(1+\Delta x)-f(1)}{\Delta x}$　2. $s'(t_0)$　3. $v'(t_0)$　4. -10　5. 3

6. 2　7. 0　8. 12　9. $\frac{3}{2}$　10. $-\frac{\sqrt{3}}{2}$　11. 1;-1

12. y'';$f''(x)$;$\frac{d^2y}{dx^2}$　13. $y-1=3(x-1)$　14. $y-1=\frac{1}{2}(x-1)$　15. $\left(\frac{1}{16},\frac{1}{4}\right)$

二、单选

1. C　2. A　3. A　4. D　5. C　6. D　7. D　8. C　9. D　10. C　11. C　12. A　13. D

三、计算解答

1. $f'(2)=\lim\limits_{\Delta x\to 0}\frac{f(2+\Delta x)-f(2)}{\Delta x}=5$　2. $f'(0)=\lim\limits_{\Delta x\to 0}\frac{f(0+\Delta x)-f(0)}{\Delta x}=5$

3. $f'(x)=\lim\limits_{\Delta x\to 0}\frac{f(x+\Delta x)-f(x)}{\Delta x}=-\frac{2}{x^3}$　$f'(1)=-\frac{2}{x^3}\bigg|_{x=1}=-2$

练习与作业 3-2

第 1 部分:四则运算求导数

一、填空

1. $2x\sin x+x^2\cos x$　2. $\frac{-x\sin x-\cos x}{x^2}$　3. $15x^2-\frac{3}{x^4}$　4. $\frac{1}{2}x^{-\frac{1}{2}}-\frac{1}{2}x^{-\frac{3}{2}}$

5. $a^x\ln a+e^x$　6. $2\sec^2 x+\sec x\tan x$　7. $\frac{1}{2}$　8. 8

二、单选

1. A　2. C　3. C　4. D　5. A

三、计算解答

1. $y'=-\frac{1}{2}x^{-\frac{3}{2}}-\frac{1}{2}x^{-\frac{1}{2}}-x^{-2}$　2. $y'=1-\frac{5}{2}x^{-\frac{7}{2}}-6x^{-4}$　3. $f'(1)=-1$

4. $y-1=-2(x-1)$　5. $y-\mathrm{e}=-\frac{1}{2\mathrm{e}}(x-1)$　6. $y'=\cos x\ln x-x\sin x\ln x+\cos x$

7. $f'(1)=1$　8. $f''(x)=\frac{1}{1+x^2}+\frac{1-x^2}{(1+x^2)^2}$

第 2 部分:复合函数求导数

一、填空

1. $2\cos 2x$　2. $5x^4\cos x^5$　3. $\frac{1}{2}\sec^2\left(\frac{x}{2}+1\right)$　4. $500(100x+1)^4$　5. $\frac{5x}{\sqrt{1+5x^2}}$

6. $\mathrm{e}^{\sin x}\cos x$　7. $\frac{\sec^2 x}{\tan x}$　8. $\frac{2}{\sqrt{1-4x^2}}$　9. $\frac{3}{1+9x^2}$　10. $-2\csc^2 x\cot x$

二、单选

1. B　2. D　3. B　4. C　5. D　6. C　7. A

三、计算解答

1. $y'=-\frac{\sin\ln(2x)}{x}$　2. $y'=\frac{1+2\cos 2x}{x+\sin 2x}$　3. $y'=2\mathrm{e}^{\sin^2 x}\sin x\cos x$

4. $y'=\frac{1}{x+\sqrt{x^2+1}}\left(1+\frac{x}{\sqrt{x^2+1}}\right)=\frac{1}{\sqrt{x^2+1}}$　5. $y'=4x\tan(x^2)\sec^2(x^2)$

6. $y'=2\mathrm{e}^x\sqrt{1-\mathrm{e}^{2x}}$　7. $y''=9\mathrm{e}^{3x}-\frac{1}{x^2}$

练习与作业 3-3

一、填空

1. 0.04　2. 0.01　3. $-\frac{3x}{\sqrt{1-3x^2}}\mathrm{d}x$　4. $\left(-\frac{1}{x^2}+\frac{1}{\sqrt{x}}\right)\mathrm{d}x$　5. $\frac{1+x^2}{(1-x^2)^2}\mathrm{d}x$

6. $2\mathrm{e}^{2x+1}\mathrm{d}x$　7. $\frac{2}{1+4x^2}\mathrm{d}x$　8. $\frac{3x^2}{1+x^3}\mathrm{d}x$　9. $2\cos(2x+3)\mathrm{d}x$

10. $2\sec(2x+1)\tan(2x+1)\mathrm{d}x$　11. $\frac{1}{2\sqrt{x}\sqrt{1-x}}\mathrm{d}x$　12. $\frac{3}{1+9x^2}\mathrm{d}x$

二、单选

1. C　2. B　3. C　4. C　5. D　6. D　7. C　8. A　9. A　10. D

三、计算解答

1. $\mathrm{d}y=5\mathrm{e}^{\tan 5x}\sec^2 5x\mathrm{d}x$　2. $\mathrm{d}y=(a+2bx)\mathrm{e}^{ax+bx^2}\mathrm{d}x$　3. $\mathrm{d}y=\frac{2x\mathrm{e}^{2x}-\mathrm{e}^{2x}}{x^2}\mathrm{d}x$

4. $\mathrm{d}y=(2x+5\cos 5x)\mathrm{d}x$　5. $\mathrm{d}y=\left[\frac{2x}{x^2+1}-2x\sin(x^2)\right]\mathrm{d}x$

6. $\mathrm{d}y=\left[2\mathrm{e}^{2x}+\frac{1}{x}-4\sin(4x)\right]\mathrm{d}x$　7. $\mathrm{d}y=[2x\sin(4x)+4x^2\cos(4x)]\mathrm{d}x$

练习与作业 4-1

一、填空

1. 水平切线　2. $f(x)=g(x)+C$　3. $\frac{\pi}{2}$　4. $\frac{4}{5}$

二、单选

1. C　2. A　3. C　4. D　5. D　6. C　7. B　8. D

三、计算解答

1. $\xi=\frac{9}{4}$　2. $\xi=\frac{1}{2}\arcsin\frac{2}{\pi}$

练习与作业 4-2

一、填空

1. 3　2. $\frac{3}{e}$　3. 2　4. -1　5. 0　6. 2

二、单选

1. C　2. B　3. A　4. C

三、计算解答

1. ∞　2. $\frac{1}{4}$　3. 0　4. ∞　5. 2　6. $\frac{1}{2}$

练习与作业 4-3

一、填空

1. 递增　2. 递减　3. 递增　4. 递减　5. 递增　6. 递增

二、单选

1. B　2. B　3. A　4. D

三、计算解答

1. 当 $x\in(-\infty,-1)$时,函数单调递增;当 $x\in(-1,1)$时,函数单调递减;当 $x\in(1,+\infty)$时,函数单调递增.

2. 当 $x\in(0,1)\cup(1,e)$时,函数单调递减;当 $x\in(e,+\infty)$时,函数单调递增.

练习与作业 4-4

一、填空

1. 下方　2. >0　3. <0　4. 拐点　5. 凹　6. $(0,0)$

二、单选

1. D　2. C　3. B　4. C　5. C

三、计算解答

1. 当 $x\in\left(-\infty,\frac{2}{3}\right)$时,曲线是凹的;当 $x\in\left(\frac{2}{3},+\infty\right)$时,曲线是凸的;$\left(\frac{2}{3},\frac{16}{27}\right)$为拐点.

2. 当 $x\in(-\infty,0)$时,曲线是凹的;当 $x\in(0,+\infty)$时,曲线是凸的;$(0,0)$为拐点.

练习与作业 4-5

一、填空

1. $f'(x_0)=0$　2. 0　3. $x=1$;大;2　4. 0　5. 2

二、单选

1. C　2. D　3. B　4. C　5. C　6. C　7. A　8. A

三、计算解答

1. 在 $x=1$ 处取得极小值，极小值为 $2\ln2$.

2. 在 $x=1$ 处取得极大值，极大值为 e.

3. 在 $x=0$ 处取得极小值，极小值为 0;在 $x=1$ 处取得极大值，极大值为$\frac{\pi}{4}$.

4. 在 $x=1$ 处取得极大值，极大值为$\frac{2}{3}$;在 $x=2$ 处取得极小值，极小值为$\frac{1}{3}$.

练习与作业 4-6

一、填空

1. 4;-1　2. $\frac{2}{3}$;$-\frac{7}{6}$　3. 5;4　4. $\sqrt[3]{4}+2$;2

二、单选

1. B　2. C　3. A　4. D

三、计算解答

1. 当圆的周长为$\frac{a\pi}{4+\pi}$,正方形周长为$\frac{4a}{4+\pi}$时,圆形和正方形的面积之和最小.

2. 当 AB 长为 13 m 时,所围修理厂的面积最大.此时最大面积为 338 m^2.

3. 当底半径为 $r=\sqrt[3]{\frac{V}{2\pi}}$(m)时,所用钢板材料最省.

4. 当副油箱的长为$\sqrt{2}$ m,宽也为$\sqrt{2}$ m时,所用材料最省.

练习与作业 5-1

一、填空

1. $\sin x$　2. $\frac{1}{3}x^3$　3. e^x+C　4. $3x^2$　5. $2e^{2x}$　6. $\frac{2x}{x^2+1}$

7. $x\ln x-x+C$　8. $f(x)dx$　9. $f(x)+C$　10. $2x\arctan x+1$

11. $\frac{4}{3}x^{\frac{3}{2}}+C$　12. $2\arcsin x+C$　13. $x\cos\frac{\pi}{5}+C$　14. $-5\cot x+C$

15. $7\sec x+C$　16. $x-\frac{1}{2}x^2$　17. $y=x^3+1$

二、单选

1. C　2. A　3. D　4. B　5. B　6. B　7. B　8. A　9. D　10. D　11. D　12. C

练习与作业 5-2

第 1 部分:直接积分法

一、填空

1. $\frac{3}{4}x^{\frac{4}{3}}+C$ 2. $\frac{3}{7}x^{\frac{7}{3}}+C$ 3. $\frac{4}{7}x^{\frac{7}{4}}+C$ 4. $\frac{6}{5}x^{\frac{5}{6}}+C$ 5. $\frac{2}{3}x^{\frac{3}{2}}-\frac{3}{4}x^{\frac{4}{3}}+C$

6. $-3\cos x+2\sin x+C$ 7. $-2\cos x-\arcsin x+C$ 8. $2\ln x+4e^{x}+C$

9. $-x^{-1}-3\sin x+2\ln x+C$ 10. $\tan x-\sin x+x+C$ 11. $\frac{1}{2}x^{2}-3\csc x+C$

二、单选

1. A 2. A 3. B 4. C

三、计算解答

1. $\int\frac{1-x^{2}}{x\sqrt{x}}dx=-2x^{-\frac{1}{2}}-\frac{2}{3}x^{\frac{3}{2}}+C$ 2. $\int(\sqrt[3]{x}-\sqrt{x})^{2}dx=\frac{3}{5}x^{\frac{5}{3}}-\frac{12}{11}x^{\frac{11}{6}}+\frac{1}{2}x^{2}+C$

3. $\int\frac{x^{2}-1}{x+1}dx=\frac{1}{2}x^{2}-x+C$ 4. $\int\frac{x^{3}-27}{x-3}dx=\frac{1}{3}x^{3}+\frac{3}{2}x^{2}+9x+C$

5. $\int\frac{\cos 2x}{\cos x+\sin x}dx=\sin x+\cos x+C$ 6. $\int\frac{1}{x^{2}(1+x^{2})}dx=-\frac{1}{x}-\arctan x+C$

7. $\int\frac{x^{2}}{1+x^{2}}dx=x-\arctan x+C$ 8. $\int\frac{1+2x^{2}}{x^{2}(x^{2}+1)}dx=-\frac{1}{x}+\arctan x+C$

9. $\int\left(\frac{2}{3x^{2}+3}+\frac{4}{\sqrt{9-9x^{2}}}\right)dx=\frac{2}{3}\arctan x+\frac{4}{3}\arcsin x+C$

10. $\int\frac{(x-\sqrt{x})(1+\sqrt{x})}{\sqrt[3]{x}}dx=\frac{6}{13}x^{\frac{13}{6}}-\frac{6}{7}x^{\frac{7}{6}}+C$ 11. $\int\tan^{2}x\,dx=\tan x-x+C$

12. $\int\frac{x^{2}-x+1}{x(1+x^{2})}dx=\ln x-\arctan x+C$ 13. $\int\frac{2x^{2}+1}{1+x^{2}}dx=2x-\arctan x+C$

14. $\int\sin^{2}\frac{x}{2}dx=\frac{1}{2}(x-\sin x)+C$

15. $\int\cos x(\tan x-\sec x)dx=-\cos x-x+C$

第 2 部分:凑微分法

一、填空

1. $\frac{1}{3}e^{3x}+C$ 2. $-\frac{1}{4}\cos 4x+C$ 3. $-\frac{1}{3}\sin(1-3x)+C$ 4. $-\frac{1}{2}\cos(2x-1)+C$

5. $\frac{1}{12}(x+2)^{12}+C$ 6. $-\frac{1}{20}(5-2x)^{10}+C$ 7. $-\frac{1}{2}(2x-3)^{-1}+C$

8. $3\ln(x+4)+C$ 9. $\frac{1}{3}\ln(3x-2)+C$ 10. $\frac{1}{4}(3x-4)^{\frac{4}{3}}+C$

11. $\frac{1}{3}\arcsin 3x+C$ 12. $\frac{1}{2}\arctan 2x+C$

二、单选

1. D 2. A 3. A 4. C 5. D 6. B 7. B

三、计算解答

1. $\int\frac{x}{1+x^{2}}dx=\frac{1}{2}\ln(1+x^{2})+C$ 2. $\int\frac{x}{1+x^{4}}dx=\frac{1}{2}\arctan(x^{2})+C$

3. $\int x(3x^{2}+2)^{2}dx=\frac{1}{18}(3x^{2}+2)^{3}+C$ 4. $\int\frac{x}{\sqrt{1-2x^{2}}}dx=-\frac{1}{2}(1-2x^{2})^{\frac{1}{2}}+C$

5. $\int \frac{\ln^2 x}{x}dx = \frac{1}{3}\ln^3 x + C$ 6. $\int xe^{x^2}dx = \frac{1}{2}e^{x^2} + C$

7. $\int \frac{e^x}{\sqrt{e^x+1}}dx = 2(e^x+1)^{\frac{1}{2}} + C$ 8. $\int \frac{1}{\sqrt{x}}\cos\sqrt{x}dx = 2\sin\sqrt{x} + C$

9. $\int \sin^3 x dx = -\cos x + \frac{1}{3}\cos^3 x + C$

第3部分:分部积分法

一、填空

1. $uv - \int v du$ 2. $\frac{x}{x+1} - \ln(x+1) + C$ 3. $5x\cos 5x - \sin 5x + C$

二、单选

1. A 2. C

三、计算解答

1. $\int x\sin x dx = -x\cos x + \sin x + C$ 2. $\int xe^x dx = xe^x - e^x + C$

3. $\int x^2\ln x dx = \frac{1}{3}x^3\ln x - \frac{1}{9}x^3 + C$

4. $\int x\arctan x dx = \frac{x^2}{2}\arctan x - \frac{1}{2}(x - \arctan x) + C$

5. $\int \arcsin x dx = x\arcsin x + (1-x^2)^{\frac{1}{2}} + C$

6. $\int x\cos 2x dx = \frac{x\sin 2x}{2} + \frac{\cos 2x}{4} + C$

7. $\int \ln(1+x^2)dx = x\ln(1+x^2) - 2x + 2\arctan x + C$

练习与作业6-1

一、填空

1. 分割;近似;求和;取极限 2. 近似;极限 3. 以直代曲

4. 被积函数;积分上下限;积分变量 5. 0 6. $\int_a^b f(x)dx = A_1 - A_2 + A_3$

7. $\int_a^b f(x)dx = -A$ 8. 底为2、高为4的直角三角形的面积

9. 半径为1的圆面积的四分之一 10. 0 11. $\int_a^b f(x)dx = -\int_b^a f(x)dx$

12. $\int_a^b f(x)dx = \int_a^c f(x)dx + \int_c^b f(x)dx$ 13. $m(b-a)$;$M(b-a)$

14. $\int_a^b f(x)dx = f(\xi)(b-a)$ 15. 平均值

二、单选

1. D 2. B 3. A 4. C 5. D 6. B 7. B 8. D 9. A 10. D 11. D 12. C 13. D 14. A 15. B 16. C 17. D

三、计算解答

1. $\int_0^{\frac{\pi}{2}} \cos x dx > \int_0^{\frac{\pi}{2}} \cos^2 x dx$ 2. $\int_1^2 (\ln x)^2 dx > \int_1^2 (\ln x)^3 dx$

3. $\frac{\pi}{4} \leqslant \int_0^{\pi} \frac{1}{3+\sin^3 x}dx \leqslant \frac{\pi}{3}$

练习与作业6-2

第1部分:微积分基本公式

一、填空

1. $\sin x^2$　2. $2x\sqrt{1+x^4}$　3. $-e^x\sin 2x$　4. $3x^2e^{-x^3}$

5. $3x^2\sqrt{1+x^9}-2x\sqrt{1+x^6}$　6. $2x^5\cdot\sqrt[3]{1+x^6}$　7. $\frac{1}{3}$　8. -4　9. $\frac{7}{3}$

10. 6　11. $\frac{7}{72}$

二、单选

1. A　2. C　3. D　4. A　5. C　6. D　7. D　8. A　9. B　10. B　11. D　12. B　13. B

三、计算解答

1. $\lim\limits_{x\to0}\frac{\int_0^x\sin 2t\mathrm{d}t}{x^2}=1$　2. $\lim\limits_{x\to0}\frac{\int_0^x\arctan t\mathrm{d}t}{x^2}=\frac{1}{2}$　3. $\lim\limits_{x\to0}\frac{\int_0^{x^2}\arcsin 2\sqrt{t}\mathrm{d}t}{x^3}=\frac{4}{3}$

4. $\lim\limits_{x\to0}\frac{\int_0^{x^2}te^t\mathrm{d}t}{\int_0^x t^2\sin t\mathrm{d}t}=2$　5. $\int_0^1\sqrt{x}(1+\sqrt{x})\mathrm{d}x=\frac{7}{6}$　6. $\int_{-1}^1|x|\mathrm{d}x=1$

7. $\int_0^3\frac{1}{3+x^2}\mathrm{d}x=\frac{\pi}{3\sqrt{3}}$　8. $\int_0^2 f(x)\mathrm{d}x=\frac{8}{3}$　9. $\int_0^{\frac{\pi}{2}}\cos^3 x\mathrm{d}x=\frac{2}{3}$

第2部分:定积分换元法与分部积分法

一、填空

1. $\int_{-1}^0 f(t)\mathrm{d}t$　2. $\int_1^2 2tf(t)\mathrm{d}t$　3. $\int_0^{\frac{\pi}{2}}a^2\cos^2 x\mathrm{d}t$　4. 0　5. 0　6. $\frac{2\pi^3}{3}$

二、单选

1. D　2. C　3. A　4. B　5. A

三、计算解答

1. $\int_1^4\frac{1}{\sqrt{x}+1}\mathrm{d}x=2-2\ln\frac{3}{2}$　2. $\int_0^3\frac{x}{\sqrt{x+1}+1}\mathrm{d}x=\frac{5}{3}$　3. $\int_0^4\frac{x}{\sqrt{2x+1}+1}\mathrm{d}x=\frac{7}{3}$

4. $\int_{\frac{3}{4}}^1\frac{1}{\sqrt{1-x}-1}\mathrm{d}x=1-2\ln 2$　5. $\int_{-1}^1\frac{x}{\sqrt{5+4x}}\mathrm{d}x=-\frac{1}{6}$　6. $\int_0^3\frac{x+1}{\sqrt{4-x}}\mathrm{d}x=\frac{16}{3}$

7. $\int_1^4\frac{1}{x(1+\sqrt{x})}\mathrm{d}x=4\ln 2-2\ln 3$　8. $\int_0^1\frac{x^2}{\sqrt{1-x^2}}\mathrm{d}x=\frac{\pi}{4}$　9. $\int_0^1 xe^x\mathrm{d}x=1$

10. $\int_1^e\ln x\mathrm{d}x=1$　11. $\int_0^{\frac{\pi}{2}}x\sin x\mathrm{d}x=1$　12. $\int_1^e x\ln x\mathrm{d}x=\frac{e^2}{4}+\frac{1}{4}$

练习与作业6-3

一、填空

1. $\int_1^4[f(x)-g(x)]\mathrm{d}x$　2. $\int_a^b[f_2(y)-f_1(y)]\mathrm{d}y$

3. $\int_a^b[f(x)-g(x)]\mathrm{d}x+\int_b^c[g(x)-f(x)]\mathrm{d}x$　4. $\int_a^b\pi f^2(x)\mathrm{d}x$

5. $\int_a^b \pi f^2(y)\mathrm{d}y$　6. $\int_1^4 \pi f^2(x)\mathrm{d}x-\int_1^4 \pi g^2(x)\mathrm{d}x$

二、单选

1. C　2. D　3. A　4. D　5. C

三、计算解答

1. 1　2. $\frac{1}{2}\mathrm{e}^2-\mathrm{e}+\frac{3}{2}$　3. $\frac{3}{2}-\ln 2$　4. $\frac{4}{3}$　5. $\frac{7}{6}$　6. $\frac{32}{3}$

7. $a=1$　8. 4π　9. $\frac{128\pi}{15}$　10. 2π　11. $\frac{8\pi}{5}$　12. $\frac{2\pi}{3}$